U0225914

普通高等教育规划教材

计算机组成原理

第2版

主　编　陈华光

参　编　曲贵波　唐北平

主　审　谭汉松

机械工业出版社

本书分八章，内容包括：计算机系统概述，运算方法与运算器，存储系统与存储器，指令系统，中央处理部件，系统总线，输入/输出系统和外部设备。本书内容充实、叙述简明。

本书内容新颖、实用性强、强调应用。在讲述计算机各组成部件基本概念、基本结构及工作原理的同时，加入了最新出现的新知识、新技术，力求培养学生的思维方法。

本书是应用型本科计算机科学与技术专业规划教材，可作为普通高等院校计算机及相关专业计算机组成原理的教材，也可作为高职、高专计算机专业的教材，还可作为非计算机专业和计算机工程技术人员的参考用书。

本书配有免费电子课件，欢迎选用本书作教材的老师登录 www.cmpedu.com 注册下载。

图书在版编目（CIP）数据

计算机组成原理/陈华光主编. —2 版. —北京：机械工业出版社，2013.1（2016.7 重印）

普通高等教育规划教材

ISBN 978-7-111- 40717-1

Ⅰ.①计… Ⅱ.①陈… Ⅲ.①计算机组成原理—高等学校—教材 Ⅳ.①TP301

中国版本图书馆 CIP 数据核字（2013）第 008979 号

机械工业出版社（北京市百万庄大街 22 号 邮政编码 100037）

策划编辑：王小东 责任编辑：王小东 罗子超

版式设计：霍永明 责任校对：杜雨霏 陈 越

封面设计：饶 薇 责任印制：张 楠

北京中兴印刷有限公司印刷

2016 年 7 月第 2 版第 2 次印刷

184mm×260mm · 14.25 印张 · 348 千字

标准书号：ISBN 978-7-111-40717-1

定价：28.00 元

凡购本书，如有缺页、倒页、脱页，由本社发行部调换

电话服务 网络服务

服务咨询热线：010-88379833 机 工 官 网：www.cmpbook.com

读者购书热线：010-88379649 机 工 官 博：weibo.com/cmp1952

教育服务网：www.cmpedu.com

封面无防伪标均为盗版 金 书 网：www.golden-book.com

普通高等教育应用型人才培养规划教材
编审委员会名单

计算机科学与技术专业分委员会名单

序

工程科学技术在推动人类文明的进步中一直起着发动机的作用。随着知识经济时代的到来，科学技术突飞猛进，国际竞争日趋激烈。特别是随着经济全球化发展和我国加入WTO，世界制造业将逐步向我国转移。有人认为，我国将成为世界的“制造中心”。有鉴于此，工程教育的发展也因此面临着新的机遇和挑战。

迄今为止，我国高等工程教育已为经济战线培养了数百万专门人才，为经济的发展作出了巨大的贡献。但据IMD1998年的调查，我国“人才市场上是否有充足的合格工程师”指标排名世界第36位，与我国科技人员总数排名世界第一形成很大的反差。这说明符合企业需要的工程技术人员特别是工程应用型技术人才市场供给不足。在此形势下，国家教育部近年来批准组建了一批以培养工程应用型本科人才为主的高等院校，并于2001、2002年两次举办了“应用型本科人才培养模式研讨会”，对工程应用型本科教育的办学思想和发展定位作了初步探讨。本系列教材就是在这种形势下组织编写的，以适应经济、社会发展对工程教育的新要求，满足高素质、强能力的工程应用型本科人才培养的需要。

航天工程的先驱、美国加州理工学院的冯·卡门教授有句名言：“科学家研究已有的世界，工程师创造未有的世界。”科学在于探索客观世界中存在的客观规律，所以科学强调分析，强调结论的唯一性。工程是人们综合应用科学（包括自然科学、技术科学和社会科学）理论和技术手段去改造客观世界的实践活动，所以它强调综合，强调方案优缺点的比较并做出论证和判断。这就是科学与工程的主要不同之处。这也就要求我们对工程应用型人才的培养和对科学研究型人才的培养应实施不同的培养方案，采用不同的培养模式，采用具有不同特点的教材。然而，我国目前的工程教育没有注意到这一点，而是：①过分侧重工程科学（分析）方面，轻视了工程实际训练方面，重理论，轻实践，没有足够的工程实践训练，工程教育的“学术化”倾向形成了“课题训练”的偏软现象，导致学生动手能力差。②人才培养模式、规格比较单一，课程结构不合理，知识面过窄，导致知识结构单一，所学知识中有一些内容已陈旧，交叉学科、信息学科的内容知之甚少，人文社会科学知识薄弱，学生创新能力不强。③教材单一，注重工程的科学分析，轻视工程实践能力的培养；注重理论知识的传授，轻视学生个性特别是创新精神的培养；注重教材的系统性和完整性，造成课程方面的相互重复、脱节等现象；缺乏工程应用背景，存在内容陈旧的现象。④老师缺乏工程实践经验，自身缺乏“工程训练”。⑤工程教育在实践中与经济、产业的联系不密切。要使我国工程教育适应经济、社会的发展，培养更多优秀的工程技术人才，我们必须努力改革。

组织编写本套系列教材，目的在于改革传统的高等工程教育教材，建设一套富有特色、有利于应用型人才培养的本科教材，满足工程应用型人才培养的要求。

本套系列教材的建设原则是：

1. 保证基础，确保后劲

科技的发展，要求工程技术人员必须具备终生学习的能力。为此，从内容安排上，保证学生有较厚实的基础，满足本科教学的基本要求，使学生日后具有较强的发展后劲。

2. 突出特色，强化应用

围绕培养目标，以工程应用为背景，通过理论与工程实际相结合，构建工程应用型本科教育系列教材特色。本套系列教材的内容、结构遵循如下 9 字方针：知识新、结构新、重应用。教材内容的要求概括为："精"、"新"、"广"、"用"。"精"指在融会贯通教学内容的基础上，挑选出最基本的内容、方法及典型应用。"新"指将本学科前沿的新进展和有关的技术进步新成果、新应用等纳入教学内容，以适应科学技术发展的需要。妥善处理好传统内容的继承与现代内容的引进。用现代的思想、观点和方法重新认识基础内容和引入现代科技的新内容，并将这些按新的教学系统重新组织。"广"指在保持本学科基本体系下，处理好与相邻以及交叉学科的关系。"用"指注重理论与实际融会贯通，特别是注入工程意识，包括经济、质量、环境等诸多因素对工程的影响。

3. 抓住重点，合理配套

工程应用型本科教育系列教材的重点是专业课（专业基础课、专业课）教材的建设，并做好与理论课教材建设同步的实践教材的建设，力争做好与之配套的电子教材的建设。

4. 精选编者，确保质量

遴选一批既具有丰富的工程实践经验，又具有丰富的教学实践经验的教师担任编写任务，以确保教材质量。

我们相信，本套系列教材的出版，对我国工程应用型人才培养质量的提高，必将产生积极作用，会为我国经济建设和社会发展作出一定的贡献。

机械工业出版社颇具魄力和眼光，高瞻远瞩，及时提出并组织编写这套系列教材，他们为编好这套系列教材做了认真细致的工作，并为该套系列教材的出版提供了许多有利的条件，在此深表衷心感谢！

编委会主任 刘国荣教授
湖南工程学院院长

第 2 版前言

本书是应用型本科计算机科学与技术专业规划教材之一，是根据应用型本科的特点而精心编写的。

“计算机组成原理”是计算机科学与技术类专业的一门重要的专业基础课程，是计算机类专业全国研究生入学统一考试的课程之一。它的特点是知识面广、内容多、更新快，在计算机专业的各门课程中起着承上启下的作用。

本书内容新颖、强调应用、实用性强。在讲述计算机各组成部件基本概念、基本结构及工作原理的同时，加入了最新出现的新知识、新技术，力求培养学生的思维方法。

本书分八章。第一章从计算机的基础知识出发，旨在建立一个整机的概念；第二章从运算方法出发，讲述了运算器的组成和工作原理；第三章主要介绍半导体存储系统的构成，存储器的工作过程，如何解决速度、容量和价格问题所采取的措施；第四章介绍了寻址方式和指令格式、种类及执行方式；第五章介绍了中央处理器的组成，微程序控制器的设计原理与方法，组合逻辑控制器与 RISC 计算机结构；第六章讲述总线与接口的基本概念及微机的常用总线；第七章介绍了主机与外设之间的信息交换方式；第八章介绍了常用的I/O设备、磁存储设备、光存储设备和移动存储设备的工作原理和结构。

本书的编写力求达到概念准确、深入浅出，并尽量以实例教学，以帮助读者的学习与理解。本书为读者免费提供电子课件，可登录机械工业出版社教育服务网（www.cmpedu.com）注册下载。

本书总学时数为 68，其中理论为 56 学时，实验为 12 学时。

本书编写分工如下：湖南工程学院陈华光编写第一、二、七、八章，黑龙江工程学院曲贵波编写第四、五章，湖南工程学院唐北平编写第三、六章。全书由陈华光统稿，中南大学信息科学与工程学院谭汉松教授担任主审，并提出了宝贵的修改意见，在此表示衷心的感谢。

限于时间和编者的水平，本书难免存在缺点和错误，欢迎读者提出批评、指正和建议。作者联系方式：chgsir@126.com。

编　者

目　录

序

第 2 版前言

第一章　计算机系统概述 ………… 1

第一节　计算机的发展与应用 ………… 1

一、计算机的发展 ………… 1

二、计算机的应用 ………… 2

第二节　计算机系统的组成 ………… 3

一、存储程序与冯·诺依曼计算机 ………… 3

二、计算机的硬件系统 ………… 4

三、计算机的软件系统 ………… 6

四、硬件和软件的逻辑等价性 ………… 7

五、指令及指令的执行过程 ………… 7

第三节　计算机系统的层次结构 ………… 8

第四节　计算机的特点、性能指标及分类 ………… 9

一、计算机的特点 ………… 9

二、计算机的性能指标 ………… 10

三、计算机的分类 ………… 10

习题一 ………… 11

第二章　运算方法与运算器 ………… 12

第一节　数值信息的表示法 ………… 12

一、数据的机器码表示法 ………… 12

二、数据的定点表示 ………… 15

三、数据的浮点表示 ………… 17

第二节　非数值信息的表示法 ………… 19

一、字符数据的表示 ………… 19

二、汉字的表示 ………… 19

第三节　数值数据的校验 ………… 20

一、奇偶校验码 ………… 20

二、海明校验码 ………… 21

三、循环冗余校验码（CRC 码） ………… 23

第四节　定点加、减法运算 ………… 25

一、补码加、减法运算 ………… 25

二、加、减法运算的溢出处理 ………… 26

三、补码定点加、减法运算的实现 ………… 28

第五节　定点乘法运算 ………… 28

一、原码一位乘法 ………… 28

二、补码一位乘法 ………… 30

三、补码两位乘法 ………… 32

四、阵列乘法器 ………… 34

第六节　定点除法运算 ………… 34

一、定点原码除法 ………… 34

二、定点补码除法 ………… 37

第七节　浮点数的算术运算 ………… 38

一、浮点加法、减法运算 ………… 38

二、浮点乘法运算 ………… 40

三、浮点除法运算 ………… 40

第八节　逻辑运算及实现 ………… 40

一、逻辑非 ………… 41

二、逻辑或 ………… 41

三、逻辑与 ………… 41

四、逻辑异或 ………… 41

第九节　定点运算器的组成与结构 ………… 42

一、加法器及进位系统 ………… 42

二、算术逻辑运算单元 ………… 47

三、定点运算器 ………… 50

四、浮点运算器简介 ………… 52

习题二 ………… 54

第三章　存储系统与存储器 ………… 56

第一节　概述 ………… 56

一、存储器的基本概念 ………… 56

二、存储器分类 ………… 56

三、存储器系统的层次结构 ………… 57

第二节　主存储器 ………… 58

一、主存储器的基本组成 ………… 58

二、主存储器处于全机的中心地位 ………… 59

三、主存储器的分类 ………… 59

四、主存储器的技术指标 ………… 60

第三节　半导体随机读写存储器 ………… 61

一、静态 MOS 存储器（SRAM） ………… 61

二、动态 MOS 存储器（DRAM） ………… 63

三、DRAM的研制与发展 ………………… 65
第四节　非易失性半导体存储器 ………… 67
一、掩膜式只读存储器（MROM） ……… 67
二、可编程只读存储器（PROM） ……… 67
三、可擦除可编程只读存储器（EPROM） ………………… 68
四、电擦除可编程只读存储器（EEPROM） ………………… 68
五、闪速存储器（Flash Memory） ……… 68
第五节　主存储器的控制与组成 ………… 69
一、存储器容量的扩充 ……………… 69
二、存储控制 ……………………… 72
三、存储校验线路 ………………… 74
第六节　高速存储器 ………………… 74
一、相联存储器 …………………… 74
二、多体交叉存储器 ……………… 75
三、双端口存储器 ………………… 77
第七节　高速缓冲存储器 …………… 78
一、高速缓冲存储器的工作原理 ……… 78
二、Cache的组织与管理 ……………… 79
三、奔腾PC的Cache ……………… 81
第八节　虚拟存储器 ………………… 83
习题三 ………………………………… 85

第四章　指令系统 ………………………… 87

第一节　指令系统的发展与性能 ………… 87
一、指令系统的发展 ………………… 87
二、指令系统的性能 ………………… 88
三、计算机语言与硬件结构的关系 ……… 88
第二节　指令格式 ……………………… 89
一、指令操作码与地址码 …………… 89
二、指令字长度与扩展方法 ………… 91
三、指令格式举例 ………………… 92
第三节　寻址方式 ……………………… 93
一、指令的寻址方式 ………………… 93
二、操作数的寻址方式 ……………… 94
第四节　指令系统的分类与基本指令 ……… 97
一、指令系统的分类 ………………… 97
二、基本指令系统 ………………… 99
第五节　精简指令系统计算机和复杂指令系统计算机 ……………… 101
一、精简指令系统计算机（RISC） …… 101
二、复杂指令系统计算机（CISC） …… 103
习题四 ………………………………… 105

第五章　中央处理部件 ………………… 107

第一节　CPU的功能与组成 ………… 107
一、CPU的功能 …………………… 107
二、CPU的基本组成 ……………… 107
三、CPU中的主要寄存器 …………… 108
四、操作控制器和时序产生器 ……… 109
第二节　指令周期与时序信号产生器……… 109
一、指令周期 ……………………… 109
二、时序信号产生器 ………………… 116
三、CPU的控制方式 ……………… 119
第三节　微程序设计技术和微程序控制器 …………………………… 120
一、微程序设计技术 ………………… 120
二、微程序控制器 ………………… 126
第四节　组合逻辑控制器与门阵列控制器 …………………………… 128
一、组合逻辑控制器 ………………… 128
二、门阵列控制器 ………………… 131
第五节　CPU中的流水线结构 ……… 134
一、流水线的工作原理 ……………… 134
二、流水线分类 …………………… 136
三、流水线中的问题 ……………… 136
第六节　CPU结构举例 …………… 138
一、RISC CPU举例 ……………… 138
二、CISC CPU举例 ……………… 141
第七节　多处理器系统 ……………… 144
一、计算机系统结构的分类 ………… 144
二、多处理器系统 ………………… 145
习题五 ………………………………… 147

第六章　系统总线 …………………… 149

第一节　总线的基本概念和结构形态 …… 149
一、总线的特性 …………………… 149
二、总线的分类 …………………… 150
三、总线的性能指标 ……………… 150
四、总线的连接方式 ……………… 151
第二节　总线接口 ………………… 152
一、信息的传送方式 ……………… 152
二、接口的基本概念 ……………… 153
三、接口的分类 …………………… 155
第三节　总线的控制与通信 ………… 155

一、总线控制………………………………… 155
二、总线通信………………………………… 157
第四节　常用总线……………………………… 159
一、常用总线简介…………………………… 159
二、标准接口类型…………………………… 160
习题六…………………………………………… 163

第七章　输入/输出系统 ………………… 164

第一节　输入/输出系统概述 ………………… 164
一、输入/输出设备的特性 ………………… 164
二、输入/输出设备的编址方式 …………… 165
三、输入/输出数据的控制方式 …………… 166
第二节　程序直接控制方式…………………… 167
第三节　程序中断方式………………………… 168
一、中断的基本概念………………………… 168
二、中断源和中断类型……………………… 169
三、中断处理………………………………… 170
四、程序中断方式的基本接口……………… 171
五、单级中断和多级中断…………………… 172
六、中断响应及响应条件…………………… 174
七、向量中断………………………………… 175
第四节　DMA方式 …………………………… 176
一、什么是DMA方式 ……………………… 176
二、DMA的数据传送方式 ………………… 177
三、DMA控制接口的基本结构 …………… 177
第五节　通道方式……………………………… 179
一、通道的功能……………………………… 179
二、通道的类型……………………………… 181
三、通道结构的发展………………………… 182
第六节　几种I/O方式的比较………………… 182
习题七…………………………………………… 183

第八章　外部设备 ………………………… 184

第一节　外部设备概述………………………… 184
一、外部设备的特点………………………… 184
二、外部设备的分类………………………… 185
第二节　输入设备……………………………… 185
一、键盘……………………………………… 185
二、图形图像输入设备……………………… 186
三、其他输入设备…………………………… 188
第三节　显示输出设备………………………… 189
一、显示设备的分类及有关术语…………… 189
二、字符显示器……………………………… 191
三、图形图像显示器………………………… 193
四、IBM PC系列机的显示标准 …………… 194
第四节　打印输出设备………………………… 195
一、点阵式打印机…………………………… 196
二、激光打印机……………………………… 198
三、喷墨式打印机…………………………… 199
第五节　磁表面存储器………………………… 200
一、磁记录原理与记录方式………………… 200
二、硬磁盘存储器…………………………… 202
三、磁盘阵列………………………………… 206
四、软磁盘存储器…………………………… 206
五、磁带存储器……………………………… 207
第六节　光盘存储器…………………………… 208
一、只读型光盘存储器……………………… 208
二、一次写入型光盘存储器………………… 210
三、读/写型光盘存储器 …………………… 210
第七节　移动存储设备………………………… 211
一、移动存储器的分类……………………… 211
二、移动硬盘………………………………… 211
三、各类闪存盘……………………………… 212
习题八…………………………………………… 214

参考文献 …………………………………… 215

第一章　计算机系统概述

计算机（俗称电脑）是20世纪最重要的科学技术发明之一，它对人类社会的生产和生活都有着极其深刻的影响。计算机（Computer）在程序的控制下能快速、准确地自动完成信息的处理、加工、存储或传送。本章重点讲解计算机的组成和工作原理，以初步建立起整机的概念。

第一节　计算机的发展与应用

一、计算机的发展

世界上第一台电子数字计算机是1946年2月问世的ENIAC（Electronic Numerical Integrator And Computer），该机重达30t，功耗150kW，占地170m²，使用了18 800个电子管，其运算速度为5 000次/s。

自第一台电子数字计算机问世以来，计算机技术发展异常迅速，在推动计算机硬件发展的各种因素中，电子逻辑器件的发展是起决定作用的因素。因此，计算机的发展常以器件来划分，其发展已经经历了四代。

第一代计算机（1946～1957年）——电子管时代。

主要特点：计算机所使用的逻辑元件为电子管，存储器采用延迟线圈或磁鼓。软件主要使用机器语言，后期使用汇编语言。这一时期的计算机可以存储信息，运行速度慢。

第二代计算机（1958～1964年）——晶体管时代。

主要特点：逻辑元件为晶体管，磁心作主存储器，磁带或磁盘作为辅助存储器，出现Fortran、Cobol等高级语言，并出现了机器内部的管理程序。

第三代计算机（1965～1971年）——中小规模集成电路时代。

主要特点：硬件上，采用中、小规模集成电路取代晶体管，用半导体存储器淘汰了磁心存储器。软件上，把管理程序发展成为现在的操作系统，采用微程序控制技术，高级语言更加流行，如BASIC、Pascal等。

第四代计算机（1972至今）——超大规模集成电路时代。

主要特点：采用大规模集成电路（LSI）及超大规模集成电路（VLSI）。计算机操作系统更加完善，在语音、图像处理、多媒体技术、网络及人工智能等方面取得了很大发展。随着大规模集成电路技术的发展，1976年，21岁的乔布斯在硅谷制造出了著名的Apple机，微型计算机（微机）诞生了。20世纪80年代微机兴起，1981年IBM公司选择了Intel公司的微处理器和Microsoft公司的软件，推出了第一台个人计算机（PC），揭开了微型计算机蓬勃发展的序幕。

在微型计算机的发展过程中，最值得一提的是世界上第一大微处理器制造商Intel，它的产品从世界上第一个8位处理器8080（1974年问世）、准16位微处理器8088/8086（外部数据总线为 8 位）、16 位微处理器 80286（主频 6MHz，1982 年）、32 位微处理器 80386（主频 12.5MHz、33MHz、50MHz，1985 年）、80486（主频 25MHz、33MHz、50MHz，1989 年）、64 位微处理器 Pentium（80586）（主频 66MHz、100MHz，1993 年）、Pentium Pro（主频 133MHz、166MHz、200MHz，1995 年）、Pentium Ⅱ（主频 233MHz、300MHz、400MHz、450MHz，1997 年）、Pentium Ⅲ（主频 450MHz、500MHz、600MHz、733MHz、866MHz、933MHz，1999 年）、Pentium Ⅳ（主频 1.3GHz、1.7GHz、2.0GHz、3.5GHz，2000 年）。2005 年出现了双核处理器，以 Intel 酷睿（Core 2 Dou）为代表的双核处理器主频从 1.8GHz 到 2.67GHz，接着出现 4 核 CPU，目前已出现了 8 核 CPU。自从 1979 年 Intel 推出 X86 后，几乎每三年处理器的性能就能提高 4～5 倍。但是，计算机中的一些其他部件的性能的提高速度达不到这个水平。因此，必须不断调整计算机的组成和结构，以解决不同部件之间的性能不匹配问题。

二、计算机的应用

计算机的应用几乎涉及人类社会的所有领域：从军事部门到民用部门，从尖端科学到消费娱乐，从厂矿企业到个人家庭，无处不出现计算机的足迹。

1. 科学技术计算

把科学技术及工程设计应用中的各种数学问题的计算，统称为科学技术计算。计算机不仅能减轻繁杂的计算工作量，而且解决了过去无法解决或不能及时解决的问题。例如，宇宙飞船运动轨迹和气动干扰问题的计算；人造卫星和洲际导弹发射后，正确导入轨道的计算；天文测量和天气预报计算；现代工程中，电站、桥梁、水坝、隧道等最佳设计方案的选择。

2. 数据信息处理

数据信息处理是对数据进行加工、分析、传送、存储及检测或综合处理等。完成数据处理任务的计算机面对的是大量数据，对它们不要求进行复杂的高精度运算。目前，任何部门都离不开数据处理。例如，银行、财政系统每时每刻都要对金融数据进行统计、核算；用计算机管理出纳和会计财务已十分普遍；图书馆、档案资料管理部门利用计算机进行文献、资料、书刊及档案的保存、查阅、整理等。应用于数据处理的计算机应具有足够大的存储容量。

3. 计算机控制

工业过程控制是计算机应用的一个重要领域。过程控制，就是利用计算机对连续的工业生产过程进行控制，被控对象可以是一台机床、一座窑炉、一条生产线、一个车间甚至整个工厂，计算机与执行机构配合，使被控对象按照预定算法保持最佳期工作状态。适合工业环境中使用的计算机称为工业控制计算机。

4. 计算机辅助技术

计算机辅助技术包含计算机辅助设计（CAD）、计算机辅助制造（CAM）、计算机辅助测试（CAT）、计算机辅助教学（CAI）等。

5. 人工智能

人类的许多脑力劳动，如证明数学定理、进行常识性推理、诊断疾病、下棋等都需要“智能”。人工智能是将人脑在进行演绎推理的思维进程、规则和所采取的策略技巧等编成计算机程序，在计算机中存储一些公理和推理规则，然后让机器去自动探索解题的方法。

除此之外，专家系统等也都属于计算机的应用领域。多媒体技术的发展更加扩大了计算机的应用范围。计算机技术与通信技术相结合形成的各类计算机网络的飞速发展，加快了社会信息化的进程。

第二节　计算机系统的组成

一个完整的计算机系统包括硬件系统和软件系统。计算机的硬件是计算机的物质基础，没有硬件计算机将不复存在。软件是发挥计算机功能，使计算机能正常工作的程序，没有软件，计算机就无法投入使用。硬件与软件相结合，才能使计算机正常运行，发挥作用。因此，对计算机的理解不能仅局限于硬件部分，而应将整个计算机看做是一个系统，即计算机系统。计算机系统中，硬件和软件有各自组成的体系，分别称为硬件系统和软件系统。

一、存储程序与冯·诺依曼计算机

计算机是一种不需要人的直接干预就能对各种数字化信息进行快速算术运算和逻辑运算的工具。但为了告诉计算机做什么事，按什么样步骤去做，则需要事先编制程序。所谓存储程序就是把编好的程序（由计算机指令组成的序列）和原始数据预先存入计算机的主存储器中，使计算机在工作时能够连续、自动、高速地从存储器中取出一条条指令并加以执行，从而自动完成预定任务。美籍匈牙利数学家冯·诺依曼（Von Neumann）于 1946 年提出了“存储程序控制”的计算机结构。

冯·诺依曼计算机具有如下基本特点：

1）计算机内部采用二进制来表示指令和数据。

2）将编好的程序和原始数据事先存入存储器中，然后再启动计算机工作，使计算机在不需要人工干预的情况下，自动、高速地从存储器中取出指令加以执行。

3）计算机由运算器、存储器、控制器、输入设备和输出设备五大基本部件组成（如图 1-1所示）。

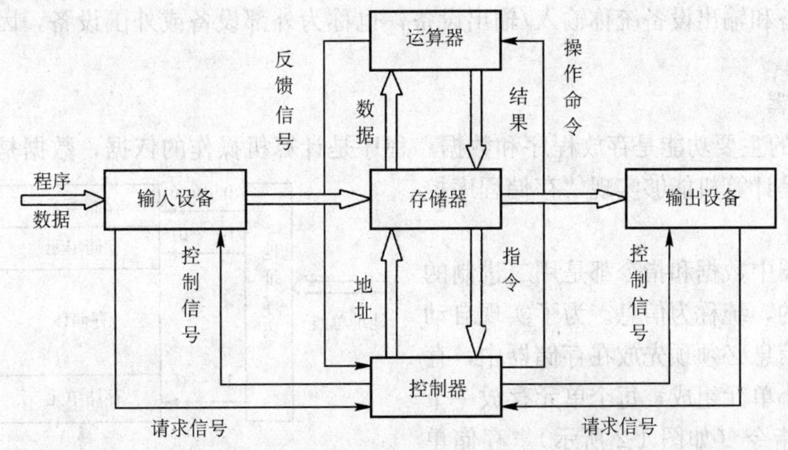

图 1-1　计算机硬件系统的基本组成

几十年来，虽然计算机的体系结构经历了重大变化，性能也有了惊人的发展，但就其结构原理来说，至今大多数计算机仍然沿用这一体制，建立在存储程序概念的基础上，符合存储程序概念的计算机统称为冯·诺依曼型计算机。不同之处只是原始的冯·诺依曼型计算机在结构上是以控制器为中心，随着计算机体系结构的发展，演变到现在以存储系统为中心。冯·诺依曼的上述概念，奠定了现代计算机的基本结构思想，并开创了程序设计的新时代，是计算机发展史中的一个里程碑。学习计算机的工作原理也就要从冯·诺依曼的概念入门。

冯 · 诺依曼计算机的这种工作方式，可称为指令流（控制流）驱动方式，即按照指令的执行序列，依次读取指令，根据指令所含的控制信息，调用数据进行处理。

现在计算机中，还有另一类属于非冯 · 诺依曼体制，这类计算机采用数据流驱动的工作方式，只要数据已经准备好，有关的指令可以并行执行，又称为数据流计算机，它为并行处理开辟了前景，但控制比较复杂。

传统的冯 · 诺依曼计算机从根本上讲是采取串行顺序处理的工作机制，逐条执行指令序列，单处理机结构，集中控制。为了提高计算机的性能，现代的计算机已经在许多方面突破了传统冯 · 诺依曼体制的束缚。例如，对传统的冯 · 诺依曼计算机进行改造，采用多个处理部件形成流水处理，依靠时间上的重叠提高处理效率；组成阵列结构形成单指令流多数据流以提高处理速度；用多个冯·诺依曼机组成多机系统支持并行算法结构等。这些是系统结构课程的内容。本书重点介绍单机系统的组成和工作原理。

二、计算机的硬件系统

计算机的硬件是指计算机中的电子线路和物理装置。它们是看得见、摸得着的实体，如集成电路芯片、印制电路板、接插件、电子元件和导线等装配成的 CPU，存储器及外部设备等。它们组成了计算机的硬件系统，是计算机的物质基础。

计算机有巨型、大型、中型、小型和微型之分。每种规模的计算机又有很多机种和型号，它们在硬件配置上差别很大，但绝大多数都是根据冯 · 诺依曼计算机体系结构设计的，故具有共同的基本配置，即具有五大部件：输入设备、存储器、运算器、控制器和输出设备。

CPU 由运算器与控制器组成，CPU 和主存储器通常组装在一个主板上，合称主机。

输入设备和输出设备统称输入/输出设备，也称为外部设备或外围设备，因为它们位于主机的外部。

1. 存储器

存储器的主要功能是存放程序和数据。程序是计算机操作的依据，数据是计算和操作的对象。它是计算机能够实现“存储程序控制”的基础。

在存储器中数据和指令都是用二进制的形式来表示的，统称为信息。为了实现自动计算，这些信息必须预先放在存储器中，存储器由许多小单元组成，每个单元存放一个数据或一条指令（如图 1-2 所示）。存储单元按某种顺序编号，每个存储单元对应一个编号，称为单元地址，用二进制编码表示。存储单元地址与存储在其中的信息是一一对

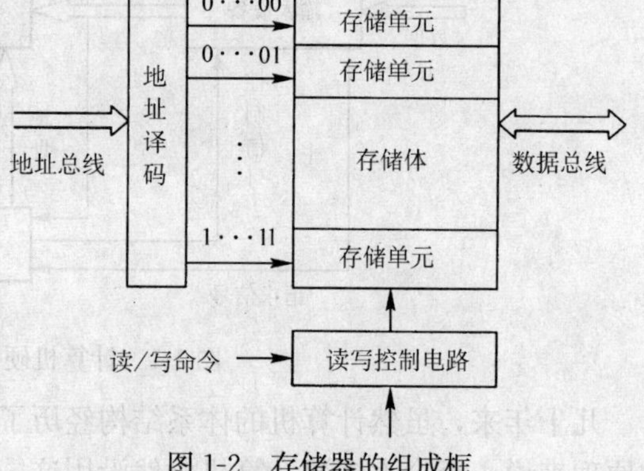

图 1-2　存储器的组成框

应的，单元地址只有一个，是固定不变的，而存储在其中的信息是可以更换的。

向存储单元存入或从存储单元取出信息，都称为访问（Acess）存储器。访问存储器时，先由地址译码器将送来的单元地址进行译码，找到相应的存储单元，再由读/写控制电路确定访问存储器的方式，即取出（读）或存入（写），然后按规定的方式具体完成取出或存入的操作。

与存储器有关的部件还有地址总线与数据总线。它们分别为访问存储器传送地址信息和数据信息。

在计算机运行过程中，存储器的内容是不断变化的，已执行完的程序没有保留的必要，需用新的程序来代替；一开始装入的原始数据，也不断地被计算结果所代替。这一切工作均是由操作系统的存储管理软件来完成的。这种管理完全由计算机自动进行，一般用户不必了解。有关存储器的详细介绍详见第三章。

2. 运算器

运算器是对信息进行处理和运算的部件，其任务是对二进制信息进行加工处理。运算器通常由算术逻辑运算部件（ALU）和一系列寄存器组组成，如图 1-3 所示。算术逻辑运算部件可以具体完成算术运算与逻辑运算，其核心是加法器。寄存器用来暂存操作数。累加器除存放操作数外，在连续运算中还可存放中间结果和最后结果，累加器由此而得名。寄存器与累加器的数据均从存储器取得，累加器的最后结果也存放到存储器中。

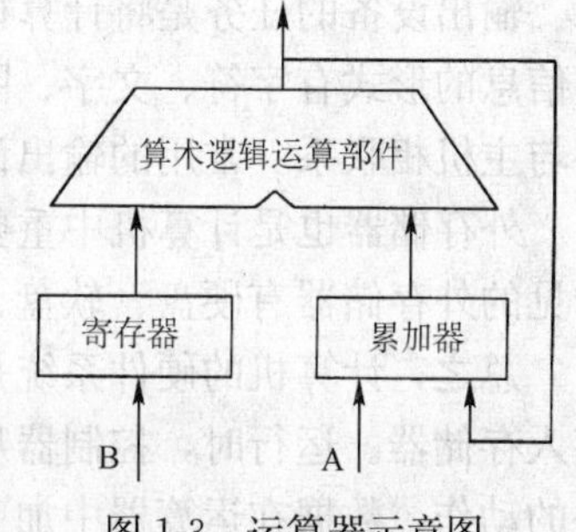

图 1-3　运算器示意图

运算器一次能运算的二进制数的位数称为字长。它是计算机的重要性能指标。常用的计算机字长有 8 位、16 位、32 位及 64 位。寄存器、累加器及存储单元的长度应与 ALU 的字长相等或者是它的整数倍。现代计算机的运算器有多个寄存器，如 8 个、16 个或 32 个不等，称为通用寄存器组。设置通用寄存器组可以减少访问存储器的次数，提高运算速度。有关运算器的内容将在第二章中叙述。

3. 控制器

控制器是全机的指挥中心，它使计算机各部件自动协调地工作。控制器工作的实质就是解释程序，它每次从存储器读取一条指令，经过分析译码，产生一串操作命令，发向各个部件，控制各部件动作，使整个机器连续地、有条不紊地运行。

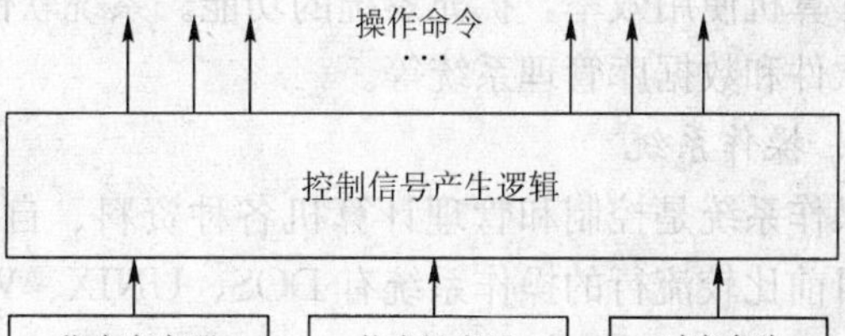

计算机中有两股信息在流动。一股是控制信息，即操作命令，其发源地是控制器，它分散流向各大部件；另一股是数据信息，它受控制信息的控制，从一个部件流向另一个部件，边流动边被加工处理。

操作命令
…
控制信号产生逻辑
指令寄存器　状态触发器　时序电路

图 1-4　控制器结构

控制信息的发源地是控制器。控制器产生控制信息的依据来自以下 3 个方面（如图 1-4 所示）：一是指令，它存放在指令寄存器中，是计算机操作的主要依据；二是各部件的状态触发器，其中存放反映机器运行状态的有关信息，机器在运行过程中，根据各部件的即时状态，决定下一步操作是按顺序执行下一条指令，还是转移其他指令，或者转向其他操作；三是时序电路，它能产生各种时序信号，使控制器的操作命令被有序地发送出去，以保证整个机器协调地工作，不致造成操作命令间的冲突或先后次序上的错误。有关控制器的详细内容将在第五章中讲解。

4. 输入设备

输入设备的任务是把人们编好的程序和原始数据送到计算机中，并且把它们转换成计算机内部所能识别和接受的信息方式。输入的信息形式有数字、字母、文字、图形、图像、声音等多种形式。送到计算机的只有一种形式，就是二进制数据。一般的输入设备只用于原始数据和程序的输入。常用的输入设备有键盘、鼠标、扫描仪和数码相机等。

输入设备与主机之间通过接口连接。设置接口主要有以下几个方面的原因：一是输入设备大多数是机电设备，传送数据的速度远远低于主机，接口用做数据缓冲；二是输入设备表示的信息格式与主机的不同，用接口进行信息格式的转换；三是接口还可报告设备运行的状态，传送主机的命令等。

5. 输出设备

输出设备的任务是将计算机的处理结果以人或其他设备所能接受的形式送出计算机，输出信息的形式有字符、文字、图形、图像和声音等。输出设备与输入设备一样，需要通过接口与主机相联系。常用的输出设备有打印机、显示器和绘图仪等。

外存储器也是计算机中重要的外部设备，既可以作为输入设备，也可以作为输出设备。常见的外存储器有硬盘、软盘、光盘和优盘。

总之，计算机的硬件系统是运行程序的基本组成部分。人们通过输入设备将程序与数据存入存储器。运行时，控制器从存储器中逐条取出指令，将其解释成控制命令，去控制各部件的动作，数据在运算器中加工处理，处理后的结果通过输出设备输出。

三、计算机的软件系统

计算机的软件是根据解决问题的方法、思想和过程编写的程序的有序集合，而程序是指令的有序集合。一台计算机中全部程序的集合，统称为这台计算机的软件系统。一种性能优良的计算机硬件系统能否充分发挥其应有的功能，在很大程度上取决于软件的完善与丰富程度。软件按其功能分为应用软件和系统软件两大类。

系统软件用于实现计算机系统的管理、调度、监视和服务等功能，其目的是方便用户，提高计算机使用效率，扩充系统的功能。系统软件包括操作系统、各种语言处理程序、服务支撑软件和数据库管理系统等。

1. 操作系统

操作系统是控制和管理计算机各种资料、自动调度用户作业程序、处理各种中断的软件。目前比较流行的操作系统有 DOS、UNIX、Windows 和 Linux。

2. 语言处理程序

计算机能识别的语言与机器能直接执行的语言并不一致，计算机能识别的语言很多，如汇编语言、BASIC 语言、Fortran 语言和 C 语言等。它们各自都规定了一套基本符号和语法规则，用这些语言编制的程序叫源程序。用“0”或“1”的机器代码按一定规则组成的语言，称为机器语言。用机器语言编制的程序，称为目标程序。语言处理程序的任务，就是将源程序翻译成目标程序。不同语言的源程序，对应有不同的语言处理程序。

语言处理程序有汇编程序、编译程序和解释程序 3 种。

3. 服务支撑软件

服务支撑程序（也称为工具软件）扩大了机器的功能，一般包括诊断程序、调试程序、编辑程序和链接程序等。

4. 数据库管理系统

所谓数据库，就是能实现有组织地、动态地存储大量的相关数据，方便多用户访问的计算机软件、硬件资源组成的系统。数据库和数据库管理软件一起，组成了数据库管理系统。数据库管理系统有各种类型，目前许多计算机包括微机都配有数据库管理系统，如 Fox-Pro、Access、Oracle 和 SQL Server 等。

应用软件是用户为解决某种应用问题而编制的程序，如办公自动化软件 Offices、计算机辅助设计软件 AutoCAD、科学计算软件等。随着计算机的广泛应用，应用软件的种类和数量将越来越丰富。

总之，软件系统是在硬件系统的基础上，为有效地使用计算机而配置的。没有系统软件，计算机系统将无法正常地、有效地运行；没有应用软件，计算机就不能发挥其效能。

四、硬件和软件的逻辑等价性

随着大规模集成电路技术的发展和软件硬化的趋势，要明确划分计算机系统软、硬件界限已经显得比较困难了，因为任何操作可以由软件来实现，也可以由硬件来实现；任何指令的执行可以由硬件来完成，同样也可以由软件来完成。对于某一机器功能采用硬件方案还是软件方案，取决于价格、速度、可靠性、存储容量和变更周期等因素。

当研制一台计算机的时候，确定哪些情况使用硬件，确定哪些情况使用软件，由当前的硬件发展水平来决定。例如，在 80386SX 以前的微机中，浮点运算指令、双精度运算指令字符串处理指令等由编制程序来实现，而在 80586 以后的计算机中，这些指令直接改为由硬件实现。在 Pentium Ⅱ 以后的计算机中，处理多媒体的指令可直接由硬件来实现。

将程序固定在 ROM 中组成的部件称为固件。固件是一种具有软件特性的硬件，它既具有硬件的快速性特点，又有软件的灵活性特点。这是软件和硬件相互转化的典型实例。

五、指令及指令的执行过程

简单地说，计算机的工作过程是执行程序的过程。而程序是一组机器指令的有序集合，机器指令就是计算机执行某种操作的命令。

程序是先由程序员根据需要编制的。将编制好的程序经过输入设备顺序存放到主存储器中，并将其程序存放的首地址告诉控制器，于是控制器将从首地址开始从主存储器中取出一条指令，执行这条指令，再取出下一条指令，执行下一条指令。如此周而复始地工作，一直到程序执行完毕，计算机便完成了该程序要求它完成的全部功能。

图 1-5 是一个简单程序的执行过程的示意图。

从图 1-5 可以看出，5 条机器指令用助记符表示，已经存放在主存储器的从 20H 地址开始的一片存储区中，本程序需要操作的原始数据是“01100110”（66H），它已经存放在主存储器的 30H 地址中。程序的首地址 20H 已装入程序计数器（PC）中，于是控制器根据 PC 的内容从主存储器的 20H 地址中取出第一条机器指令 CLA，这条机器指令的功能是清除累加器 AC 中的内容，一旦这条机器指令从 20H 地址中取出，PC 中的内容就已被修改为下一条机器指令的地址 21H，这时，执行 CLA 指令的结果是将累加寄存器（AC）的内容清“0”；接着执行的第二条指令是加法指令（ADD），执行这条指令的结果是将累加寄存器（AC）的内容（“0”）与 30H 地址中的操作（66H）相加，并将其结果保存在 AC 中；继续执行的第三条指令是存数指令（STA），这条指令的功能是要将累加寄存器中的数据（66H）写入到主存储器的 31H 地址中；继续执行的第四条指令是无条件转移指令（JMP），其转移目标地址是 21H，所以，执行 JMP 指令的结果是将转移目标地址（21H）置入程序计数器（PC）中，于是继续执行的下一条指令不是暂停指令（HLT），而是 21H 地址中的 ADD 指令。从而可看出，一般情况下程序是顺序执行的，只有遇到转移类指令，才能改变程序的执行顺序。不难看出，这是一个死循环程序，任何时候不可能去执行 HLT 指令。

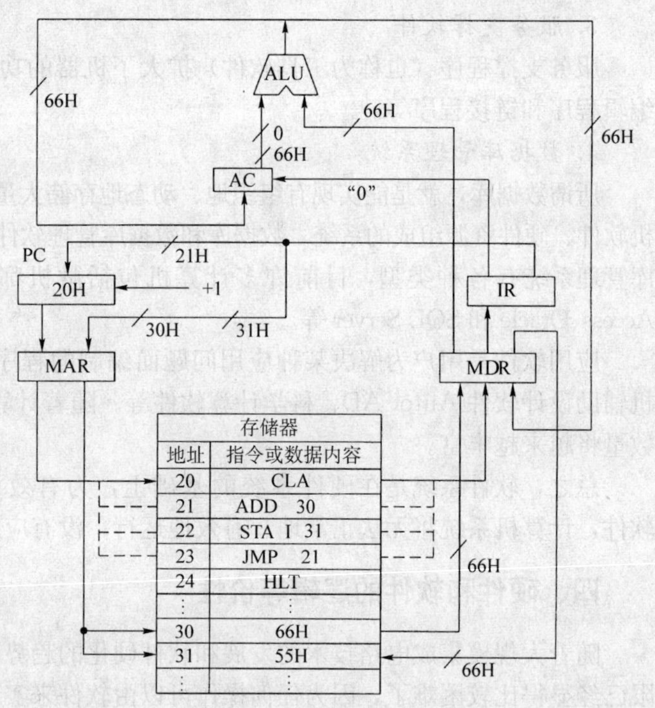

图 1-5 指令的执行过程

第三节 计算机系统的层次结构

计算机系统是由硬件系统和软件系统组成的。硬件系统与软件系统各自包含许多系统，因此，计算机系统的结构十分复杂。但是，通过仔细分析可以发现，计算机系统存在着层次结构，即计算机系统具有层次性，它由多级层次组成，如图 1-6 所示。

第一级是微程序设计级。这是一个实在的硬件级，它由机器硬件直接执行微指令。

第二级是一般机器级，也称为机器语言级，它由微程序解释机器指令系统。这一级也是硬件级。

第三级是操作系统级。它由操作系统程序实现，称为混合级。操作系统由机器指令和广义指令组成。广义指令是指操作系统定义和解释的软件指令。

第四级是汇编语言级。它由程序人员提供一种符号形式的语言，以减少程序编写的复杂性。这一级由汇编程序支持和执行。如果应用程序采用汇编语言编写，则机器必须要有这一级的功能才能运行；如果应用程序不是采用汇编语言编写，则这一级可以不要。

第五级是高级语言级。这是面向用户的，为方便用户编写应用程序而设置的。这一级由各种高级语言编译程序支持。

注意，层次的划分不是绝对的。

从第三级开始向上，不同的层次结构体现出不同的功能。高级语言级的用户，可以不了解机器的具体组成，不必熟悉指令系统，直接用所指定的语言描述所要解决的问题。在某一层次的观察者看来，他只需要通过该层次的语言来了解和使用计算机，至于下层是如何工作和实现的就不必关心了。这就是所谓的虚拟计算机的概念。虚拟计算机是由软件实现的机器。

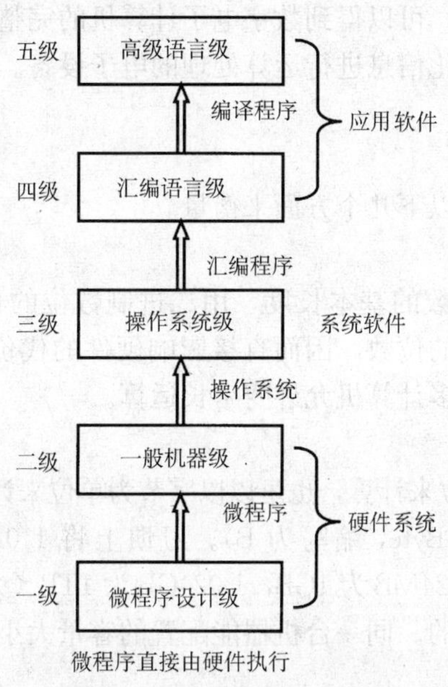

图 1-6　计算机的层次结构

第四节　计算机的特点、性能指标及分类

一、计算机的特点

计算机能得到广泛的应用是与它的性能、特点分不开的。这些特性是其他计算工具所不具备的。

1. 快速性

电子计算机采用了高速电子器件，这是快速处理信息的物质基础。另外，电子计算机采用了存储程序的设计思想，将要解决问题的计算机程序（指令序列描述）和原始数据一起存储到计算机。计算机只要一启动，就能自动地取出一条条指令并执行，直到程序执行完毕，得到计算结果为止。因此，存储程序技术使电子器件的快速性得到了充分的发挥。

2. 通用性

计算机处理的信息既可以是数值数据，也可以是非数值数据。非数值数据的内涵十分丰富，如语言、文字、图形、图像和音乐等，这些信息都能用数字化编码表示。另外，软件越丰富，计算机的通用性就越强。

3. 准确性

计算机运行的准确性包括两个方面的含义：一是计算精度高。计算精度取决于运算中数的位数，位数越多越精确；二是计算方法科学。计算方法由程序体现，一个算法正确且优质的程序，再加上高位数的计算功能，才能确保计算结果的准确性。

4. 逻辑性

逻辑判断与逻辑运算是计算机的基本功能之一。通过执行能体现逻辑判断和逻辑运算的程序，使整个系统具有逻辑性。

在上述 4 大特性的基础上，可以得到数字电子计算机的完整定义：数字电子计算机是一种能自动和高速地对各种数字化信息进行运算处理的电子设备。

二、计算机的性能指标

计算机的基本性能一般从以下几个方面来衡量。

1. 基本字长

基本字长是指参与运算的数的基本长度，用二进制数位的长短来衡量。它决定着寄存器、加法器、数据总线等部件的位数，因而直接影响硬件的代价。字长也标志着计算精度，为了兼顾精度与硬件代价，许多计算机允许变字长运算。

2. 主存容量

主存容量可以以字长为单位来计算，也可以以字节为单位来计算。以字节为单位时，约定 8 位二进制代码为一个字节（Byte，缩写为 B）。习惯上将 1 024B 表示为 1KB（千字节），1 024KB 为1MB（兆字节），1 024MB 为 1GB，1 024GB 为 1TB（太字节 10^{12}＝1T（太））。

主存容量变化范围是较大的。同一台机器能配置的容量大小也有一个允许范围。

3. 运算速度

运算速度是用每秒能执行的指令条数来表示，单位为条/s。因为执行不同的指令所需时间不同，因而对运算速度存在不同的计算方法。①根据不同类型指令出现的频繁程度乘以不同的系数，求得统计平均值；②以执行时间最短的指令为标准来计算运算速度；③直接给出每条指令的实际执行时间和机器的主频率。运算速度的单位一般用 MIPS 表示，即百万条指令每秒。

4. 数据通路宽度

数据总线一次所能并行传送的位数，称为数据通路宽度。

5. 主频率

每台计算机内部，均有一个不断地产生固定频率的时钟脉冲装置，称为主时钟。主时钟的频率通常就是机器的主频率。主频率是衡量一台计算机速度的重要参数。

三、计算机的分类

计算机分类方法有多种，常把它分为巨型计算机，大、中型计算机，小型计算机，工作站和个人计算机。

1. 巨型计算机

人们通常把最大、最快、最贵的主机称为巨型机。世界上只有几个公司能生产巨型机。例如，美国的克雷公司就是生产巨型机的主要厂家，它生产的 Crey 系列机都是著名的巨型机。我国研制成功的银河系列、天河系列和曙光系列都是巨型机。它们对尖端科学、战略武器、社会及经济模拟等领域的研究都具有重要的意义。

2. 大、中型计算机

大、中型计算机包括通常所说的大型机和中型机。一般只有大、中型企事业单位才可能有财力和人员去配置和管理大型主机，并以这台大型主机及外部设备为基础建成一个计算中心，统一安排对主机资源的使用。

美国IBM公司是大型主机的主要生产厂家，它生产的IBM 360、370、4 300以及9 000系列等，都是有名的大型主机。日本的富士通、NEC公司也生产这类大型计算机。

3. 小型计算机

小型计算机能满足部门性能的需求，为中、小型企事业单位所采用。例如，美国DEC公司的VAX系统、IBM公司的AS/400系列等都是小型机。我国生产的太极系列计算机也属于小型机，它是VAX机的兼容机。

4. 工作站

工作站是介于微型机与小型机的过渡机种。工作站的运算速度通常比微型机要快，要求配置大屏幕显示器和大容量存储器，有比较强的网络通信功能。它主要用于特殊的专业领域，例如，图像处理、CAD等方面。典型机器有APOLLO工作站、SUN工作站等。

世界上第一台工作站是APOLLO公司于1980年推出的DN100工作站。

5. 个人计算机（PC）

个人计算机是面向个人或家庭的，它的价格与高档家用电器相仿，它在我国也会像电视机那样普及。在我国高校和中、小学配置的计算机主要就是微型计算机。

习　题　一

1-1　什么是计算机？它具有哪些特点？

1-2　微型计算机的发展已经历了哪几个时期？

1-3　什么是计算机的系统软件和应用软件？

1-4　冯·诺依曼计算机体系的基本思想是什么？按此思想设计的计算机硬件系统应由哪些部件组成？各起什么作用？

1-5　计算机系统从功能上可划分为哪些层次？各层次在计算机中起什么作用？

1-6　为什么软件能够转化为硬件？硬件能够转化为软件？实现这种转化的媒介是什么？

1-7　解释名词：硬件、软件、固件。

第二章　运算方法与运算器

运算器是一个用于信息加工的部件，用来对二进制数据进行算术运算和逻辑运算，是CPU的主要部件之一。运算器的逻辑结构取决于机器的指令系统、数据表示方法和运算方法等。本章首先介绍数的表示和编码，然后介绍在计算机中如何实现二进制数的算术运算和逻辑运算。由于运算方法是运算器组成的核心，所以重点讲解运算方法。最后介绍运算部件的基本结构和工作原理。

第一节　数值信息的表示法

一、数据的机器码表示法

1. 真值与机器码

在日常生活中，人们习惯于用正、负符号加绝对值来表示数的大小，这种按一般书写形式表示的数值在计算机技术中称为真值。但计算机中所能表示的数或其他信息都是数码化的，要将正、负号分别用一位数码“0”和“1”来代替。一般将这种符号位放在数的最高位，“0”表示该数为正，“1”表示该数为负。这种在机器中使用的连同数符一起数码化的数称为机器数。

例如：设机器字为8位字长，真值为$(0.1001110)_2$对应的机器数为0.1001110；真值为$(-0.1001110)_2$，对应的机器数为1.1001110。

在计算机中根据运算方法的需要，机器数的表示方法往往会不相同。通常有原码、补码、反码和移码4种表示法。

2. 原码表示法

原码表示法是一种比较直观的机器数表示法。原码的最高位作为符号位，用“0”表示正号，用“1”表示负号，有效值部分用二进制的绝对值表示。纯小数和纯整数的原码表示定义分别如下：

对于纯小数，设$x=x_0.x_1x_2\cdots x_{n-1}$，其中$x_0$为符号位，小数点在符号位后，不占存储位，共$n$位字长，则

$$[x]_{原}=\begin{cases} x & 0\leqslant x\leqslant 1-2^{-(n-1)} \\ 1-x=1+|x| & -(1-2^{-(n-1)})\leqslant x\leqslant 0 \end{cases}$$

不够字长时，数值位后补“0”。

例如：若$x_1=+0.1011$，$x_2=-0.1011$，字长为8位，则原码分别为

$[x_1]_{原}=0.1011000$，$[x_2]_{原}=1+0.1011000=1.1011000$，其中最高位是符号位。

对于真值零，其原码有正零和负零两种形式，即

$[+0]_{原}=0.00\cdots00$，$[-0]_{原}=1.00\cdots00$。

对纯整数，设$x=x_0x_1x_2\cdots x_{n-1}$，其中$x_0$为符号位，共$n$位字长，则

$$[x]_{原}=\begin{cases} x & 0\leqslant x\leqslant 2^{n-1}-1 \\ 2^{(n-1)}-x=2^{(n-1)}+|x| & -(2^{(n-1)}-1)\leqslant x\leqslant 0 \end{cases}$$

不够字长时，在符号位后、数值位前补“0”。

例如：若 $x_1=+1011$，$x_2=-1011$，字长为8位，则其原码分别为

$$[x_1]_{原}=00001011 \qquad [x_2]_{原}=2^7+0001011=10001011$$

最高位是符号位，对于真值零，其原码也有正零和负零两种形式，即

$$[+0]_{原}=000\cdots00 \qquad [-0]_{原}=100\cdots00$$

原码表示法的优点是直观、易懂。机器数和真值间的相互转换很容易，用原码实现乘、除运算的规则很简单，其缺点是实现加减运算的规则较复杂。

3. 补码表示法

先以钟表对时为例说明补码的概念。时钟能表示的最大时间为12点，超过12点表示溢出，又返回到从0点开始，对时钟来说模为12。假设现在的标准时间为6点，而有一只表已经10点了，为了校准时间，可采用两种方式：一种是将时钟逆时钟方向拨4格（−4）；另一种是将时钟沿顺时针方向拨8格（+8）。这两种方法都能对准到6点，由此看出，减4和加8是等价的，这是因为时钟的模为12，+8是和−4是等效的，写成算式为

$$10+8=18=6\ (\text{mod }12)$$

$$10-4=10+[(-4)+12]=10+8=18=6\ (\text{mod }12)$$

于是可写成如下通式：

$$A-B=A+[(-B)+K] \qquad (\text{mod }K)$$

从而得出一个重要的结论：对于任何一个确定的模数 K，某数 A 减去一个小于模的数 B，可用该数 A 加上负减数（$-B$）对模数 K 的补数来代替。

从上述分析可得知：

1）“模”是指任何大于模的数值都可以将模的整数倍丢掉，而不会造成错误。

$$18=6 \qquad (\text{mod }12)$$

$$-4=8 \qquad (\text{mod }12)$$

2）利用模数概念可将减法运算转变为加法运算。

$$10-4=10+(-4+12)=10+8=6 \qquad (\text{mod }12)$$

$$10-2=10+(-2+12)=10+10=8 \qquad (\text{mod }12)$$

将补码表示引入计算机，使减法运算转化为加法运算，使符号位参加运算，简化了加、减法的规则，从而优化了机器的运算器电路。

在计算机中，机器字长是有限的，例如某机器字长32位，两个32位字长的数据进行某种运算后，如果结果的位数超过32位，则由第32位向更高位的进位就被丢失，被丢失位的大小就是该计算机的“模”。如果是32位整数，则其模为 2^{32}。

补码的定义：正数的补码是正数的本身，负数的补码是模加上原负数。

对于纯小数，$x=x_0.x_1x_2\cdots x_{n-1}$，共 n 位字长，其中 x_0 是符号位（它是 2^0），符号位向更高位的进位会被丢失，即以它的模为 2^1，于是它的补码定义为

$$[x]_{补}=\begin{cases} x & 0\leqslant x\leqslant 1-2^{-(n-1)} \\ 2+x=2-|x| & -1\leqslant x\leqslant 0 \end{cases}$$

根据定义，对于正数，补码和原码的表示相同，对于负数 $X=x_0.x_1x_2x_3\cdots x_{n-1}$，$|X|=0.x_1x_2x_3\cdots x_{n-1}$，$[X]_{补}=2-|X|=10-|X|=1.111\cdots1+0.00\cdots1-0.x_1x_2x_3\cdots x_{n-1}=$

$1.11\cdots1-0.x_1x_2x_3\cdots x_{n-1}$，$+0.000\cdots1=1.\overline{x_1}\ \overline{x_2}\ \overline{x_3}\ \cdots\overline{x_{(n-1)}}+0.000\cdots1$，$\overline{x_i}$ 为 $1-x_i$ 即按位取反，可以得出求负数的补码的方法是：符号位为 1，数值位按位取反，末位加 1。

如果已知一个数的补码，求它的真值的方法是：如果补码的符号位为 0，则该数为正数，补码表示的数即为真值；如果补码的符号位为 1，则该数为负数，由补码定义可得 $|x|=2-[x]_补$，即数值为按位取反末位加 1。

例如：若 $x_1=+0.1011$，$x_2=-0.1011$，字长为 8 位，则其补码分别为

$[x_1]_补=0.1011000$　　$[x_2]_补=1.0100111+0.0000001=1.0101000$。

对于纯整数，设 $x=x_0\,x_1\,x_2\cdots x_{n-1}$，共 n 位字长，其中 x_0 为符号位，其模为 2^n，它的补码定义为

$$[x]_补=\begin{cases} x & 0\leqslant x\leqslant 2^{(n-1)}-1 \\ 2^n+x=2^n-|x| & -2^{(n-1)}\leqslant x<0 \end{cases}$$

例如：$x_1=+1011$，$x_2=-1011$，字长为 8 位，则其补码分别为

$[x_1]_补=00001011$　$[x_2]_补=2^8-0001011=100000000-0001011=11110101$

对于真值零，其补码是唯一的，即 $[+0]_补=[-0]_补=00\cdots00$。

4. 反码表示法

对于纯小数，$x_0\,.\,x_1\,x_2\cdots x_{n-1}$，共 n 位字长，反码的定义为

$$[x]_反=\begin{cases} x & 0\leqslant x\leqslant 1-2^{-(n-1)} \\ (2-2^{-(n-1)})+x & -(1-2^{-(n-1)})\leqslant x\leqslant 0 \end{cases}$$

根据定义可知，对于正数来说，反码与原码的表示形式相同。对于负数来说，符号位与原码的符号位定义相同为 1，只是将原码的数值位按位取反。

例如：$x_1=+0.1011$，$x_2=-0.1011$，字长为 8 位，则其反码分别为

$[x_1]_反=0.1011000$　　$[x_2]_反=1.0100111$　最高位为符号位。

对纯整数，共 n 位字长，反码的定义为

$$[x]_反=\begin{cases} x & 0\leqslant x\leqslant 2^{(n-1)}-1 \\ (2^n-1)+x & -(2^{(n-1)}-1)\leqslant x\leqslant 0 \end{cases}$$

用反码表示时，正零和负零的反码不是唯一的，即 $[+0]_反=000\cdots00$，$[-0]_反=11\cdots11$。

5. 移码表示法

移码表示法常以整数形式用在计算机浮点数的阶码（表示指数）中，用移码能很容易比较阶码的大小，若纯整数 x 为 n 位（包括符号位），则其移码定义为

$$[x]_移=2^{(n-1)}+[x]_补,\quad -2^{(n-1)}\leqslant x\leqslant 2^{(n-1)}-1$$

例如：若 $x=+1000$，设字长为 8 位，则其补码为

$$[x]_补=00001000$$

其移码为

$$[x]_移=2^7+[x]_补=1000000+00001000=10001000$$

若 $x=-1000$，则其补码为 $[x]_补=11111000$，其移码为

$$[x]_移=2^7+[x]_补=10000000+11111000=01111000$$

移码的规则为将补码符号位求反，数值位不变。

零的移码是唯一的，即 $[+0]_移=[-0]_移=100\cdots00$。

6. 移位和舍去

(1) 移位　几乎在所有的指令系统中都设有各类移位操作指令。通常将移位分为两大类：逻辑移位与算术移位。

在逻辑移位中，只有数码位置的变化而无数量概念的变化。例如，利用移位操作传送数据，通常利用移位操作将串行输入的数据拼装为可以并行输出的数据，或反过来将并行输入寄存器的数据通过移位操作拆分成串行方式输出。该数据虽然可能是带符号的数字，但在逻辑移位时被当做一串代码对待。

这里主要讲解的是带符号数的算术移位。在算术移位中应保持该数据的符号不变，而只在数量上发生变化。左移 1 位将使数值增大一倍（如果不发生溢出），右移 1 位将使数值减少一半（如果不考虑因移出而舍去的末位尾数）。因此常采用移位实现乘 2 或除 2 运算。

(2) 移位规则　由于机器的字长是固定的，那么在移位过程中就会出现空位，这些空位需要补“0”还是补“1”，是由机器所用的码制来决定的。对于正数或负数，其原码、反码、补码有不同的补位形式，所以下面分别讲解移位规则。

1) 正数移位规则：当真值 X 为正数时，$[X]_{原}=[X]_{反}=[X]_{补}$，所以移动后出现的空位均补“0”。

例 2-1　$X=(+0.0110)_2=(0.375)_{10}$，$[X]_{原}=0.0110$

左移一位，补“0”，$[X_1]_{原}=0.1100=2^1\times[X]_{原}$，$X_1=(+0.1100)_2=(+0.75)_{10}$

右移一位，补“0”，$[X_2]_{原}=0.0011=2^{-1}\times[X]_{原}$，$X_2=(+0.0011)_2=(+0.1875)_{10}$

例 2-2　$Y=(+0110)_2=(6)_{10}$，$[Y]_{原}=00110$

左移一位，补“0”，$[Y_1]_{原}=01100=2^1\times[Y]_{原}$，$Y_1=(+1100)_2=(+12)_{10}$

右移一位，补“0”，$[Y_2]_{原}=00011=2^{-1}\times[Y]_{原}$，$Y_2=(+0011)_2=(+3)_{10}$

2) 负数移位规则：当真值 X 为负数时，针对不同码制，对移位后出现的空位处理的方法也不同。对于原码，无论左移还是右移，所出现的空位均补“0”；对于反码，无论左移还是右移，所出现的空位均补“1”；对于补码，左移后出现的空位补“0”，右移后出现的空位补“1”。

例 2-3　用定点机器数表示二进制（取 7 位，包括一位符号位）。$A=-0.125$，用 3 种码制表示，并对 A 进行左移一位或右移一位，求移位后的机器数和真值。

解：$[A]=(-0.125)_{10}=(-0.001000)_2$

$[A]_{原}=1.001000$，$[A]_{反}=1.110111$，$[A]_{补}=1.111000$。

移位操作	机器数	真值	移位操作	机器数	真值	移位操作	机器数	真值
移位前	$[A]_{原}=1.001000$	−0.125	移位前	$[A]_{补}=1.111000$	−0.125	移位前	$[A]_{反}=1.110111$	−0.125
左移一位	$[A]_{原}=1.010000$	−0.25	左移一位	$[A]_{补}=1.110000$	−0.25	左移一位	$[A]_{反}=1.101111$	−0.25
右移一位	$[A]_{原}=1.000100$	−0.0625	右移一位	$[A]_{补}=1.111100$	−0.0625	右移一位	$[A]_{反}=1.111011$	−0.0625

二、数据的定点表示

计算机中小数的小数点并不是用某个数字来表示的，而是用隐含的小数点的位置来表示的。根据小数点的位置是否固定，又可以分为定点表示和浮点表示。其中，定点表示形式又可以分为定点小数表示形式和定点整数表示形式。

1. 定点小数

将小数点固定在符号位 d_0 之后，数值最高位 d_{-1} 之前，这就是定点小数形式，其格式如图 2-1 所示；数据的表示范围随数机器码表示方法的不同而不一样。

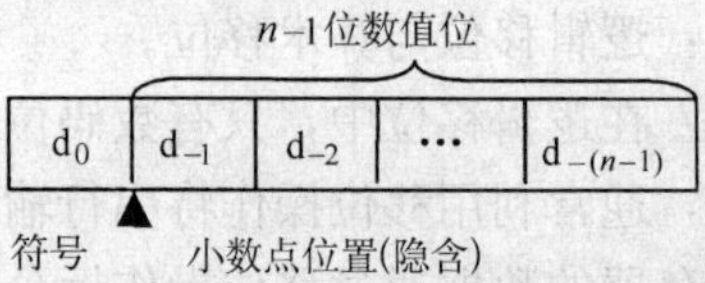

n-1位数值位

d_0	d_{-1}	d_{-2}	…	$d_{-(n-1)}$

符号　小数点位置(隐含)

图 2-1　定点小数

若字长为 n 位，用原码表示时，最小负数时为 1.111…1，其值为 $-(1-2^{-(n-1)})$，最大负数为 1.000…1，其值为 $-2^{-(n-1)}$；最小正数时为 0.000…1，其值为 $2^{-(n-1)}$，最大正数为 0.111…1，其值为 $1-2^{-(n-1)}$，所以范围为 $-(1-2^{-(n-1)})\leqslant x\leqslant 1-2^{-(n-1)}$。

若字长为 n 位，用补码表示，最小负数时为 1.000…0，其值为 -1，最大负数为 1.111…1，其值为 $-2^{-(n-1)}$；最小正数时为 0.000…1，其值为 $2^{-(n-1)}$，最大正数为 0.111…1，其值为 $1-2^{-(n-1)}$，所以范围为 $-1\leqslant x\leqslant 1-2^{-(n-1)}$。

2. 定点整数

将小数点固定在数的最低位之后，其格式如图 2-2 所示。

若字长为 n 位，用原码表示时，最小负数为 1111…1，其值为 $-(2^{(n-1)}-1)$，最大负数为 1000…1，其值为 -1，最小正数为 0000…1，其值为 $+1$，最大正数为 0111…1，其值为 $2^{(n-1)}-1$，所以范围为 $-(2^{(n-1)}-1)\leqslant x\leqslant (2^{(n-1)}-1)$。

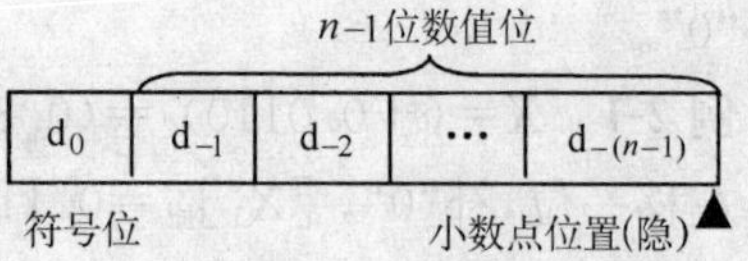

n-1位数值位

d_0	d_{-1}	d_{-2}	…	$d_{-(n-1)}$

符号位　小数点位置(隐)

图 2-2　定点整数

若字长为 n 位，用补码表示时，最小负数为 1000…0，其值为 $-2^{(n-1)}$，最大负数为 1111…1，其值为 -1，最小正数为 0000…1，其值为 $+1$，最大正数为 0111…1，其值为 $2^{(n-1)}-1$，所以范围为 $-2^{(n-1)}\leqslant x\leqslant (2^{(n-1)}-1)$。

综上所述，用原码表示时，由于真值 0 占用了两个编码，因此 n 位二进制数只能表示 2^n-1 个原码。原码表示的优点是：数的真值与它的原码之间的对应关系简单、直观、转换容易，但用原码实现加、减法运算很不方便。

在补码系统中，由于 0 有唯一的编码，因此 n 位二进制数能表示 2^n 个补码。采用补码表示比用原码可多表示一个数。补码在机器中常用于加、减运算。

在定点表示法中，参加运算的数以及运算的结果都必须保证落在该定点数所能表示的数值范围内。如遇到绝对值小于最小正数，被当做机器 0 处理，称为“下溢”；而大于最大正数或小于绝对值最大的负数的数，统称为“溢出”，这时计算机将暂时中止运算操作去进行溢出处理。

只能处理定点数的计算机称为定点计算机。在这种计算机中，机器指定调用的所有操作数都是定点数。然而，实际需要计算机处理的数往往是混合数，它既有整数部分又有小数部分，对于定点计算机来说，这些数必须变为约定的定点数形式才能处理，所以在编程时需要设定一个比例因子，把原始的数据缩小成定点小数或扩大成定点整数后再进行处理，所得到的运算结果还需要根据比例因子还原成实际的数值。选择合适的比例因子很重要，必须保证参加运算的初始数据、中间结果和最后结果都在定点数的表示范围之内，否则就会产生“溢出”。

三、数据的浮点表示

在科学计算中，常常会遇到非常大或非常小的数值，如果用同样的比例因子来处理的话，很难兼顾数值范围和运算精度的要求。为了协调这两方面的关系，让小数点的位置根据需要而浮动，这就是浮点数。表示为 $N=M\times R^{E}$，式中 R 为阶的基数，R 通常为 2；E 和 M 都是带符号的定点数，E 叫做阶码（Exponent），M 叫做尾数（Mantissa）。在大多数计算机中，尾数为纯小数，常用原码或补码表示，阶码为定点整数，常用移码或补码表示。

1. 浮点数的表示格式

浮点数表示法把字长分成阶码（表示指数）和尾数（表示数值）两部分，第一种浮点格式如图 2-3 所示。

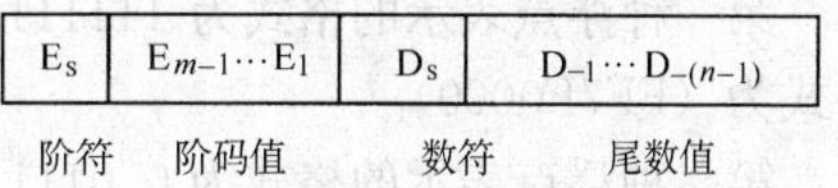

图 2-3　浮点数表示格式

阶码部分为 m 位（一个阶符，$m-1$ 位阶值），其中 E_s 为阶符（即指数部分的符号位），E_i 为阶码值（表示幂）；基数 R 是隐含约定的，通常取 2；尾数部分共分为 n 位，其中 D_s 是尾数部分的符号位，$D_{-1}\cdots D_{-(n-1)}$ 为尾数值部分。在实际应用中，阶码通常采用补码表示的定点整数形式，尾数常用补码定点小数形式表示。

为便于软件移植，按照 IEEE 754 标准，常用的浮点数的格式如下：

	符号位（尾符）	阶符	阶数	尾数	总位数
短浮点数	1	1	7	23	32
长浮点数	1	1	10	52	64
临时浮点数	1	1	14	64	80

对短浮点数和长浮点数，尾数不为 0 时其最高一位上的 1 不必明确给出，称为隐藏位。对临时浮点数，不采用隐藏位方案。

浮点表示法还有另一种（第二种浮点格式）表示格式，将数符放在最高位，阶码通常采用移码表示，尾数用补码表示，如图 2-4 所示。

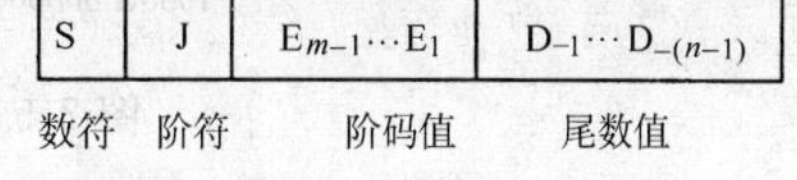

图 2-4　浮点数的第二种表示形式

2. 浮点数的规格化形式

为了使浮点表示法有尽可能高的精度，充分地利用尾数的有效数位。通常采取浮点数规格化形式，即规定尾数的最高数位必须是一个有效值。尾数 M 的绝对值应在下列范围内 $1/2\leqslant|M|<1$。

1）原码规格化后，正数为 $0.1\times\times\cdots\times$ 的形式，负数为 $1.1\times\times\cdots\times$ 的形式。

2）补码规格化后，正数为 $0.1\times\times\cdots\times$ 的形式，负数为 $1.0\times\times\cdots\times$ 的形式。

对于非规格化的数，要进行尾数的规格化处理，尾数向左移动一位，阶码减 1。当尾数溢出时，要进行尾数右移的规格化处理，尾数向右移动一位，阶码加 1。

3. 浮点数的表示举例

例 2-4　某机用了32位表示一个数，阶码部分占 8 位（含一位符号位），尾数部分占 24 位（含一位符号位）。设 $x_1=-256.5$，$x_2=127/256$。请写出 x_1 和 x_2 的两种浮点数表示格式。

解： ① $x_1=-256.5=-(100000000.1)_2=-2^9\times 0.1000000001$

阶码的补码为 $[+9]_{补}=00001001$，阶码的移码为 $[+9]_{移}=10001001$，尾数 = 1.01111111110000000000000（规格化补码）。

第一种浮点表示的格式为 00001001，1.01111111110000000000000，用十六进制表示的格式为$(09BFE000)_{16}$。

第二种浮点表示的格式为 1,10001001,01111111110000000000000，用十六进制表示的格式为 $(C4BFE000)_{16}$。

② $x_2=127/256=(1111111)_2\times2^{-8}=2^{-1}\times0.1111111$

阶码的补码为 $[-1]_{补}=11111111$，阶码的移码为 $[-1]_{移}=01111111$，尾数 = 0.11111110000000000000000（规格化补码）。

第一种浮点表示的格式为 11111111，0.11111110000000000000000，用十六进制表示的格式为 $(FF7F0000)_{16}$。

第二种浮点表示的格式为 0.01111111111111100000000000000000，用十六进制表示的格式为 $(3FFF0000)_{16}$。

4. 浮点数的表示范围

设 16 位字长数，阶码为 4 位，尾数为 12 位（各包含一个符号位），当浮点数为非规格化数时，则其浮点数表示最大、最小值如下（二进制补码表示时），它在数轴上表示范围如图 2-5 所示。

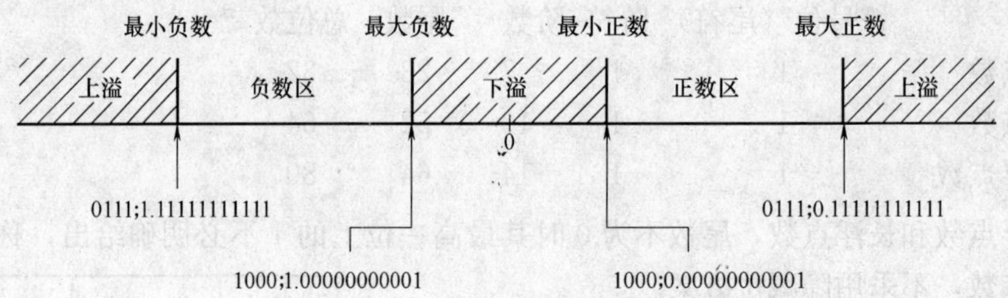

图 2-5　浮点数在数轴上的表示范围

最小负数为 0111；1.11111111111；十进制为 $-2^{(2^3-1)}\times(1-2^{-11})=-2^7\times(1-2^{-11})$

最大负数为 1000；1.10000000000；十进制为 $-2^{-2^3}\times(2^{-1})=-2^{-8}\times(2^{-1})$

最小正数为 1000；0.00000000001；十进制为 $2^{-2^3}\times2^{-11}=2^{-8}\times2^{-11}$

最大正数为 0111；0.11111111111；十进制为 $2^{(2^3-1)}\times(0.11\cdots1)=2^7\times(1-2^{-11})$

当浮点数为规格化数时，尾数的最小负数的补码是 1.00000000000，真值是 −1；规格化尾数的最大负数的补码是 1.01111111111，其真值为 −0.10000000001，即 $-(2^{-11}+2^{-1})$。规格化最小正数尾数是 0.10000000000；真值是 2^{-1}，最大正数尾数不变，为 $(1-2^{-11})$。

根据以上分析，若某机器用 32 位表示一个浮点数，指数部分（即阶码）占 8 位（含一位符号位），尾数部分占 24 位（含一位符号位），则规格化后，所能表示数值的范围是最小负数为 -1×2^{127}，最大负数为 $-(2^{-23}+2^{-1})\times2^{-128}$，最小正数为 $2^{-1}\times2^{-128}$，最大正数为 $(1-2^{-23})\times2^{127}$。

5. 溢出问题

定点数判断溢出的办法是对数值本身进行判断，而浮点数是对规格化的阶码进行判断。当一个浮点数阶码大于机器的最大阶码时，称为上溢；而小于最小阶码时，称为下溢。机器产生上溢时，不能再继续运算，一般地进行中断处理。出现下溢时，一般规定把浮点数各位强迫为零（当做零处理），机器仍可能继续进行运算。

第二节　非数值信息的表示法

一、字符数据的表示

计算机不但要处理数值领域的问题，而且要处理大量非数值领域的问题。例如，文字、字母以及一些专用符号。这些信息也要写成二进制格式的代码存入计算机中才能对它们进行处理。国际上普遍采用标准化代码，例如，ASCII 码（American Standard Code For Information Interchange，美国国家信息交换标准字符）。ASCII 码共有 128 个字符，其中 95 个编码（包括大小写各 26 个英文字母、10 个数字符（0～9）、标点符号等），对应着计算机终端能输入并可以显示的 95 个字符，打印机也可打印出这 95 个字符；另外的 33 个字符是被用来表示控制码，控制计算某些外部设备的工作特性和某些计算机软件的运行情况。在计算机中，用一个字节表示一个 ASCII 码，低 7 位可以给出 128 个不同的字符和控制码，最高位可以作奇偶校验位，用来检查错误，也可以用于西文字符和汉字的区分标识。

在 ASCII 码表中，数字和英文字母都是按顺序排列的，只要知道其中一个的二进制代码，不要查表就可以推导出其他数字或字母的二进制代码，如 0～9 为 30～39，A 为 41，则 B 为 42 等。

二、汉字的表示

汉字处理技术是我国计算机推广应用工作中必须要解决的问题。汉字数量大，字形复杂，读音多变。常用汉字有 7 000 个左右。和西文相比，汉字处理的主要困难在于汉字的输入、输出和汉字在计算机内部的表示。

1. 汉字的输入

输入码是为使输入设备能将汉字输入到计算机而专门编制的一种代码。目前已出现了数百种汉字输入方案，常见的有国际码、区位码、拼音码和五笔码等。

国际码和区位码是专业人员使用的一种汉字编码，它是以数字代码来区别每个汉字的。拼音码是最容易学习的一种，但它的重码太多，检字太慢。五笔字型则是以结构来区分每个汉字的，它的重码少，是目前推广的一种比较简单、易学、易记的输入码。

我国在 1981 年颁布了《通用汉字字符集及其交换码标准》GB 2312—1980 方案，简称国标码。它把 6 763 个汉字归结在一起称为汉字基本字符集，再根据使用频度分为两级。第一级为 3 755 个汉字，按拼音排序。第二级为 3 008 个汉字，按部首排序。此外，还有各种符号、数字、字母等 682 个，总计 7 445 个汉字和字母。由于 1 个字节最多只能表示 256 种不同的字符，因而汉字必须至少用 2 个字节才能表示。

国标码就是用 2 个字节表示。第一级汉字 3 755 个安排在 3021H～577AH。

区位码是将 GB 2312—1980 方案中的字符，按其位置划分为 94 个区，每个区 94 个字符。其中 1～9 区为图形字符，包括符号、序号、数字、汉字拼音符号等，共 682 个。10～15 区为空白区，16～55 区为第一级汉字区，56～87 区为空白区。区位码是国标码的变形，关系可用下面公式来表示：

国标码＝区位码＋2020H

2. 汉字的输出与汉字字库

显示器是采用图形方式来显示汉字的。每个汉字至少需要 16×16 的点阵才能显示，若要获得更美观的字形，需采用 24×24、32×32、48×48 等点阵来表示。一个实用的汉字系统大约占几十万到上百万个存储单元。

在机器中建立汉字库有两种方法。一种是将汉字库存放在软盘或硬盘中，每次需要时自动装载到计算机的内存中。用这种方法建立的汉字字库称为软字库。另一种是将汉字字库固化在 ROM 中（称汉卡），再插在计算机的扩展槽中，这样不占内存，只需要安排一个存储器空间给字库即可。这种方式建立的汉字库称为硬字库。

一般常用的汉字输出只有打印输出和显示输出两种形式。输出汉字的过程如下：将输入码转换为机内码，然后用机内码检索字库，找到其字形点阵码，再输出汉字。

3. 汉字在机内的表示

机内码是指机器内部处理和存储汉字的一种代码。常用的一种汉字机内码是用 2 个字节表示一个汉字的。它是在国标码的基础上，在每个字节的最高位置“1”作为汉字标记而组成的。

机内码＝国标码＋8080H

第三节　数值数据的校验

数据在存取和传送的过程中可能会发生错误，产生错误的原因可能有很多种，如元器件的质量问题、外界高频干扰、收发设备中的间歇性故障以及电源偶然的瞬变现象等。为了减少和避免错误，除了需要提高硬件本身的可靠性外，就是在数据编码上找出路了。

数据校验码是一种常用的带有发现某些错误或带有自动改错能力的数据编码方式。它的原理是：在合法的数据编码之间，加进一些不允许出现的编码，使合法数据编码出现某些错误，成为非法编码。这样，就可以通过检测编码的合法性来达到发现错误的目的。合理地安排非法编码数量和编码规则，就可能提高发现错误的能力，甚至达到自动改正错误的目的。

码距是指任意两个合法码之间至少有几个二进制位不相同。例如，4 位二进制表示 16 种状态，则 16 种编码都用到了，此时码距为 1。若用 4 位二进制位表示 8 个状态，只用其中 8 种编码，另 8 种为非法编码。此时可使合法码的码距为 2。一般来说，合理地增大合法码的码距，就能提高发现错误的能力。常用的数据校验码有奇偶校验码、海明校验码和循环冗余校验码（Cyclic Redundancy Check，CRC 码）。

一、奇偶校验码

奇偶校验码是一种最简单的数据校验码。它的硬件开销最小，可以检测出一位错误（或奇数位错误），但不能确定出错的位置，也不能检测出偶数位错误。事实上，一位出错的概率比多位同时出现错误的概率要高得多，所以虽然奇偶校验码的检错能力很低，但仍是一种很有效的校验方法，常用于存储器读、写检查或 ASCII 字符传送过程中的检查。

奇偶校验实现的方法是：由若干位有效信息（如一个字节），再加上一个二进制位（校验位）组成校验码，然后根据校验码的奇偶性质进行校验。校验位的取值（0 或 1）将使整个校验码中“1”的个数为奇数或偶数，所以有两种可供选择的校验规律。奇校验，即它约定整个校验码（包括有效信息位和校验位）中“1”的个数为奇数。偶校验，即它约定整个校验码（包括有效信息位和校验位）中“1”的个数为偶数。

下面以两个例子说明奇偶校验的编码方法。这两例校验码中最右边一位为校验位。

例 2-5　设有效信息为1011001,则

偶校验码为 10110010，奇校验码为 10110011。

例 2-6　设有效信息为1011110,则

偶校验码为 10111101，奇校验码为 10111100。

设有效信息为 $D_7D_6D_5D_4D_3D_2D_1D_0$，则附加的校验位可通过所有信息位的异或来实现。

偶校验位 $D_{校}=D_7\oplus D_6\oplus D_5\oplus D_4\oplus D_3\oplus D_2\oplus D_1\oplus D_0$

奇校验位 $D_{校}=\overline{D_7\oplus D_6\oplus D_5\oplus D_4\oplus D_3\oplus D_2\oplus D_1\oplus D_0}$

采用奇偶校验的系统中，只需在发送端将其带有校验位的码字发出去，到接收端从接收到的码字中数一下“1”的个数，即可发现是否产生了奇偶错误。

奇偶校验只有校验一位或奇数位出错的能力，不具有自动纠正错误的能力。

二、海明校验码

海明校验于 1950 年提出，是目前被广泛采用的一种很有效的校验方法。只要增加少数几个校验位，就能检测出多位出错，并能自动恢复一位或几位出错的正确值。海明校验的基本思想是：将有效信息位按某种规律分成若干组，每组安排一个校验位进行奇偶测试。在一个数据位组中加入几个校验位，增大数据代码间的码距，当某一位发生变化时会引起校验结果发生变化，不同代码位上的错误会得出不同的校验结果。因此，海明码能检测出两位错误，但只能自动校正一位错误。

1. 校验码的位数

设校验码为 N 位，其中有效信息为 k 位，校验位为 r 位，分成 r 组作奇偶校验，这样能产生 r 位检错信息。这 r 位信息就构成一个指误字，可指出 2^r 种状态，其中一种状态表示无错，余下的组合状态，就能指出 2^r-1 位中某位出错。

如果要求能检测与自动校正一位错，并发现两位错。此时校验位的位数 r 和数据值的位数 k 应满足下述关系：$N=k+r\leqslant 2^r-1$。

例如：$r=3$，则 $N=k+r\leqslant 7$，所以 $k\leqslant 4$。

也就是 4 位有效信息应配上 3 位校验位，根据上述关系式，可以算出不同长度有效信息编成海明校验码所需要的最少校验位数（见表 2-1）。

表 2-1　有效信息位与校验位数的关系

k	1	2～4	5～11	12～26	27～57	58～120	…
r	2	3	4	5	6	7	…

2. 分组原则

若海明校验码的最高位为 m，最低位为 1，即 $H_m H_{m-1}\cdots H_2H_1$，海明校验码编码规则如下：

位号数（1，2，3，…，n）为 2 的权值的那些位（即 1（2^0）、2（2^1）、4（2^2）、…、$2^{(r-1)}$位），作为奇偶校验位，并记为 P_1、P_2、P_3、…、P_r，余下各位则为有效信息位。校验

位与有效信息位之和为 m。

例如：$N=11$，$r=4$，$k=7$，相应海明校验码可示意为

位号　　　1 2 3 4 5 6 7 8 9 10 11

P_1 占位　　P_1 P_2 × P_3 × × × P_4 × × ×

其中，×均为有效信息位。海明校验码中的每一位被 P_1、P_2、P_3、…、P_r 中的一至若干位所校验。

例如：N_5 即校验码中的第 5 位被 P_1 和 P_3 所校验；N_7 即校验码中的第 7 位被 P_1、P_2 和 P_3 所校验。这里有一条规律，即第 i 位由校验位位号之和等于 i 的哪些校验位所校验。由此可得到表 2-2。

从表 2-2 中，可以清楚地看到某一位是由哪几位所校验的。反过来说，每个校验位，校验着它以后的一些确定位置上的有效信息，并包括它本身，例如，P_1 校验着海明校验码中第 1、3、5、7、9、11 位；P_2 校验着海明校验码中第 2、3、6、7、10、11 位。归并起来，如表 2-3 所示。这样，就形成了表中的 4 个小组，每个小组有一个校验位，校验位的取值仍采用奇偶校验方式确定。

表 2-2　海明校验码每位所占的校验位（$k=7$）

海明校验码位号	占用的校验位号	备　注
1	1	1=1
2	2	2=2
3	1，2	3=1+2
4	4	4=4
5	1，4	5=1+4
6	2，4	6=2+4
7	1，2，4	7=1+2+4
8	8	8=8
9	1，8	9=1+8
10	2，8	10=2+8
11	1，2，8	11=1+2+8

表 2-3　每个校验位所校验的数位（$k=7$）

校验位位号	被校验位位号
1（P_1）	1，3，5，7，9，11
2（P_2）	2，3，6，7，10，11
4（P_3）	4，5，6，7
8（P_4）	8，9，10，11

3. 编码、查错、纠错原理

下面以 4 位有效信息和 3 位校验位来说明编码原理、查错原理及纠错原理。

设 4 位有效信息为 b_1、b_2、b_3 和 b_4，3 位校验码为 P_1、P_2 和 P_3，海明校验码的序号和分组如表 2-4 所示。

表 2-4　$k=4$，$r=3$ 的海明校验码编码

海明校验码序号	1	2	3	4	5	6	7	指误字	无错误	出错位						
含　义	P_1	P_2	b_1	P_3	b_2	b_3	b_4			1	2	3	4	5	6	7
第一组	√		√		√		√	G_1	0	1	0	1	0	1	0	1
第二组		√	√			√	√	G_2	0	0	1	1	0	0	1	1
第三组				√	√	√	√	G_3	0	0	0	0	1	1	1	1

从表 2-4 中可以看到：每个小组只有一位校验位，第一组是 P_1，第二组是 P_2，第三组是 P_3，每个校验位校验着它本身和它后面的一些确定位。

（1）编码原理　若有效信息 $b_1b_2b_3b_4$＝1011，则先将它分别填入第 3、5、6、7 位，再分组进行奇偶统计，分别将值填入校验位 P_1、P_2、P_3。这里分组采用偶校验，因此，要保证 3 组校验位的取值都满足偶校验规则。例如第一组有 $P_1b_1b_2b_4$，因 $b_1b_2b_4$ 含有偶数个 1，故 P_1 应取值为 0，才能保证第一组为偶性；同理可得，$P_2=1$，$P_3=0$。这样得到了海明校验码，正确的编码应为 $P_1P_2b_1P_3b_2b_3b_4$＝0110011。

（2）查错与纠错原理　分组校检，对指出错误所在的确切位置，给予有力的支持。分 3 组校验，每组可产生一个检错信息，3 组共 3 个错误信息便构成一个指误字。这里指误字由 $G_3G_2G_1$ 组成，其中，$G_3=P_3\oplus b_2\oplus b_3\oplus b_4$，$G_2=P_2\oplus b_1\oplus b_3\oplus b_4$，$G_1=P_1\oplus b_1\oplus b_2\oplus b_4$。采用偶校验，在没有错误的情况下，$G_3\oplus G_2\oplus G_1=000$。

由于在分组时，就确定了每一位参加校验的组别，所以，指误字能准确指出错误所在位。例如，第三位 b_1 出错，由于 b_1 参加了第 1 组和第 2 组的校验，必然破坏了第 1 组和第 2 组的偶性，从而使 G_1 和 G_2 为 1，又因 b_1 没有参加第 3 组的校验，故 G_3 仍为 0，这就构成了指误字 $G_3G_2G_1$＝011，它指出第 3 位出错。

反之，若 $G_3G_2G_1$＝111，它指出第 7 位出错。这是因为只有第 7 位 b_4 参加了 3 个小组的校验，只有第 7 位出错才能破坏 3 个小组的偶性。

假定源部件发送的海明校验码为 0110011，若接收端海明校验码为 0110011，则 3 个小组部件满足偶校验要求，这时 $G_3G_2G_1$＝000，表明收到的信息正确，可以从中提取有效信息 1011 参加运算处理。若接收端海明校验码为 0110111，分组检测后，指误字 $G_3G_2G_1$＝101，它指出第 5 位出错，则只需将第 5 位信息变反，就可还原成正确的数码 0110011。

三、循环冗余校验码（CRC 码）

二进制信息位串沿一条信号线逐位在部件之间或计算机之间传送称为串行传送。CRC 码可以发现并纠正信息存储或传送过程中连续出现的多位错误，因此在磁介质存储和计算机之间通信方面得到广泛应用。

CRC 码一般是 k 位信息码之后拼接 r 位校验码。应用 CRC 码关键是如何从 k 位信息位简便地得到 r 位校验位（编码），以及如何从 $k+r$ 位信息码判断是否出错。

1. CRC 码的运算规则

模 2 运算是指以按位模 2 相加为基础的四则运算，运算时不考虑进位和借位。

模 2 加减法：按位加，可用异或逻辑实现，不考虑进位和借位，其运算规则是 0±0＝0、0±1＝1、1±0＝1、1±1＝0。

例如：1011＋0110＝1101；又如 1011－0110＝1101。

可见模 2 减法与模 2 加法运算结果相同，因此可用模 2 加法代替模 2 减法。

模 2 乘：按模 2 加求部分积之和，不考虑进位。例如：1010×101＝100010。

模 2 除：按模 2 减求部分余数。不借位，每求一位商应使部分余数减少一位，上商的原则是当部分余数的首位为 1 时，商取 1；当部分余数的首位为 0 时，商取 0。当部分余数的位数少于除数的位数时，该余数即为最后余数。

下面给出 10101×1011＝10010111（模 2 乘），1100000÷1011＝1110（余 010）（模 2 除）的计算式。

```
    10101                    1110（商）
  ×  1011           1011 ) 1100000
  -------                  1011
    10101                  ----
   10101                    1110
  00000                     1011
 10101                      ----
 --------                    1010
 10010111                    1011
                             ----
                              0010
                              0000
                              ----
                               010（余数）
```

2. *CRC 码的编码方法*

广泛应用的循环码就是一种基于模 2 运算建立编码规则的校验码，它可通过模 2 运算来建立有效信息和校验位之间的约定关系，即要求是 $n=k+r$ 位的某数能被一约定的数除尽，其中 k 是待编码的有效信息，r 是校验位。

CRC 码的编码方法如下：

1）将待编码的 k 位有效信息位组表达为多项式 $M(x)$，即

$M(x)=C_{k-1}x^{k-1}+C_{k-2}x^{k-2}+\cdots+C_i x^1+C_1 x+C_0$　　　　其中，C_i 为 0 或 1。

2）若将信息位组左移 r 位，则可表示为多项式 $M(x)\cdot x^r$，这样右边空出 r 位，以便拼接 r 位校验位。

3）选择一个 $(r+1)$ 位生成多项式 $G(x)$，对 $M(x)\cdot x^r$ 作模 2 除运算，所得的余数就是校验位。

4）将 $M(x)\cdot x^r$ 与余数 $R(x)$ 作模 2 减运算，即拼接成 $(k+r)$ 位的 CRC 码。

例 2-7　对 4 位有效信息(1100)求 3 个循环校验位的值，生成多项式 1011。

解： $M(x)=x^3+x^2=1100$　　　　$(k=4)$

$M(x)\cdot x^3=x^6+x^5=1100000$　　（左移，$r=3$ 位）

$G(x)=x^3+x+1=1011$　　　　$(r+1=4$ 位$)$

$$\frac{M(x)\cdot x^3}{G(x)}=\frac{1100000}{1011}=1110+\frac{010}{1011}$$

$$M(x)\cdot x^3+R(x)=1100000+010=1100010$$

最后所得到的(7,4)循环校验码为 1100010。

3. *CRC 的译码与纠错*

将收到的循环校验码用一个约定的生成多项式 $G(x)$ 去除，如果码字无误，则余数应为 0；如果有一位出错，则余数不为 0。例如，循环校验码为 1100110（第 5 位错），余数为 100。不同位数出错余数不同，它们之间有唯一的对应关系，于是可以确定出错的是哪一位，以便纠正过来。

因此，为了用 CRC 码纠错，首先要建立一个出错位序号与余数之间的对应关系表，称为出错模式表，如表 2-5 所示。可以证明：更换不同的待测码字余数与出错位的对应关系是不变的，只与码制和生成多项式有关。

从表 2-5 中可看出，任何一位出错，则有一个唯一的余数与之对应，而且能发现一个有趣的规律：任何一位出错所得到的余数，在其后面补一个“0”，再用 $G(x)$ 去除模 2，所得到的余数一定是表中的下一个余数。例如，第 1 位出错时，余数为 001，在其后面补一个 0，

再用 1101 去除所得余数为 010，继续做下去，所得余数顺序为 100，101，111，011，110，如果在余数 110 后面再补一个 0，用 1101 去除所得余数为 001，构成一个循环，“循环码”由此而得名。

表 2-5　（7，4）**循环码的出错模式**（$G(x)=1011$）

	A_1	A_2	A_3	A_4	A_5	A_6	A_7	余	数		出错位
正　确	1	1	0	0	0	1	0	0	0	0	无
错　误	1	1	0	0	0	1	**1**	0	0	1	7
	1	1	0	0	0	**0**	0	0	1	0	6
	1	1	0	0	**1**	1	0	1	0	0	5
	1	1	0	**1**	0	1	0	0	1	1	4
	1	1	**1**	0	0	1	0	1	1	0	3
	1	**0**	0	0	0	1	0	1	1	1	2
	0	1	0	0	0	1	0	1	0	1	1

并不是任何一个（$r+1$）位多项式都可以作为生成多项式。从检错及纠错的要求出发，生成多项式应能满足下列要求：

1）任何位发生错误都应使余数不为 0。

2）不同位发生错误应当使余数不同。

3）对余数继续作模 2 除，应使余数循环。

常用的生成多项式有多种，在计算机和通信系统中，广泛使用下述两种标准。

CCITT（国际电报电话咨询委员会）推荐：

$$G(x)=X^{16}+X^{15}+X^{2}+1$$

IEEE（美国电子和电子工程师协会）推荐：

$$G(x)=X^{16}+X^{12}+X^{5}+1$$

第四节　定点加、减法运算

定点数的加、减法运算算法有原码、补码和反码 3 种。当采用原码时，首先要判断参加运算的两个操作数的符号，再根据操作的要求决定进行相加还是相减运算，最后还要根据两个操作数绝对值的大小决定结果的符号。整个运算过程过于复杂，因此，目前的计算机普遍采用补码加、减法运算。

一、补码加、减法运算

1. 补码加法运算

公式：$[x+y]_{补}=[x]_{补}+[y]_{补}$

以模为 2 定义的补码为例，分 4 种情况证明该式的正确性（纯小数）。

1）设 $x>0$，$y>0$，　则 $x+y>0$。

由补码定义，$[x]_{补}=x$，$[y]_{补}=y$，所以 $[x]_{补}+[y]_{补}=x+y=[x+y]_{补}$。

2）$x<0$，$y<0$，　则 $(x+y)<0$。

由补码定义，$[x]_{补}=2+x$，$[y]_{补}=2+y$。

$[x]_{补}+[y]_{补}=2+x+2+y=2+(2+x+y)$，由于 $(x+y)$ 为负数，其绝对值又小于 1，所

以$(2+x+y)$就一定是小于 2 而大于 1 的数，上式等号右边的 2 必然丢掉，又由于 $x+y<0$，所以，

$[x]_补+[y]_补=(2+x+y)=2+(x+y)=[x+y]_补$。

3) $x>0$，$y<0$，

$[x]_补=x$，$[y]_补=2+y$，$[x]_补+[y]_补=x+2+y$，有两种情况：

① 当$(x+y)\geqslant0$ 时，模 2 丢掉，又因为$(x+y)\geqslant0$，所以$[x]_补+[y]_补=2+x+y=x+y=[x+y]_补$。

② 当$(x+y)<0$ 时，有$[x]_补+[y]_补=2+x+y=[x+y]_补$。

4) $x<0$，$y>0$，情况与 3)类似。

2. 补码的减法运算

公式：$[x-y]_补=[x]_补-[y]_补=[x]_补+[-y]_补$。

只要证明 $[-y]_补=-[y]_补$，上式即得证。证明如下：

由于$[x+y]_补=[x]_补+[y]_补$，可得$[y]_补=[x+y]_补-[x]_补$。

又$[x-y]_补=[x+(-y)]_补=[x]_补+[-y]_补$，同理可得$[-y]_补=[x-y]_补-[x]_补$。

$$
\begin{aligned}
[-y]_补+[y]_补&=[x-y]_补-[x]_补+[x+y]_补-[x]_补\\
&=[x-y]_补+[x+y]_补-[x]_补-[x]_补\\
&=[x-y+x+y]_补-[x]_补-[x]_补=[2x]_补-2[x]_补=0
\end{aligned}
$$

从而有$[-y]_补=-[y]_补 \pmod 2$

已知$[y]_补$，求$[-y]_补$的法则为

对$[y]_补$各位(包括符号位)取反，然后在末位加上 1，就可以得到$[-y]_补$。

例如：已知$[y]_补=1.1010$，则$[-y]_补=0.0110$，又如$[y]_补=0.1010$，$[-y]_补=1.0110$。

3. 补码的加、减法运算规则

1) 参加运算的两个操作数均用补码表示。

2) 符号位作为数的一部分参加运算。

3) 求差时将减数求补，用求和代替求差。

4) 运算结果为补码，如果符号位为 0，则表明运算结果为正；如果符号位为 1，则表明运算结果为负。

5) 符号位的进位为模值，应该丢掉。

例 2-8 $A=0.1011$，$B=-0.1110$ 求 $[A+B]_补$。

$[A]_补=0.1011$，$[B]_补=1.0010$，$[A+B]_补=1.1101$。

例 2-9 $A=0.1011$，$B=-0.0010$，求 $[A-B]_补$。

$[A]_补=0.1011$，$[B]_补=1.1110$，$[-B]_补=0.0010$，$[A-B]_补=0.1101$。

二、加、减法运算的溢出处理

在补码的加、减法运算中，有时会遇到这样的情况，即两个正数相加，而结果的符号位却为 1（结果为负）；两个负数相加，而结果的符号位却为 0（结果为正）。之所以发生错误，原因在于两数相加之和的数值超过了机器允许的表示范围。在确定了运算字长和数据的表示方法后，机器所能表示数值的范围也就相应地决定了。一旦运算结果超出了这个范围，就会产生溢出。举例如下：

例 2-10　设 $X=0.1011$，$Y=0.0111$，

则 $[X]_{补}=0.1011$，$[Y]_{补}=0.0111$，$[X+Y]_{补}=1.0010$

$$\begin{array}{r} 0\,1\,0\,1\,1 \\ +\,0\,0\,1\,1\,1 \\ \hline 1\,0\,0\,1\,0 \end{array}$$

$X+Y=-0.1110$ 显然是错误的。

例 2-11　设 $X=-0.1011$，$Y=-0.0111$，

则 $[X]_{补}=1.0101$，$[Y]_{补}=1.1001$，$[X+Y]_{补}=0.1110$

$X+Y=0.1110$ 也是错误的。

设参加运算的两个数 x、y 做加法运算，若 x、y 异号，实际上是做两个数的相减运算，所以不会溢出。若 x、y 同号，运算结果为正且大于所能表示的最大正数，或运算结果为负且小于所能表示的最小负数（绝对值最大的负数）时，产生溢出。将两个正数相加产生的溢出称为正溢；反之，两个负数相加产生的溢出称为负溢。为了判断“溢出”是否发生，可采用两种检测方法。

第一种方法是采用双符号法，又称为“变形补码”或“模 4 补码”，它采用“双符号位”，当产生溢出时，符号位将产生混乱，从而很方便地判断溢出。变形补码的定义为

$$[x]_{补}=\begin{cases} x & 0\leqslant x<2 \\ 4+x & -2\leqslant x<0 \end{cases}$$

采用变形补码后，补码加、减法运算公式同样成立：

$$[X\pm Y]_{补}=[X]_{补}\pm[Y]_{补}$$

由于真值仍为定点小数，所以变形补码就有了双符号位的特征。正数的符号位为 00，负数的符号位为 11。

用变形补码进行运算，同样必须：①两个符号位都看做数码一样运算 $S_{s1}S_{s2}=01$ 结果正溢；②两个数进行以 4 为模的加法，即最高符号位上产生的进位要丢掉。

如果两个数相加后，其结果的符号位出现“10”或“01”时，表示发生了溢出。

例 2-12　$x=+0.1001$，$y=+0.1011$，求 $x+y$ 的值。

解：$[x]_{补}=00.1001$，$[y]_{补}=00.1011$

$$\begin{array}{r} 0\,0.1\,0\,0\,1 \\ +\,0\,0.1\,0\,1\,1 \\ \hline 0\,1.0\,1\,0\,0 \end{array}$$

两个符号位出现“01”，表示已溢出，并且是正溢，即结果大于+1。

例 2-13　$x=-0.1101$，$y=-0.0101$，求 $x+y$ 的值。

解：$[x]_{补}=11.0011$，$[y]_{补}=11.1011$

$$\begin{array}{r} 1\,1.0\,0\,1\,1 \\ +\,1\,1.1\,0\,1\,1 \\ \hline [1]\;1\,0.1\,1\,1\,0 \end{array}$$

两个符号位出现“10”，表示已溢出，并且是负溢，即结果小于−1。

双符号位的含义如下：$S_{s1}S_{s2}=00$ 结果为正数，$S_{s1}S_{s2}=01$ 结果正溢，$S_{s1}S_{s2}=10$ 结果负溢；$S_{s1}S_{s2}=11$ 结果为负数，无溢出。

第二种方法是进位判断，即两个数运算时，产生的进位为 c_s 和 c_1，其中 c_s 为符号位产

生的进位，c_1 为最高数值位产生的进位。两个正数相加，当最高有效位产生进位（$c_1=1$）而符号位不产生进位（$c_s=0$）时，发生正溢；两个负数相加，当最高有效位没有进位（$c_1=0$）而符号位产生进位（$c_s=1$）时，发生负溢，故溢出条件为

$$溢出 = \overline{c_s}c_1 + c_s\overline{c_1} = c_s \oplus c_1$$

三、补码定点加、减法运算的实现

基本的二进制补码加、减法的逻辑图如图 2-6 所示，图中 P 端为选择补码加减法运算的控制端。进行加法运算时，P 端信号为 0，x_i、y_i（$i=0$，1，…，$n-1$）分别送相应的加法器 Σ_i，实现加法运算。进行减法运算时，P 端信号为 1，x_i、y_i（$i=0$，1，…，$n-1$）分别送相应的加法器 Σ_i，同时 $C_0=1$，即送入加法器的数做了一次求补操作，经过加法器求和便可实现减法运算。S_0～S_{n-1}为求和的输出端。这里采用变形补码运算，最左边一位加法器 Σ_0 是为判断溢出而设置的，V 端是溢出指示端。寄存器 C 寄存第一个符号位产生的进位，也就是变形补码的模。以变形补运算时，它自动丢掉。

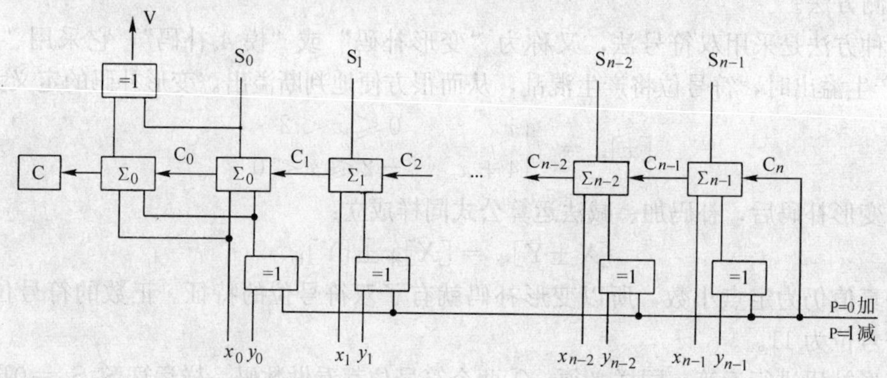

图 2-6 基本的二进制补码加、减法实现逻辑框图

第五节 定点乘法运算

实现乘、除法运算的方法比较多，归纳起来不外乎两种方法。一种是软件方法，在低档微机中，一般采用软件方法，即利用机器的基本指令编写子程序，当需做乘、除运算时，通过调用子程序来实现。另一种是硬件方法，在功能较强的机器中，由以加法器为核心的能实现乘、除法的硬件组成。本节从运算规则、运算流程及硬件实现等几个方面进行介绍。

一、原码一位乘法

1. 原码一位乘法规则

设 $x=x_s.x_1x_2\cdots x_n$，$y=y_s.y_1y_2\cdots y_n$，乘积为 P，积的符号为 $P_s=x_s\oplus y_s$，$|P|=|x|\cdot|y|$，

$|P|=|x|\cdot(0.y_1y_2\cdots y_n)=x(y_12^{-1}+y_22^{-2}+\cdots+y_n2^{-n})$

$=2^{-1}(y_1|x|+2^{-1}(y_2|x|+2^{-1}(\cdots2^{-1}(y_{n-1}|x|+2^{-1}(y_n|x|+0))\cdots)))$

令 P_i 表示第 i 次部分积，上述可写出如下递推公式：

$P_0=0$

$P_1=2^{-1}(y_n|x|+P_0)$

$P_2=2^{-1}(y_{n-1}|x|+P_1)$

$\vdots$

$P_i=2^{-1}(y_{n-i+1}|x|+P_{i-1})$

$\vdots$

$P_n=2^{-1}(y_1|x|+P_{n-1})$

上述乘法运算的递推公式可用图 2-7 的流程来表示，得出它的运算规则如下：

1）被乘数和乘数均取绝对值参加运算，符号位单独考虑。

2）被乘数取双符号，部分积的长度与被乘数的长度相同，初值为 0。

3）从乘数的最低位 y_n 位开始对乘数进行判断。若 $y_n=1$，则部分积加上被乘数 $|x|$，然后右移一位；若 $y_n=0$，则部分积加上 0，然后右移一位。

4）重复步骤 3）判断 n 次。

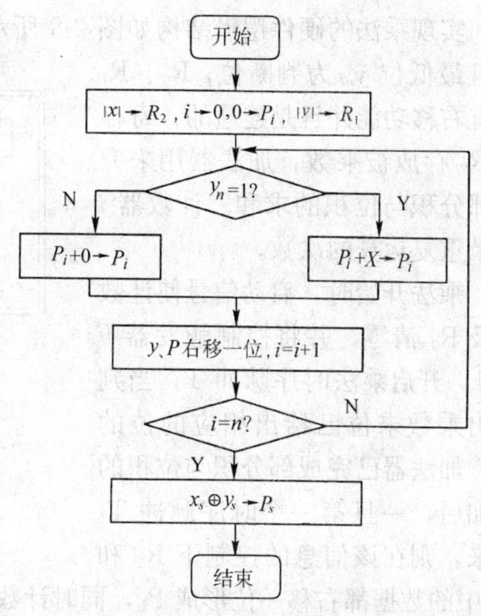

图 2-7　原码一位乘法算法流程

图 2-6 中 i 用于计数。它表示循环次数（相加/移位次数），随着 y 的右移，y_n 位总是表示乘数将要被判断的那一位。

例 2-14　设 $x=-0.1101$，$y=-0.1011$，求 $[x\cdot y]_{原}$ 的值。

解：$|x|=00.1101$（用双符号表示），$|y|=0.1011$（用单符号表示）

部分积	乘数 y_n	说　明
00.0000	0.1011	$y_n=1$，加 $\|x\|$
+00.1101		
00.1101	01011	
00.0110	1 0.101	右移一位得 P_1
+00.1101		$y_n=1$，加 $\|x\|$
01.0011	1	
00.1001	11 0.10	右移一位得 P_2
+00.0000		$y_n=0$，加 0
00.1001	11	
+00.0100	111 0.1	右移一位得 P_3
+00.1101		$y_n=1$，加 $\|x\|$
01.0001	111	
00.1000	1111 0	右移一位得 P_4

$P_s=x_s\oplus y_s=1\oplus 1=0$

$|P|=|x|.|y|=0.10001111$。

所以 $[x\cdot y]_{原}=0.10001111$。

2. 原码一位乘法的逻辑实现

实现乘法的硬件逻辑结构如图2-8所示。图中，寄存器R_0存放部分积，R_1存放乘数，并且最低位y_n为判断位；R_0、R_1具有右移功能并且是连通的；寄存器R_2存放被乘数，加法器用来完成部分积与位积的求和。计数器i记录重复运算的次数。

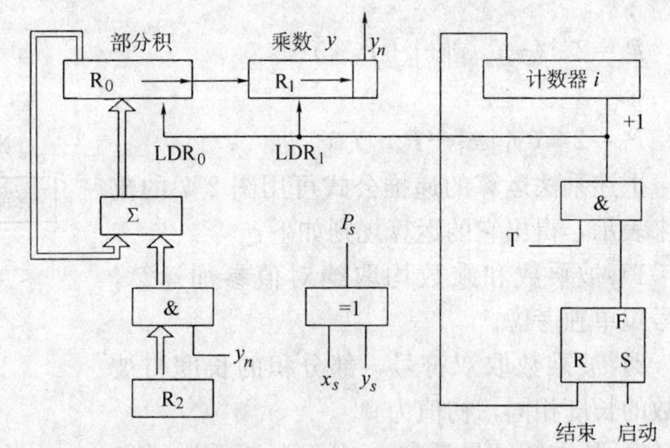

图2-8 原码一位乘法逻辑结构

乘法开始时，启动信号使计数器及R_0清零，并将控制触发器F置1，开启乘法时序脉冲T。当判断出乘数末位已给出相应的位的积，加法器已完成部分积与位积的相加后，一旦第一个时序脉冲T_1到来，则在该信息的控制下R_0和R_1中的数据都右移一位形成P_1，同时计数器加1，即$i=1$，接着对乘数的下一位进行判断，如此重复工作下去，直到$i=n$为止。计数器给出信号使控制触发器F→0，关闭时钟脉冲，运算结束，乘积的高n位数据在R_0中，低n位在R_1中。

二、补码一位乘法

原码一位乘法存在两个明显的缺点：一是符号位需要单独运算；二是最后要根据符号位的结果给乘积冠以正确符号。尤其是对于采用补码存储的计算机，需要先变换成原码才能进行乘法运算，乘积又要变换成补码才能存储起来。这正是需要推出补码乘法的原因。

“补码乘法”是指采用补码作为操作数进行乘法运算，最后乘积仍为补码，能自然得到积的正确符号。从乘数的最低位开始，每次取一位乘数与被乘数相乘，经$(n+1)$次“相加右移”操作的过程完成乘法运算的过程被称做“补码一位乘法”。常用的补码一位乘法算法称为比较法。比较法是英国Booth夫妇提出来的，故又称为Booth法。

设被乘数$[x]_补=x_0.x_1x_2\cdots x_n$，乘数$[y]_补=y_0.y_1y_2\cdots y_n$，均为任意符号，可以证明，补码乘法的公式为

$$[x\cdot y]_补=[x]_补(0.y_1y_2\cdots y_n)+[-x]_补\cdot y_0$$

从而可以推出串行逻辑实现的分步算法，将上式展开加以变换：

$$\begin{aligned}[x\cdot y]_补&=[x]_补\cdot[-y_0+y_12^{-1}+y_22^{-2}+\cdots+y_n2^{-n}]\\&=[x]_补\cdot[-y_0+(y_1-y_12^{-1})+(y_22^{-1}-y_22^{-2})+\cdots\\&\quad+(y_n2^{-(n-1)}-y_n2^{-n})]\\&=[x]_补\cdot[(y_1-y_0)+(y_2-y_1)2^{-1}+(y_3-y_2)2^{-2}+\cdots\\&\quad+(y_n-y_{n-1})2^{-(n-1)}+(0-y_n)2^{-n}]\\&=[x]_补\sum_{i=0}^{n}(y_{i+1}-y_i)2^{-i}\end{aligned}$$

式中，y_{n+1}是增设的附加位，初值为0。上式为部分积累加的形式。若定义$[P_0]_补$为初始

部分积，$[P_1]_补$，$[P_2]_补$，…，$[P_n]_补$ 依次为各步求得的累加并右移后的部分积，则有

$$[P_0]_补=0$$

$$[P_1]_补=2^{-1}([P_0]_补+((y_{n+1}-y_n)[x]_补)(y_{n+1}=0)$$

$$[P_2]_补=2^{-1}([P_1]_补+((y_n-y_{n-1})[x]_补)$$

$$\vdots$$

$$[P_i]_补=2^{-1}([P_{i-1}]_补+((y_{n-i+2}-y_{n-i+1})[x]_补)$$

$$\vdots$$

$$[P_n]_补=([P_{n-1}]_补+((y_1-y_0)[x]_补)$$

运算规则如下：

1）符号位参与运算，运算的数均以补码表示。

2）被乘数一般取双符号参加运算，部分积初值为 0。

3）乘数可取单符号位，以决定最后一步是否需要校正，即是否要加 $[-x]_补$。

4）乘数末位增设附加位 y_{n+1}，且初值为 0。

5）按表 2-6 所示进行操作。

表 2-6　补码一位乘法算法

y_n	y_{n+1}	操　　作	y_n	y_{n+1}	操　　作
0	0	加 0，右移一位	1	0	加 $[-x]_补$，右移一位
0	1	加 $[x]_补$，右移一位	1	1	加 0，右移一位

6）按上述算法进行（$n+1$）步操作，但第（$n+1$）步不要移位，仅根据 y_0 与 y_1 的比较结果作相应的运算即可。

例 2-15　$x=-0.1101$，$y=0.1011$　求 $[x\cdot y]_补$ 的值。

解：$[x]_补=11.0011$，$[-x]_补=00.1101$（用双符号表示），$[y]_补=0.1011$（用单符号表示）

部分积	乘数 y_ny_{n+1}	说　明
00.0000	0.10110	
+00.1101		$y_ny_{n+1}=10$. 加 $[-x]_补$
00.1101		
00.0110	10.1011	右移一位得 P_1
00.0011	010.101	$y_ny_{n+1}=11$. 右移一位得 P_2
+11.0011		$y_ny_{n+1}=01$. 加 $[x]_补$
11.0110	01	
11.1011	0010.10	右移一位得 P_3
+00.1101		$y_ny_{n+1}=10$. 加 $[-x]_补$
00.1000	001	
00.0100	00010.1	右移一位得 P_4
+11.0011		$y_ny_{n+1}=01$. 加 $[x]_补$
11.0111	0001	最后一步不移位

$[x\cdot y]_补=1.01110001$

补码一位乘法的算法流程如图 2-9 所示，逻辑实现如图 2-10 所示。它与原码一位乘法的逻辑结构十分类似，不同的是：

1）乘数寄存器末端增设附加位 y_{n+1}，且 y_{n+1} 初态为 0。

2）符号位参加运算，每次对乘数最末的相邻的两位进行判断，判断位总在 $y_n y_{n+1}$ 位置上，$y_n y_{n+1}$ 的状态决定了操作方式。

3）部分积加 $[x]_补$ 或加 $[-x]_补$ 受 $y_n y_{n+1}=01$ 和 $y_n y_{n+1}=10$ 控制，当 $y_n y_{n+1}=01$ 时，被乘数以 $[x]_补$ 的形式通过多路开关送入加法器右输入端，与 R_0 中的部分积求和；当 $y_n y_{n+1}=10$ 时，被乘数以 $[-x]_补$ 的形式通过多路开关送入加法器右输入端，与 R_0 中的部分积求和；当 $y_n y_{n+1}=00$ 或 $y_n y_{n+1}=11$ 时，部分积加 0 的操作不进行，部分积仅移位就得到新的部分积。

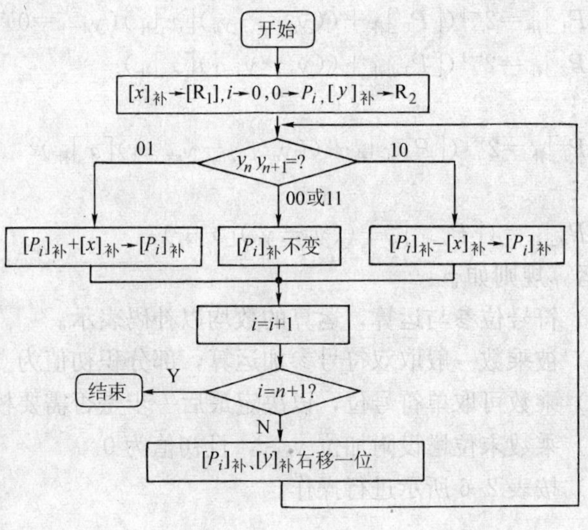

图 2-9　补码一位乘法算法流程

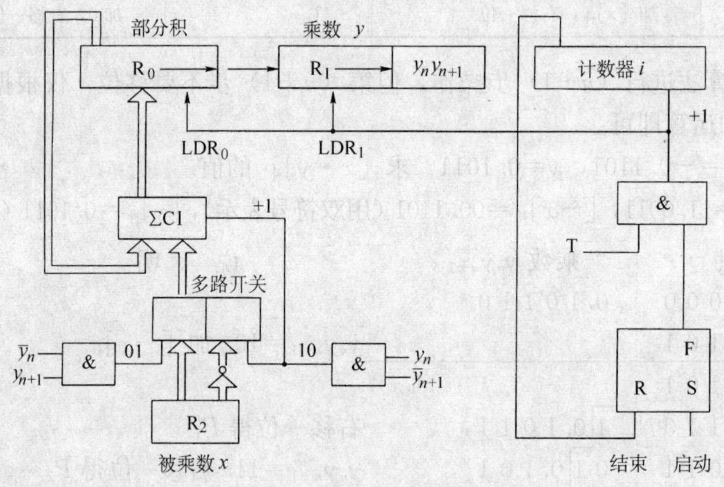

图 2-10　补码一位乘法逻辑结构图

三、补码两位乘法

补码两位乘法是为了减少运算步骤，提高乘法运算速度采用的一种方法。从乘数的最低位开始，每次取两位乘数与被乘数相乘，从而称作“补码两位乘法”。

运算规则如下：

1）符号位参与运算，参与运算的数均以补码表示。

2）部分积与被乘数均采用三符号参加运算，乘数末位增加一位 y_{n+1}，其初值为 0。

3）按表 2-7 所示重复 N 次操作，N 由 4）指定。

4）若乘数的尾数 n 为偶数，$N=(n/2)+1$，同时乘数用双符号位，最后一步不移位；若尾数 n 为奇数，$N=(n+1)/2$，同时乘数用单符号位，最后一步移一位。

表 2-7　补码两位乘法算法

y_{n-1}	y_n	y_{n+1}	操　作	y_{n-1}	y_n	y_{n+1}	操　作
0	0	0	加 0，右移两位	1	0	0	加 2 $[-x]_补$，右移两位
0	0	1	加 $[x]_补$，右移两位	1	0	1	加 $[-x]_补$，右移两位
0	1	0	加 $[x]_补$，右移两位	1	1	0	加 $[-x]_补$，右移两位
0	1	1	加 2 $[x]_补$，右移两位	1	1	1	加 0，右移两位

下面举例说明机器实现补码两位乘法的过程。

例 2-16　$x=-0.1101$，$y=0.0110$，求$[x\cdot y]_补$的值。

解：$[x]_补=111.0011$，$[-x]_补=000.1101$，$2[-x]_补=001.1010$，$2[x]_补=110.0110$

$[y]_补=00.0110$（尾数为 4，是偶数，用双符号位表示）

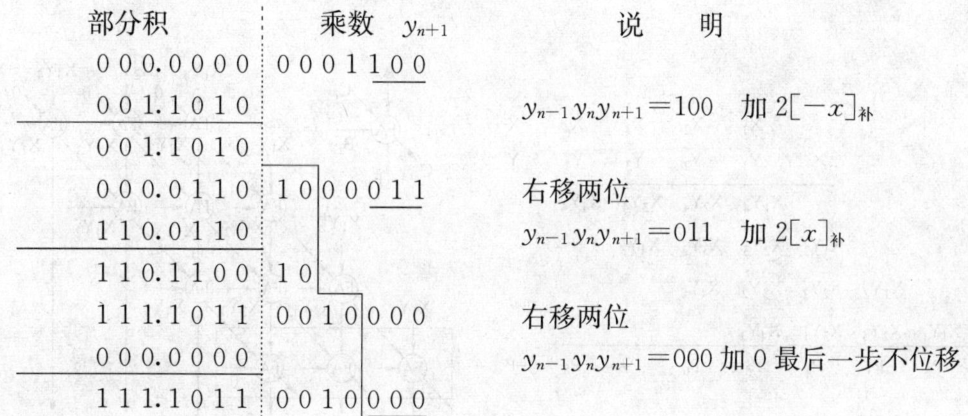

故 $[x\cdot y]_补=11.10110010$

例 2-17　$x=-0.011$，$y=-0.011$，求$[x\cdot y]_补$的值。

解：$[x]_补=111.101$，$[-x]_补=000.011$（用三符号位表示）

$[y]_补=1.101$（尾数是 3，是奇数，用单符号位表示）

部分积	乘数　y_{n+1}	说　明
000.000	11010	
111.101		$y_{n-1}y_ny_{n+1}=010$　加$[x]_补$
111.101		
111.111	01110	右移两位
000.011		$y_{n-1}y_ny_{n+1}=110$　加$[-x]_补$
000.010	01	
000.001	001	最后一步右移一位

故$[x\cdot y]_补=0.001001$

四、阵列乘法器

以上介绍的原码一位乘法和补码一位乘法均属于串行乘法，随着位数的增加显然速度较慢。使用二位乘数能提高乘法运算速度，但硬件复杂度也大大提高。随着大规模集成电路的广泛应用，出现了阵列乘数器，进一步提高了乘法运算速度。阵列乘数器有原码阵列乘数器和补码阵列乘数器。下面仅介绍绝对值阵列乘数器。

阵列乘数器的原理类似于二进制手工算法，图 2-11 是使用手工计算 4 位二进制数据 X 和 Y 的乘积的算式。算式中，位积的每一位 X_iY_j 都可以用一个与门实现，而每一位的相加可用一个全加器来实现。图 2-12 所示就是按照该思想设计的一个 4 位×4 位的绝对值阵列乘数器。

图 2-12 中，省略了 4×4 个产生位积的每一个位 X_iY_j 的与门。为避免每一行的全加器从低位到高位的进位的延时，每一个全加器 FA 的进位向斜线方向传递，即本行的所有全加器产生的进位要传递到下一行全加器的高位，下一次再执行加法。虚线框内是最下面的一行全加器，其进位逻辑可以采用并行进位逻辑，以加快速度。这种乘数器要实现 n 位×n 位时，需要 $n\times(n-1)$ 个全加器和 $n\times n$ 个与门。

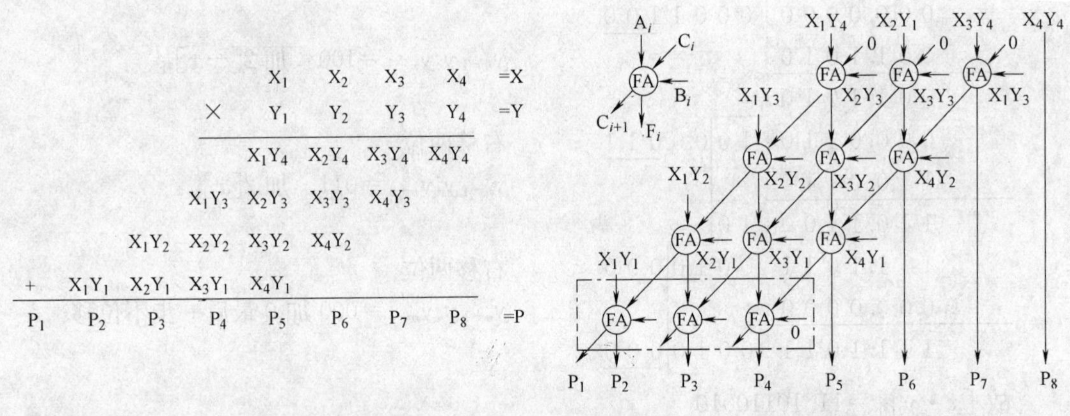

图 2-11　4 位二进制乘法手工算式　　　　图 2-12　4 位×4 位绝对值阵列乘法器

第六节　定点除法运算

一、定点原码除法

除法运算与乘法运算的处理方法相似，将 n 位除法转换成若干次“加、减移位”循环，然后通过硬件或软件来实现。下面将重点讲解广泛应用的不恢复余数法。

设被除数 x，除数 y 原码分别为 $[x]_{原}=x_s\cdot x_1x_2\cdots x_n$，$[y]_{原}=y_s.\,y_1y_2\cdots y_n$，则商的符号 $Q_s=x_s\oplus y_s$对于商的数值部分 $|Q|=|x|/|y|$，由于定点数的绝对值小于 1，必须 $|x|<|y|$，否则商大于 1 而产生溢出。

手工运算，先比较被除数与除数的大小，如果被除数大于除数，则商上 1，计算余数

($R_1=x-y$)，否则商 0，余数不变（$R_1=x$），并把除数右移一位作为新除数。然后比较余数和新除数的大小，如果余数大于新除数，则商上 1，同时计算余数（R_{i+1}）（$i=2$，3，…，n），否则商 0，余数不变（$R_{i+1}=R_i$），并把除数右移一位作为新除数，重复该步直到满足精度为止。

用计算机来实现：将除数右移一位改为余数左移一位；余数（被除数）与除数的比较，则必须作一次减法运算，余数（被除数）减除数，即 $R_{i+1}=(R_i-y)$，如果 $R_{i+1}>0$，则商上 1，可直接进入下一步；如果 $R_{i+1}<0$，则商上 0，此时的余数为假余数，得作一次加法恢复原来的余数，这种方法称为恢复余数法。由于要恢复余数，使除法进行的过程不固定，因此控制比较复杂，实际在工程中不多采用。常用的是不恢复余数法，设在运算过程中，某步得到余数 R_i 是假余数，即 $R_i<0$，在此基础上要得到下一步除法的新余数 R_{i+1}，要先恢复余数，而后左移一位，再减除数 $|y|$，才能得到新余数 R_{i+1}，即

$$R_{i+1}=2(R_i+|y|)-|y|$$

将上式变换一下可得

$$R_{i+1}=2R_i+2|y|-|y|=R_i+|y|$$

可见，某步除法 $R_i<0$ 时，不必恢复余数可得新余数，只要将 $R_i<0$ 视为真余数，左移一位，再加上 $|y|$ 就得到 R_{i+1}，相当于本次余数为负，下一步由作减法改为作加法。

总结为本次余数为负，下一步作加法；本次余数为正，下一步作减法。

原码一位除法不恢复余数法的运算规则：

1）符号位不参加运算，$Q_s=x_s\oplus y_s$，并要求 $|x|<|y|$，x 和 y 绝对值参与运算。余数、除数和被除数均用双符号位，初始余数为 $|x|$。

2）先用被除数减去除数作为余数。

3）当余数为正时，商上 1，余数左移一位，再减去除数；当余数为负数时，商上 0，余数左移一位，再加上除数。

4）循环操作步骤 3），共做 $n+1$ 次计算，最后一次只上商不左移和不作加法，但是若最后一次上商为 0，则必须加上 $|y|$ 恢复余数。

5）若为定点小数，最后的余数为 $R_n\cdot 2^{-n}$（余数与被除数同号）。

原码不恢复余数法流程，如图 2-13 所示。

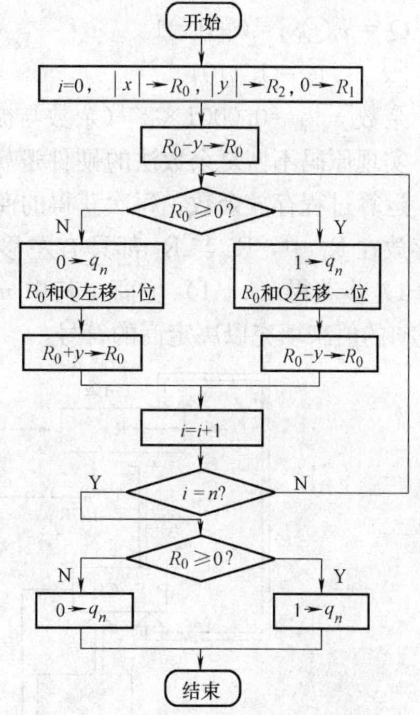

图 2-13　原码不恢复余数法流程

例 2-18　$x=+0.1001$，$y=-0.1011$，求 $[x/y]_原$ 的值。

解： $|x|_原=00.1001$，$|y|_原=00.1011$，

$[|x|]_补=00.1001$，$[-|y|]_补=11.0101$，$[|y|]_补=00.1011$（用双符号表示）

被除数 x/余数 r	商数 q	说　明
00.1001		
$+[-\|y\|]_补$ 11.0101		减去除数
11.1110	0	余数为负，商上 0
← 11.1100	0	r 和 q 左移一位
$+[\|y\|]_补$ 00.1011		加上除数
00.0111	0.1	余数为正，商上 1
← 00.1110	0.1	r 和 q 左移一位
$+[-\|y\|]_补$ 11.0101		减去除数
00.0011	0.11	余数为正，商上 1
← 00.0110	0.11	r 和 q 左移一位
$+[-\|y\|]_补$ 11.0101		减去除数
11.1011	0.110	余数为负，商上 0
← 11.0110	0.110	r 和 q 左移一位
$+[\|y\|]_补$ 00.1011		加上除数
00.0001	0.1101	余数为正，商上 1

$Q_s = x_s \oplus y_s = 0 \oplus 1 = 1$

$[x / y]_原 = 1.1101$

余数$[r]_原 = 0.0001 \times 2^{-4}$（余数与被除数同号）

实现原码不恢复余数法的硬件逻辑如图 2-14 所示，寄存器 R_0 在除法开始前存放被除数，运算过程存放余数。每次获得的商是在余数加上或减去除数后由加法器的状态来定的。商存放在 R_1 中，R_0 与 R_1 都具有左移功能，上商位固定在 q_n 位进行。在运算过程中，经 $(n+1)$ 步获得 $(n+1)$ 位商，其中 n 为有效位数。首先获得的一位商一般为 0，最后由 $x_s \oplus y_s$ 的值来填充以决定商的符号。

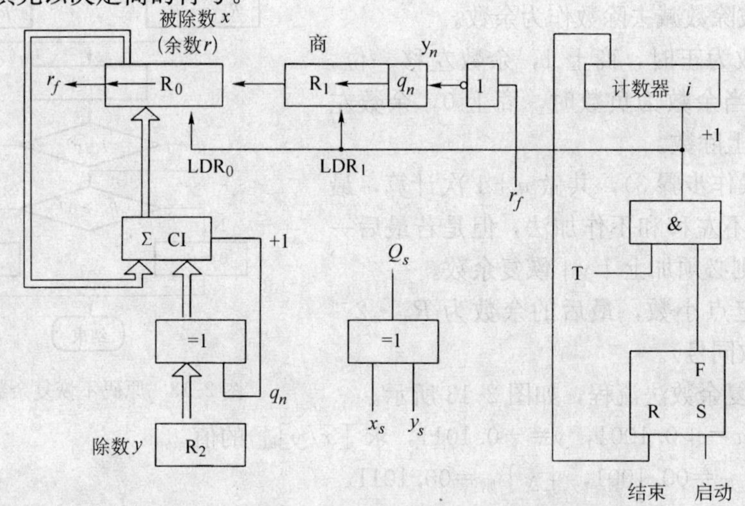

图 2-14　原码一位不恢复余数除法逻辑框图

当 $q_n = 1$ 时，除数求补，以 $[-y]_补$ 形式送入加法器，减 y 运算。

当 $q_n = 0$ 时，以 y 形式送入加法器，加 y 运算。

二、定点补码除法

补码除法是指符号位和数码位一起参加除法运算，自然得到商和余数的符号。它显然比原码除法方便得多。补码不恢复余数法的算法规则如下：

1）符号位参加运算，除数与被除数均用双符号补码表示。

2）当被除数与除数同号时，用被除数减去除数；被除数与除数异号时，用被除数加上除数。商的符号位的取值见第 3）步。

3）当余数与除数同号时，商上 1，余数左移一位减去除数；余数与除数异号时，商上 0，余数左移一位加上除数。

注意：余数左移加上或减去除数后就得到了新余数。

4）采用校正法包括符号位在内，应重复规则 3）（$n+1$）次。

商的校正可根据下面的原则进行：

1）当刚好能除尽（即运算过程中任一步余数为 0）时，如果除数为正，则商不必校正；若除数为负，则商需要校正，即加 2^{-n}进行修正。

2）当不能除尽时，如果商为正，则不必校正；若商为负，则商需要加 2^{-n}进行修正。

余数的校正：求得 n 位商后，余数与被除数异号，得到的余数往往是不正确的。正确的余数需要根据具体情况进行校正。校正方法如下：① 若商为正，当余数与被除数异号时，将余数加上除数；② 若商为负，当余数与被除数异号时，将余数减去除数。

余数之所以需要校正，是因为在补码不恢复余数除法运算过程中先比较后上商的缘故。可见，如果要保存余数，必须根据具体情况对余数进行校正，否则余数不一定正确。

例 2-19 $x=-0.1001$，$y=0.1011$，求 $[x/y]_{补}$ 的值。

解： $[x]_{补}=11.0111$，$[y]_{补}=00.1011$，$[-y]_{补}=11.0101$（用双符号表示）

	被除数 x/余数 r	商数 q	说　明
	11.0111		
$+[y]_{补}$	00.1011		x 和 y 异号，$[x]_{补}+[y]_{补}$
	00.0010	1	余数与 y 同号，商上 1
←	00.0100	1	r 和 q 左移一位
$+[-y]_{补}$	11.0101		减去除数
	11.1001	1.0	余数与 y 异号，商上 0，
←	11.0010	1.0	r 和 q 左移一位
$+[y]_{补}$	00.1011	1.0	加上除数
	11.1101	1.00	余数与 y 异号，商上 0
←	11.1010	1.00	r 和 q 左移一位
$+[y]_{补}$	00.1011		加上除数
	00.0101	1.001	余数与 y 同号，商上 1
←	00.1010	1.001	r 和 q 左移一位
$+[-y]_{补}$	11.0101		减去除数
	11.1111	1.0010	余数与 y 异号，商上 0

不能除尽，商为负，故需加 0.0001 进行校正：

$$[x/y]_{补}=1.0010+0.0001=1.0011$$

余数与被除数同号，则不需校正：

余数$[x/y]_{补}=1.1111\times 2^{-4}$（余数与被除数同号）

例 2-20 $x=0.1001$，$y=-0.1001$，求$[x/y]_{补}$的值。

解：$[x]_{补}=0.1001$，$[y]_{补}=11.0111$，

$[-y]_{补}=00.1001$（用双符号表示）

被除数 x/余数 r	商数 q	说明
00.1001		
$+[y]_{补}$ 11.0111		x 和 y 异号，$[x]_{补}+[y]_{补}$
00.0000	0	余数与 y 异号，商上 0
← 00.0000	0	r 和 q 左移一位
$+[y]_{补}$ 11.0111		加上除数
11.0111	0.1	余数与 y 同号，商上 1
← 10.1110	0.1	r 和 q 左移一位
$+[-y]_{补}$ 00.1001		减去除数
11.0111	0.11	余数与 y 同号，商上 1
← 10.1110	0.11	r 和 q 左移一位
$+[-y]_{补}$ 00.1001		减去除数
11.0111	0.111	余数与 y 同号，商上 1
← 10.1110	0.111	r 和 q 左移一位
$+[-y]_{补}$ 00.1001		减去除数
11.0111	0.1111	余数与 y 同号，商上 1

中间有一步余数为 0 表示能除尽，除数为负，故需加 0.0001 校正。

$$[x/y]_{补}=1.1111+0.0001=1.0000$$

余数与被除数异号，商为负，需减去除数进行校正。

余数$[r]_{补}=(11.0111+00.1001)\times 2^{-4}=0.0000\times 2^{-4}$

第七节　浮点数的算术运算

一、浮点加法、减法运算

设有两个浮点数 x 和 y，它们分别为 $x=2^m M_x$，$y=2^n M_y$，其中，m 和 n 分别为数 x 和 y 的阶码。M_x 和 M_y 为数 x 和 y 的尾数。

两浮点数进行加、减时，首先要看两数的阶码是否相同，即小数点的位置是否对齐。若两数的阶码相等，表示小数点是对齐的，就可以进行尾数相加、减。反之，若两数的阶码不等，表示小数点位置没有对齐，则必须使两数的阶码相等。这个过程叫对阶。对阶完后才能做尾数的加、减运算。运算结果可能不是规格化的数，为了保证运算精度，需要对运算结果进行规格化。在对阶和规格化的过程中，可能有数码丢失。为了减少误差，还需要进行舍

入。总之，完成浮点加法或减法运算需要进行对阶、求和、规格化、舍入、判断溢出等工作。

1. 对阶

要对阶，首先应求出两数的阶码 m 和 n 之差，即 $\Delta E=m-n$。若 $\Delta E=0$，则表示两数的阶码相等，即 $m=n$；若 $\Delta E\neq 0$，则表示两数的阶码不相等，即 $m\neq n$。

当 $m\neq n$ 时，要通过尾数的移位以改变 m 或 n，使之相等。原则上，既可以通过 M_x 移位使 m 达到 $m=n$，又以通过 M_y 移位使 n 达到 $m=n$，但是，由于浮点数表示的数多是规格化的，尾数左移会引起最高有效位的丢失，造成很大的误差，而尾数右移虽然引起最低有效位的丢失，但造成的误差较小。因此，对阶操作规定，使尾数右移，尾数右移后阶码作相应增加，其数值保持不变。所以在对阶时，总使小阶向大阶看齐。

若 $m<n$，则将操作数 x 的尾数右移一位，x 的阶 m 加 1，直到 $m=n$ 为止。

若 $m>n$，则将操作数 y 的尾数右移一位，y 的阶 n 加 1，直到 $m=n$ 为止。

2. 尾数相加减

使两个数的阶码相等后，就完成了小数点对齐的工作，可执行尾数相加、减的操作，尾数相加、减与定点数的加、减法相同。

3. 结果规格化

结果规格化就是使运算结果成为规格化数。为了运算处理方便，可将尾数的符号位扩展为两位，当运算结果的尾数部分不是 $11.0xx\cdots x$ 或 $00.1xx\cdots x$ 的形式时，就可进行规格化处理：① 当尾数符号位为 01 或 10 时，此时应使结果尾数右移一位，并使阶码的值加 1，这被称为向右规格化，简称右规；② 当运算结果的符号位和最高有效位为 11.1 或 00.0 时，应将尾数连同符号位一起左移一位，阶码减 1，直到尾数部分出现 11.0 或 00.1 形式为止，这被称为左规。

4. 舍入操作

当实行对阶或右规时，尾数低位被移掉，使数值的精度受影响，有两种方法进行舍入。①“0”舍“1”入法：即移掉的最高位为 1 时则在尾数末位加 1，为 0 时则舍去移掉的数值；② 置“1”法：即右移时，丢掉的原低位的值，把结果的最低位置成 1。

5. 溢出判断

浮点数的溢出是以其阶码溢出表现出来的，若阶码下溢，要置运算结果为机器 0；若上溢，则置溢出标志。

例 2-21　$x=2^{010}\times 0.110100, y=2^{100}\times(-0.101010)$，求 $[x+y]_补$ 的值。

解：这里阶码取 3 位，尾数为 6 位（都不包括符号位），机器表示的形式分别为

$[x]_补=00\ 010\ 00.110100$，$[y]_补=00\ 100\ 11.010110$（阶、尾数取双符号位）

(1) 对阶

$\Delta E=[E_x]_补-[E_y]_补=[E_x]_补+[-E_y]_补=00\ 010+11\ 100=11\ 110<0$，$[x]_补$ 的阶码增大成 00100 尾数右移两位。

$$[x]_补=00100\ 00.001101$$

(2) 尾数相加（双符号位）

$$00.001101+11.010110=11.100011$$

相加结果为 00100 11.100011。

(3) 规格化

$[x+y]$ 尾数最高有效位与符号位相同，需要左规，尾数左移 1 位，阶码减 1，所以结果应为

$$[x+y]_{补}=00\ 011\ 11.000110$$

即

$$x+y=2^{011}\times(-0.111010)$$

二、浮点乘法运算

设 $x=2^m M_x$，$y=2^n M_y$，则 $x\cdot y=2^{m+n}\ (M_x\cdot M_y)$。

浮点乘法运算也可以分为 3 个步骤。

1. 阶码相加

两个数的阶码相加可在加法器中完成。当阶码和尾数两个部分并行操作时，可另设一个加法器专门实现对阶码的求和；串行操作中，可用同一加法器分时完成阶码求和、尾数求积的运算。阶码相加后有可能产生溢出，若发生溢出，则相应部件将给出溢出信号，指示计算机作溢出处理。

2. 尾数相乘

两个运算数的尾数部分相乘就可得到积的尾数。尾数相乘可按定点乘法运算的方法进行计算。

3. 结果规格化

当运算结果需要规格化时，就应进行规格化操作，规格化及舍入方法与浮点加、减法处理相同。

三、浮点除法运算

1. 检查被除数的尾数

检查被除数的尾数是否小于除数的尾数（绝对值），如果被除数的尾数大于除数的尾数，则将被除数的尾数右移一位并相应地调整阶码。由于操作数在运算前是规格化的数，所以最多只作一次调整，可防止商的尾数出现混乱。

2. 阶码求差

由于商的阶码等于被除数的阶码减去除数阶码，所以要进行阶码求差运算，在阶码加法器中实现。

3. 尾数相除

商的尾数由被除数的尾数除以除数的尾数获得。由于操作数在运算前已规格化并且调整了尾数，所以尾数相除是规格化的定点小数，与定点除法类似。

第八节　逻辑运算及实现

在计算机中除了进行算术运算之外，还有大量的逻辑运算，凡不考虑进位的运算均可以定义为逻辑运算，参加逻辑运算的操作数均为不带符号的二进制数。

计算机中常用的逻辑运算主要有“逻辑非”、“逻辑与”、“逻辑或”、和“逻辑异或”运算。它们具有各自的运算规则。

一、逻辑非

逻辑非又称为求反，则对一个二进制数的逻辑非运算，就是按位求它的反，记作 $z_i=\overline{x_i}$。它的运算规则极为简单，如表 2-8 所示。“逻辑非”运算可由非门电路实现，常用逻辑符号如图 2-15 所示。

表 2-8　逻辑非运算规则

x_i	z_i
0	1
1	0

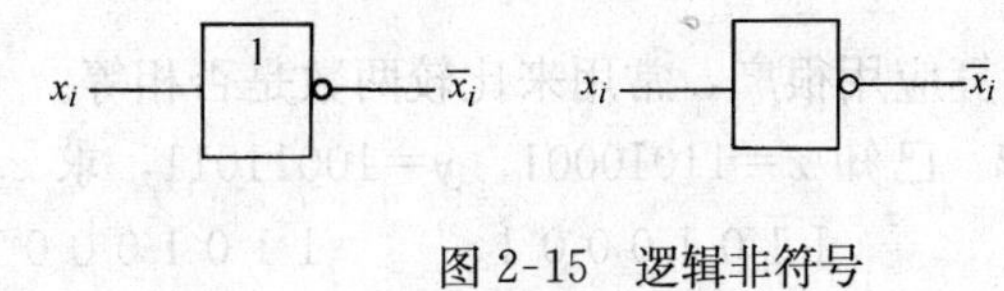

图 2-15　逻辑非符号

二、逻辑或

逻辑或又称为逻辑加，常用记号“∨”或“＋”来表示。对两个数进行逻辑加，就是按位求它们的“或”。它的运算规则可表示为“有 1 则 1，全 0 则 0”。一位二进制的逻辑或的运算规则如表 2-9 所示。逻辑或可直接由“或门”来实现，记作 $z_i=x_i \vee y_i$。常用逻辑符号如图 2-16 所示。

表 2-9　逻辑或运算规则

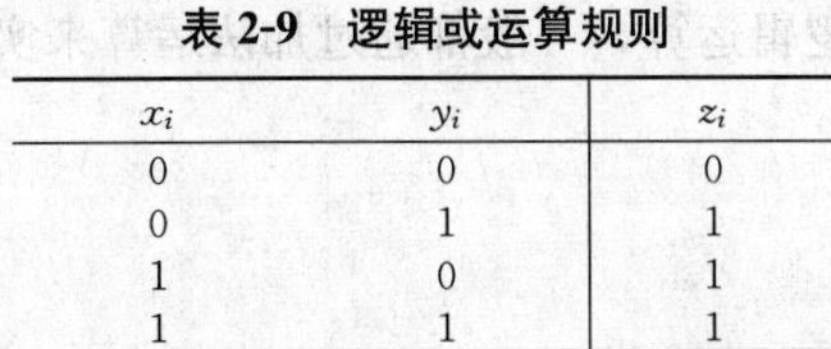

x_i	y_i	z_i
0	0	0
0	1	1
1	0	1
1	1	1

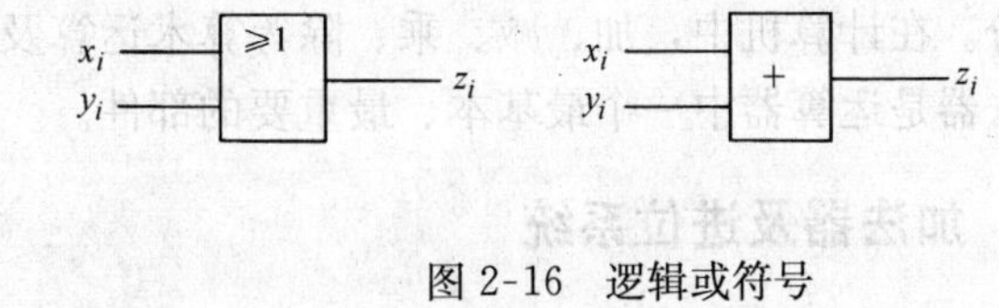

图 2-16　逻辑或符号

三、逻辑与

逻辑与又称为逻辑乘，常用记号“∧”或“·”来表示。对两个数进行逻辑乘，就是按位求它们的“与”。它的运算规则可表示为“有 0 则 0，全 1 则 1”。一位二进制的逻辑与的运算规则如表 2-10 所示，逻辑与可直接由“与门”来实现，记作 $z_i=x_i \wedge y_i$。常用逻辑符号如图 2-17 所示。

表 2-10　逻辑与运算规则

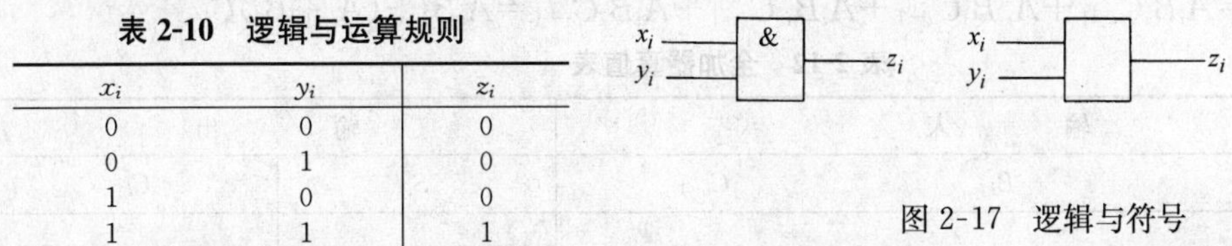

x_i	y_i	z_i
0	0	0
0	1	0
1	0	0
1	1	1

图 2-17　逻辑与符号

四、逻辑异或

逻辑异或又称为按位加或半加器，常用符号“⊕”来表示。对两个数进行逻辑异或，就是按位进行加，不产生进位。一位二进制的逻辑异或的运算规则如表 2-11 所示。逻辑异或可直接由“异或门”电路来实现，记作 $z_i=x_i \oplus y_i$。常用逻辑符号如图 2-18 所示。

表 2-11　逻辑异或运算规则

x_i	y_i	z_i
0	0	0
0	1	1
1	0	1
1	1	0

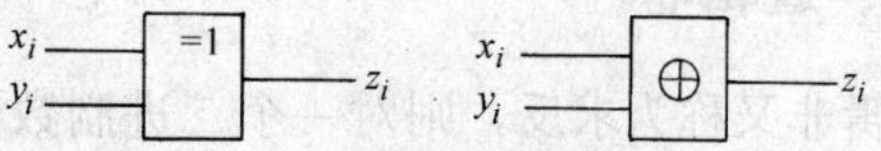

图 2-18　逻辑异或符号

异或运算应用很广，常用来比较两数是否相等。

例 2-22　已知 x=11010001，y=10011011，求 $z_1=x\vee y$，$z_2=x\wedge y$，$z_3=x\oplus y$。

$$\begin{array}{r} 1\,1\,0\,1\,0\,0\,0\,1 \\ \vee\ 1\,0\,0\,1\,1\,0\,1\,1 \\ \hline 1\,1\,0\,1\,1\,0\,1\,1 \end{array} \qquad \begin{array}{r} 1\,1\,0\,1\,0\,0\,0\,1 \\ \wedge\ 1\,0\,0\,1\,1\,0\,1\,1 \\ \hline 1\,0\,0\,1\,0\,0\,0\,1 \end{array} \qquad \begin{array}{r} 1\,1\,0\,1\,0\,0\,0\,1 \\ \oplus\ 1\,0\,0\,1\,1\,0\,1\,1 \\ \hline 0\,1\,0\,0\,1\,0\,1\,0 \end{array}$$

z_1=11011011，z_2=10010001，z_3=01001010。

第九节　定点运算器的组成与结构

运算器是对数据进行加工处理的部件，它的具体任务是实现数据的算术运算和逻辑运算，核心部件为算术逻辑运算部件，简记为 ALU（Arithmetic Logic Unit），是 CPU 的重要组成部分。在计算机中，加、减、乘、除等算术运算及逻辑运算，一般都通过加法运算来实现。加法器是运算器中一个最基本、最重要的部件。

一、加法器及进位系统

（一）一位全加器

基本的加法单元称为全加器。它要求 3 个输入量：操作数 A_i 和 B_i，低位传来的进位 C_{i-1}，并产生两个输出量：本位和 S_i 和向高位的进位 C_i，不考虑进位输入时，A_i 和 B_i 相加称为半加。半加器的逻辑表达式为

$$S_i=A_i\overline{B_i}+\overline{A_i}B_i=A_i\oplus B_i$$

考虑进位输入时称全加器，它的真值见表 2-12，其逻辑表达式为

$$S_i=\overline{A_i}\,\overline{B_i}C_{i-1}+\overline{A_i}B_i\overline{C}_{i-1}+A_i\overline{B_i}\,\overline{C}_{i-1}+A_iB_iC_{i-1}=A_i\oplus B_i\oplus C_{i-1}$$

$$C_i=\overline{A_i}B_iC_{i-1}+A_i\overline{B_i}C_{i-1}+A_iB_i\overline{C}_{i-1}+A_iB_iC_{i-1}=A_iB_i+(A_i\oplus B_i)C_{i-1}$$

表 2-12　全加器真值表

输入			输出	
A_i	B_i	C_{i-1}	S_i	C_i
0	0	0	0	0
0	0	1	1	0
0	1	0	1	0
0	1	1	0	1
1	0	0	1	0
1	0	1	0	1
1	1	0	0	1
1	1	1	1	1

以上两式用“异或”门构成一位全加器，如图 2-19a 所示，它的逻辑符号如图 2-19b 所示。

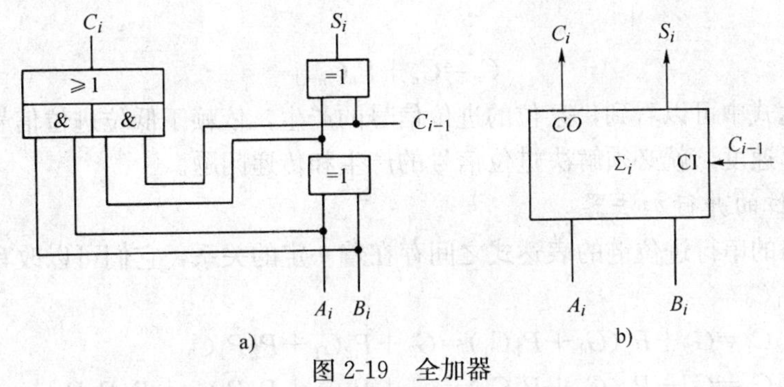

图 2-19 全加器

a) 用“异或”门构成的全加器 b) 逻辑图

(二) 并行加法器及其进位链

用全加器，可以构成完成两个多位数相加的加法器。最简单的串行加法器是只用一位全加器，由移位寄存器从低位到高位串行地提供操作数，每步只完成一位加法运算。如果操作数长为 n 位，就要分 n 步进行。每位产生一位和，串行地送入结果寄存器，进位信号则用一位触发器寄存参与下一位的运算。这种串行加法速度太慢，在计算机中已很少使用。

并行加法器使用的全加法器的个数与操作数的位数相同，它能够同时对操作数的各位进行相加，所以称为并行加法器。将进位信号的产生与传递的逻辑结构称为进位链。

1. 串行进位的并行加法器

当操作数为 n 位字长时，需要 n 位全加器构成加法器，如图 2-20 所示。分析两数的相加过程就会发现：第 i 位的和除与本位操作数 A_i、B_i 有关外，还依赖于低位的进位信号。当低进位信号 C_{i-1} 未真正产生前，S_i 不是真正的和数。而 C_{i-1} 又依赖于更低位的进位信号 C_{i-2}，甚至依赖于最低位的进位信号。这样的进位逻辑称为串行进位链。串行进位的加法器只能求得 A_i 和 B_i 的半加和，但这个和不是真正的和数，真正的结果依赖于进位信号的逐位产生。可见加法器本身求和的延迟时间是串行进位加法器速度快慢的次要因素。主要因素是进位信号的产生和传递所占用的时间。

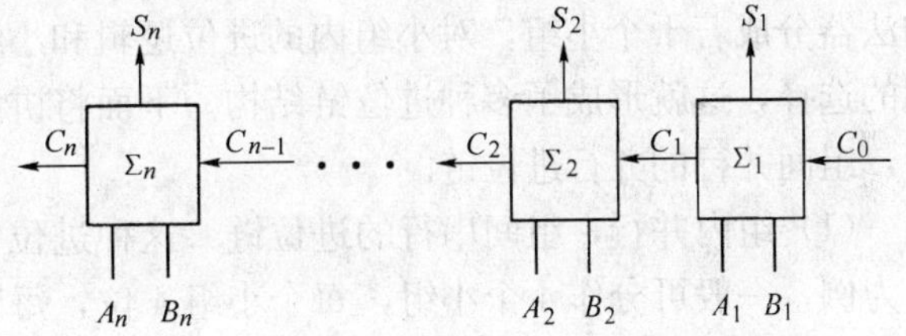

图 2-20 串行进位并行加法器

每一位的进位表达式为 $C_i=A_i\cdot B_i+(A_i\oplus B_i)\cdot C_{i-1}$，其中 $A_i\cdot B_i$ 取决于本位参加运算的两个数，而与低位进位无关，因此称 $A_i\cdot B_i$ 为进位产生函数，用 G_i 表示，其含义为当两个输入均为 1，必然要向高位产生进位。$(A_i\oplus B_i)\cdot C_{i-1}$ 不但与本位的两个数有关，还依赖于低位的进位，因此称 $A_i\oplus B_i$ 为进位传递函数，用 P_i 表示，其含义为当两个输入中有一个为 1，低位传来的进位 C_{i-1} 将超越本位向更高的位传递，所以 $C_i=G_i+P_iC_{i-1}$。

串行进位链的表达式为

$$C_1=G_1+P_1C_0$$
$$C_2=G_2+P_2C_1$$
$$\vdots$$

$$C_i = G_i + P_i C_{i-1}$$

$$\vdots$$

$$C_n = G_n + P_n C_{n-1}$$

从这组表达式中可以看到，某位的进位信号的产生，依赖于低位进位信号的产生，要提高加法器的运算速度，就必须解决进位信号的产生和传递问题。

2. 并行进位的并行加法器

上面所给出的串行进位链的表达式之间存在着一定的关系，它们可以改写成如下形式：

$C_1 = G_1 + P_1 C_0$

$C_2 = G_2 + P_2 C_1 = G_2 + P_2(G_1 + P_1 C_0) = G_2 + P_2 G_1 + P_2 P_1 C_0$

$C_3 = G_3 + P_3 C_2 = G_3 + P_3(G_2 + P_2 C_1) = G_3 + P_3 G_2 + P_3 P_2 G_1 + P_3 P_2 P_1 C_0$

以此类推，则

$C_n = G_n + P_n G_{n-1} + P_n P_{n-1} G_{n-2} + \cdots + P_n P_{n-1} P_{n-2} \cdots P_4 P_3 P_2 G_1 +$
$P_n P_{n-1} P_{n-2} \cdots P_4 P_3 P_2 P_1 C_0$

从改写后的这组表达式中可以看到，各位进位信号产生不再与低位的进位信号有关，而只与两个参加运算的数和 C_0 有关。两个操作数是运算时并行给出的，C_0 是控制器给出的在加法器末位加 1 的信号。一般情况下，C_0 与操作数 A 和 B 同时给出，称按这组表达式的要求形成各位的进位信号的逻辑电路为并行进位链。这种完全并行的进位链，将很快产生各位的进位信号，使得加法器的速度大大提高。但工程上对这组逻辑表达式的逻辑实现有一定困难。例如，表达式 C_n 中的最后一项，若 $n=16$，就要求“与”门电路有 17 个输入端，逻辑电路的设计不允许采用这种全并行方式。解决这个矛盾的办法，就是根据元器件的特征，将加法器分成若干个小组，对小组内的进位逻辑和小组间的进位逻辑作组内并行，组间串行不同的选择，这就形成了多种进位链结构。下面将讲解组内并行，组间串行的进位链和组内并行，组间并行的并行进位链。

（1）组内并行，组间串行的进位链　这种进位链称为单重分组跳跃进位。以 16 位加法器为例，一般可分作 4 个小组，每个小组 4 位，每组内部都采用并行进位结构，组间采用串行进位传递结构。例如第一小组（第 1 位～第 4 位）的进位逻辑函数为

$C_1 = G_1 + P_1 C_0$

$C_2 = G_2 + P_2 C_1 = G_2 + P_2(G_1 + P_1 C_0) = G_2 + P_2 G_1 + P_2 P_1 C_0$

$C_3 = G_3 + P_3 C_2 = G_3 + P_3(G_2 + P_2 C_1) = G_3 + P_3 G_2 + P_3 P_2 G_1 + P_3 P_2 P_1 C_0$

$C_4 = G_4 + P_4 G_3 + P_4 P_3 G_2 + P_4 P_3 P_2 G_1 + P_4 P_3 P_2 P_1 C_0$

在这一组里，来自低位的进位信号只有 C_0，而送到高位小组的进位信号是 C_4，从这组表达式可得这个小组组内的并行进位线路（如图 2-21 所示），图中，用点画线围起来的部分可看成是一个逻辑网络，如图 2-22 所示。

根据相同的原理，可将其他 12 位分成 3 个小组，用同样的方法形成它们组内的进位逻辑线路，然后将这 4 个小组按组间串行进位方式传送。将 4 个小组连成一体，就可形成 16 位组内并行，组间串行的进位链，如图 2-23 所示。

对于组内并行、组间串行的进位方式来说，虽然每组内是并行的，但对高位小组来说，各进位信号的产生仍依赖于低位小组的最高位进位信号的产生，所以还存在着一定的等待时间。

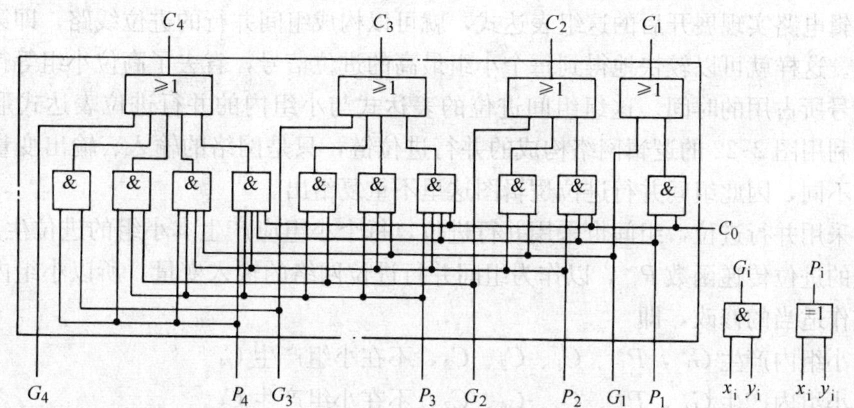

图 2-21　4 位一组并行进位链逻辑图

(2) 组内并行，组间并行的进位链　这种进位链称为多重分组跳跃进位链，或称为多级先行进位。用组内并行、组间串行的进位方式，虽然可将进位时间压缩到串行进位时间的 1/3 左右，但是当位数较多时，组间进位信号的串行传送也会带来较大的延时，因此组间也可采用并行进位链结构，这样将进一步提高运算速度。

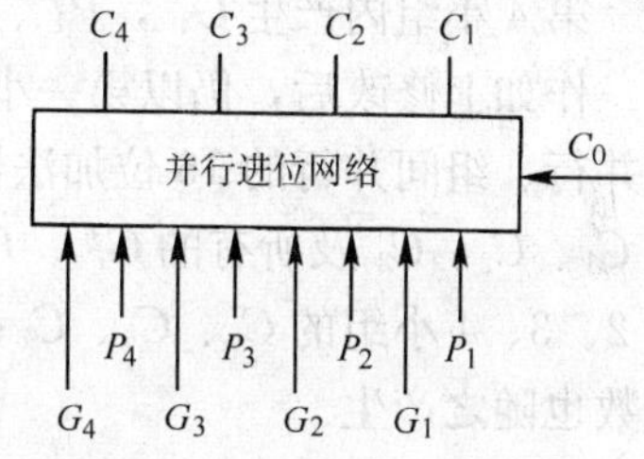

图 2-22　4 位一组并行进位示意图

依照分析每一位进位信号的方法，将每个小组最高位的进位信号分成进位传递函数和进位生成函数两个部分。

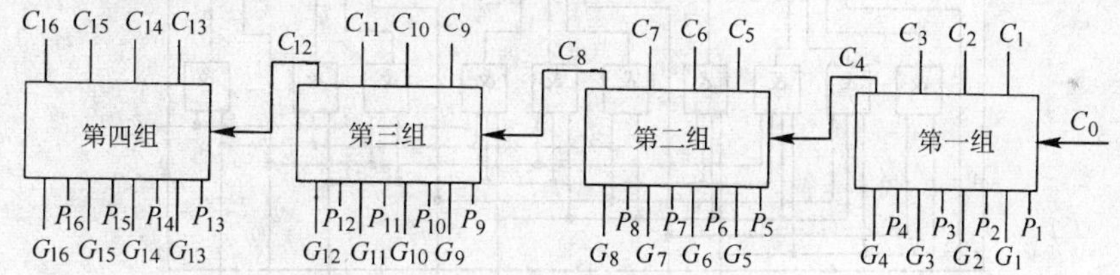

图 2-23　16 位组内并行组间串行进位链框图

$$C_4 = G_4 + P_4 G_3 + P_4 P_3 G_2 + P_4 P_3 P_2 G_1 + P_4 P_3 P_2 P_1 C_0$$

在组成 C_4 的 5 项中，只有最后一项依赖于低位小组的进位信号，称这一项为第一组传送进位，其中，$P_4 P_3 P_2 P_1$ 为小组的传递函数，记作 P_i^*。而前面的 4 项与 C_0 无关，只与本小组内的 G_i、P_i 有关，所有称它为小组的进位产生函数，记作 G_1^*，即

$$G_1^* = G_4 + P_4 G_3 + P_4 P_3 G_2 + P_4 P_3 P_2 G_1$$

$$P_1^* = P_4 P_3 P_2 P_1$$

因此有

$$C_4 = G_1^* + P_1^* C_0$$

依此类推，可以得到

$$C_8 = G_2^* + P_2^* C_4 = G_2^* + P_2^* G_1^* + P_2^* P_1^* C_0$$

$$C_{12} = G_3^* + P_3^* C_8 = G_3^* + P_3^* G_2^* + P_3^* P_2^* G_1^* + P_3^* P_2^* P_1^* C_0$$

$$C_{16} = G_4^* + P_4^* C_{12} = G_4^* + P_4^* G_3^* + P_4^* P_3^* G_2^* + P_4^* P_3^* P_2^* G_1^* + P_4^* P_3^* P_2^* P_1^* C_0$$

用逻辑电路实现展开后的这组表达式，就可以构成组间并行的进位线路，即第二重分组并行进位。这样就可以较快地得到每个小组最高的进位信号，省去了高位小组等待低位小组的进位信号所占用的时间。这组组间进位的表达式与小组内的并行进位表达式形式完全相同，故可利用图 2-22 的逻辑网络构成的并行进位链，只是网络的输入、输出变量不同，变量的含量不同，因此组间并行进位逻辑图这里不重复给出。

组内采用并行进位，组间也采用并行进位，每个小组应产生本小组的进位生成函数 G_i^* 和本小组的进位传递函数 P_i^*，以作为组间并行进位网络的输入变量，所以小组内的并行进位线路应作适当的修改，即

第 1 小组内产生 G_1^*，P_1^*、C_1、C_2、C_3，不在小组产生 C_4。

第 2 小组内产生 G_2^*，P_2^*、C_5、C_6、C_7，不在小组产生 C_8。

第 3 小组内产生 G_3^*，P_3^*、C_9、C_{10}、C_{11}，不在小组产生 C_{12}。

第 4 小组内产生 G_4^*，P_4^*、C_{13}、C_{14}、C_{15}，不在小组产生 C_{16}。

作如上修改后，仍以第一小组为例，组内的逻辑电路如图 2-24 所示。图 2-25 给出了组内并行、组间并行的 16 位加法器进位链部分的框图，根据逻辑关系可知，首先产生第一小组 C_1、C_2、C_3 及所有的 G_i^*、P_i^*；其次产生组间的进位信号 C_4、C_8、C_{12}、C_{16}；最后产生第 2、3、4 小组的 C_5、C_6、C_7；C_9、C_{10}、C_{11} 和 C_{13}、C_{14}、C_{15}。至此，进位信号全部形成，和数也随之产生。

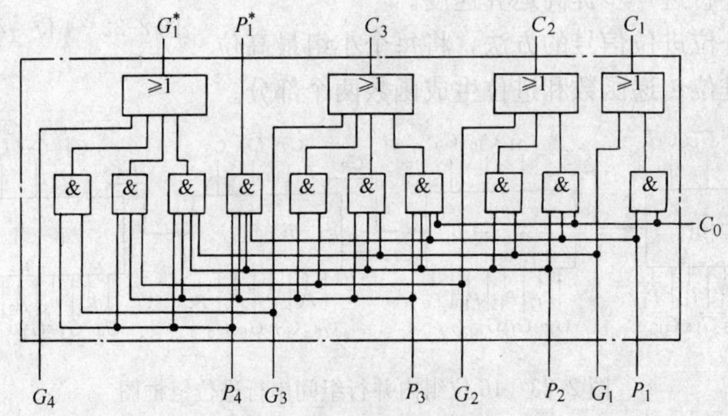

图 2-24　组内、组间并行进位第一小组内进位链逻辑图

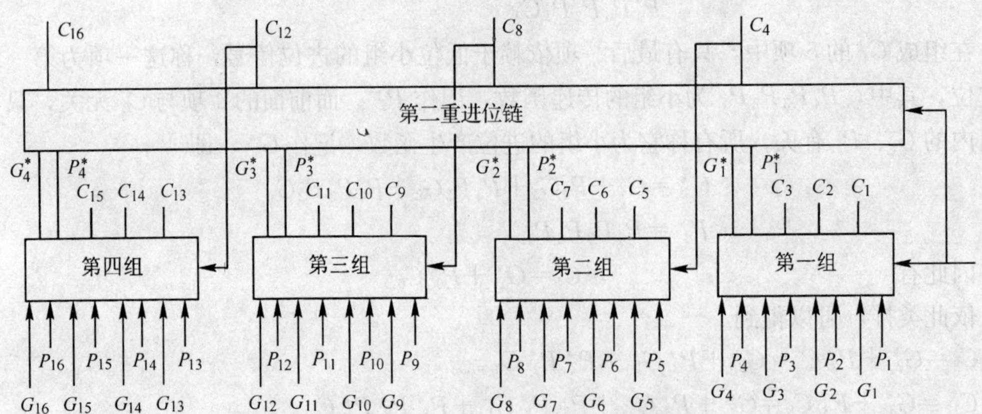

图 2-25　16 位组内并行组间并行进位链框图

二、算术逻辑运算单元

算术逻辑运算单元（ALU）是在加法器的基础上发展起来的，它有较完善的算术逻辑运算功能，利用中规模集成电路技术，可以用 ALU 按搭积木一样构成运算器。常见的产品如 SN74181 是 4 位片形式，一片能完成 4 位数的算术运算和逻辑运算。还有 8 位片、16 位片等的 ALU 器件。下面先介绍 SN74181 芯片，然后讲解如何用它来构成 ALU。

SN74181 是一个带有输入函数发生器的 4 位并行加法器。其芯片示意图如图 2-26 所示。它可以对两个 4 位二进制数进行 16 种算术运算，也可对 4 位信息进行 16 种逻辑运算，具体功能由 4 根功能选择线 S_3、S_2、S_1、S_0 不同的组合来决定。进行算术运算还是进行逻辑运算，这由模式控制端 M 控制，若 M=0，则允许位间进位，完成算术运算；若 M=1，则封锁位间的进位，完成逻辑运算。表 2-13 是 SN74181 的运算功能表，它有两种工作方式。对正逻辑操作数来说，算术运算称为高电平操作，逻辑运算称低电平操作。对负逻辑则相反。

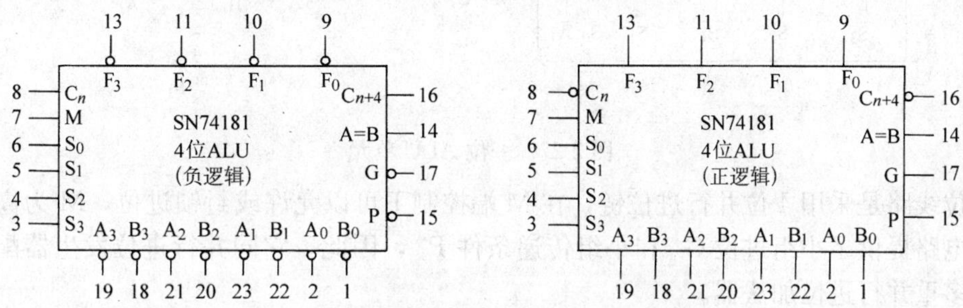

图 2-26　SN74181 芯片示意图

表 2-13　SN74181 算术/逻辑运算功能表

工作方式选择				负逻辑输入与输出		正逻辑输入与输出	
S_3	S_2	S_1	S_0	逻辑运算（M=H）	算术运算（M=L）（C_n=L）	逻辑运算（M=H）	算术运算（M=L）（C_n=H）
0	0	0	0	$\overline{A}$	A 减 1	$\overline{A}$	A
0	0	0	1	$\overline{AB}$	AB 减 1	$\overline{A+B}$	A+B
0	0	1	0	$\overline{A}+B$	$A\overline{B}$减 1	$\overline{A}B$	$A+\overline{B}$
0	0	1	1	逻辑 1	减 1	逻辑 0	减 1
0	1	0	0	$\overline{A+B}$	A 加（$A+\overline{B}$）	$\overline{AB}$	A 加 $A\overline{B}$
0	1	0	1	$\overline{B}$	AB+（$A+\overline{B}$）	$\overline{B}$	（A+B）加 $A\overline{B}$
0	1	1	0	$\overline{A\oplus B}$	A 减 B 减 1	$A\oplus B$	A 减 B 减 1
0	1	1	1	$A+\overline{B}$	$A+\overline{B}$	$A\overline{B}$	$A\overline{B}$减 1
1	0	0	0	$\overline{A}B$	A 加（A+B）	$\overline{A}+B$	A 加 AB
1	0	0	1	$A\oplus B$	A 加 B	$\overline{A\oplus B}$	A 加 B
1	0	1	0	B	$A\overline{B}$加（A+B）	B	（$A+\overline{B}$）加 AB
1	0	1	1	A+B	A+B	AB	AB 减 1
1	1	0	0	逻辑 0	A 加 A*	逻辑 1	A 加 A
1	1	0	1	$A\overline{B}$	$A\overline{B}$加 A	$A+\overline{B}$	（A+B）加 A
1	1	1	0	AB	AB 加 A	A+B	（$A+\overline{B}$）加 A
1	1	1	1	A	A	A	A 减 1

注：表中的“+”表示逻辑加法；“加”表示算术加法；“减”表示算术减法。

ALU 电路主要由 3 部分组成，即输入函数发生器、进位线路和全加器。图 2-27 是一位

ALU 基本逻辑，它的核心部件是两个半加器构成的全加器，但输入控制端附加了选择控制 S_3、S_2、S_1、S_0。第二级的半加器的输入由电位 M 控制选择算术运算所需的低位进位或作逻辑运算。

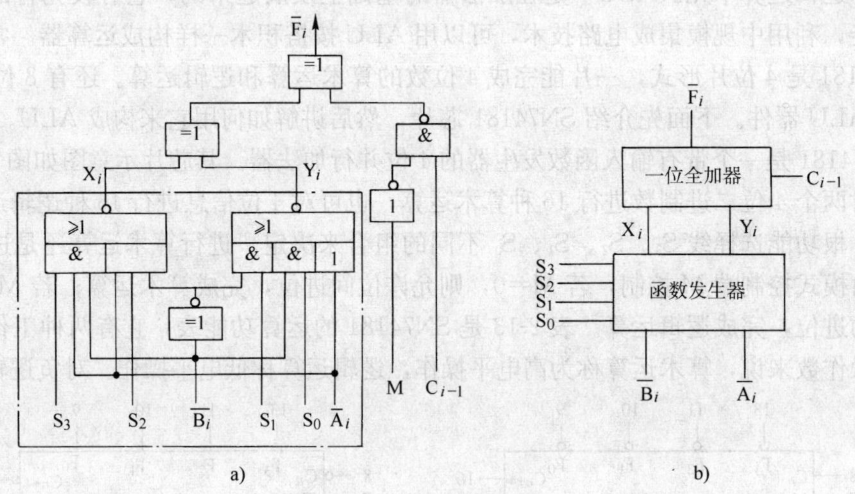

图 2-27　一位 ALU 单元

进位线路是采用 4 位并行进位链，在 M 端控制下可以允许或封锁进位，M 为高时封锁进位。电路提供了小组进位 G^* 和小组传递条件 P^*，因此，它同并行进位发生器配合，就可组成多重并行进位加法器。

需要说明的是输入函数发生器究竟起什么作用。每位输入函数发生器由两个“与或非”门组成。如图 2-27a 所示中的点画线框。在 S_3、S_2、S_1、S_0 的控制下，由输入量 A_i、B_i 经这两个门产生组合函数 X_i、Y_i。具体函数关系见表 2-14，X_i、Y_i 的表达式如下：

$$X_i = \overline{S_3\ \overline{A_i B_i} + S_2\ \overline{A_i} B_i}$$
$$Y_i = \overline{S_1 B_i + S_0\ \overline{B_i} + \overline{A_i}}$$

表 2-14　函数关系

S_1	S_0	Y_i	S_3	S_2	X_i
0	0	A_i	0	0	1
0	1	A_iB_i	0	1	$A_i+\overline{B}_i$
1	0	$A_i\overline{B}_i$	1	0	A_i+B_i
1	1	0	1	1	A_i

因此输入函数的作用，是将两个操作数 A、B 在 S_3、S_2、S_1、S_0 的控制下先进行一次逻辑运算，然后将输入函数发生器的输出 X、Y 送加法器去进行算术运算（M=0）或逻辑运算（M=1）。从表 2-14 可知，X_i 的选择可为 1、$A_i+\overline{B}_i$、A_i+B_i、A_i，从而可提供进位传递条件 $P_i=A_i+B_i$。而 Y_i 的选择可为 A_i、A_iB_i、$A_i\overline{B}_i$、0，因而可提供进位产生函数 $G_i=A_iB_i$。所以 X_i 既是送到加法器的第一个操作数的第 i 位，又是第 i 位的进位传递条件；Y_i 既是送到加法器的另一个操作数的第 i 位，又是第 i 位的本地进位，这样就可以省去片内实现本地进位和传递条件的线路。

SN74181 包含 4 位 ALU 单元，并有组内并行进位链，还提供了小组进位函数 G^*、P^* 供组间进位链使用，用它实现组间串行进位时，只要把前片的 C_{n+4} 与下一片的 C_n 相连即可，当采用组间并行进位时，需要增加 SN74182 芯片。SN74182 芯片是与 SN74181 的配套产品，是一个产生先行进位信号的部件。由于 SN74181 提供了小组的进位传递函数 P 和进位产生函数 G，SN74182 可以利用它们作为输入参数，以并行的方式给出每个小组（芯片）的最高进位信号。SN74182 的用途是作为第二及更高级进位系统。SN74182 的芯片框图如图 2-28 所示，其逻辑电路图如图 2-29 所示。它可以产生 3 个进位信号：$\overline{C_{n+4}}$、$\overline{C_{n+8}}$、$\overline{C_{n+12}}$，并且还可以产生进位产生函数 $G^{\triangle}$ 和进位传递函数 $P^{\triangle}$（图 2-25 的 P、G）中可供组成位数更长的多级先行进位 ALU 使用。由 8 片 SN74181 和 3 片 SN74182 构成的 32 位三级行波 ALU，各片 SN74181 输出的组进位产生函数 G_i^* 和组进位传递函数 P_i^* 作为 SN74182 的输入，输出的进位信号 C_{n+4}、C_{n+8}、C_{n+12} 作为 SN74181 的输入。SN74182 输出的大组进位产生函数 $G^{\triangle}$ 和大组进位传递函数 $P^{\triangle}$ 可作为更高一级 SN74182 的输入。其实现逻辑图如图 2-30 所示。

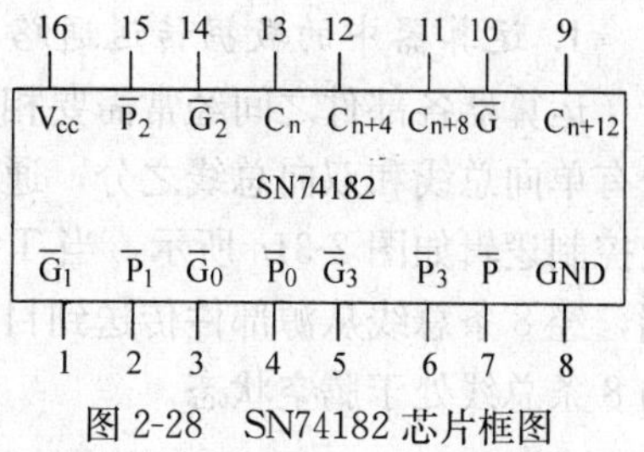

图 2-28 SN74182 芯片框图

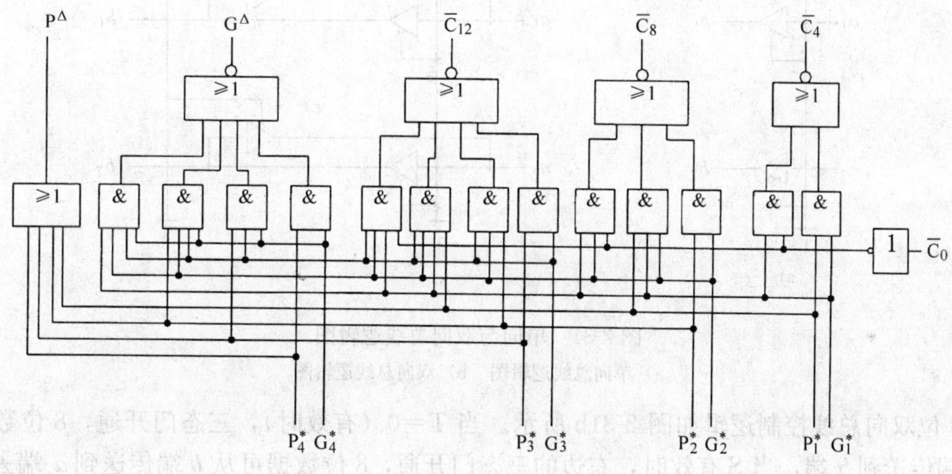

图 2-29 SN74182 逻辑电路图

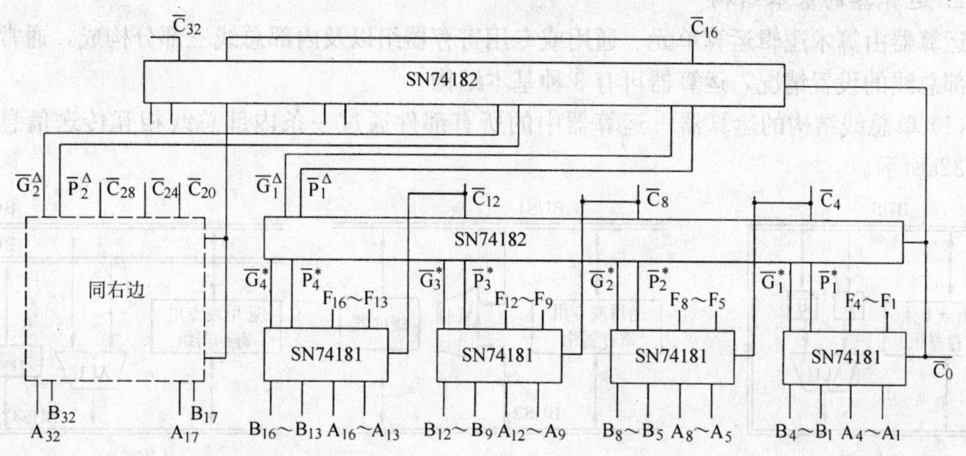

图 2-30 32 位三重进位方式

三、定点运算器

运算器中除了作为核心部件的 ALU 之外，还应有能提供操作数和暂存运算结果的寄存器以及数据传送通路。

1. 运算器中的数据传送通路

运算器各部件之间经常需要相互传送信息，为了节省传送线路，常常采用总线方式。总线有单向总线和双向总线之分，通常采用三态门来控制总线上的数据传送方向。8 位单向总线控制逻辑如图 2-31a 所示。当 T=0（有效时），三态门开通，8 位数据可从 a 端传送到 b 端，经 8 条总线从源部件传送到目的部件中；当 T=1（无效时），三态门关闭，与 b 端相连的 8 条总线处于腾空状态。

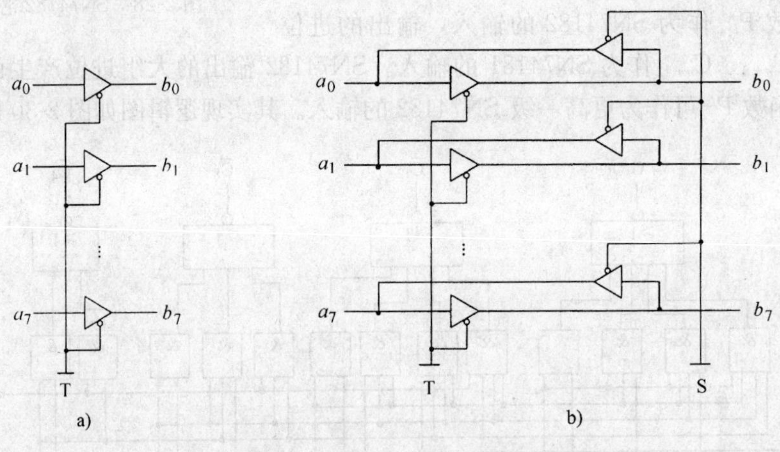

图 2-31　单向与双向总线逻辑图

a）单向总线逻辑图　b）双向总线逻辑图

8 位双向总线控制逻辑如图 2-31b 所示。当 T=0（有效时），三态门开通，8 位数据可从 a 端传送到 b 端，当 S 有效时，右边的三态门开通，8 位数据可从 b 端传送到 a 端去，显然，T 和 S 不可同时有效。

2. 运算器的基本结构

运算器由算术逻辑运算单元、通用或专用寄存器组以及内部总线三部分构成，通常根据其内部总线的设置情况，运算器可有 3 种基本结构。

(1) 单总线结构的运算器　运算器中的所有部件通过一条内部总线相互传送信息，如图 2-32a所示。

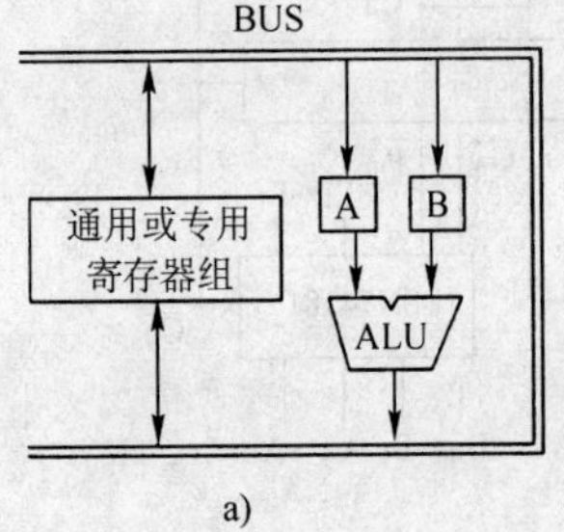

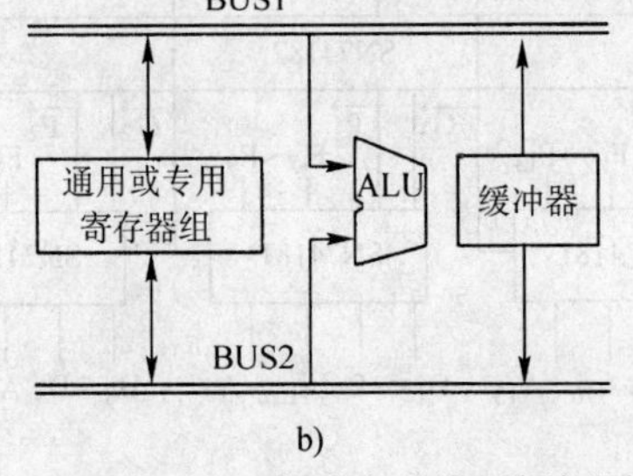

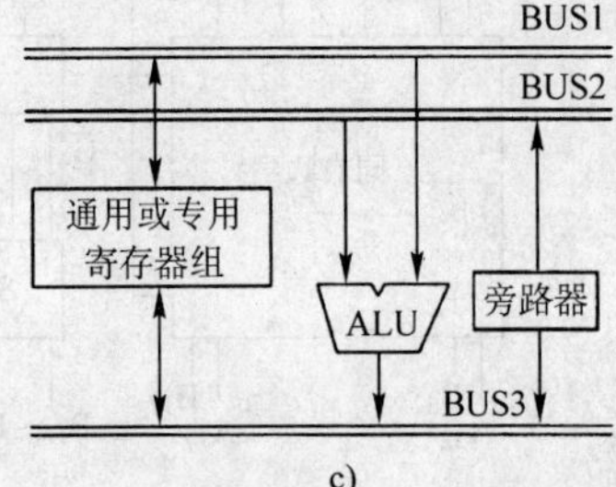

图 2-32　运算器内总线逻辑框图

从图 2-32a 中可以看出，任何时候只能有一组数据从源部件传送到目的部件中去。因此 ALU 的输入端应有两个锁存器用来暂存参加运算的两个操作数，运算结果通过内部总线可传送到某个寄存器中去，一般来说这应该是一条双向总线，完成一次双操作数的运算，需要经过 3 个步骤完成。第一步通过总线将第一个操作数置入锁存器 A 或 B 中；第二步通过总线传送另一个操作数置入另一个锁存器中，并开始运算；第三步将运算结果通过总线置入某个通用寄存器中，显然，这种结构的运算器操作速度较慢，但是控制简单。

(2) 双总线结构的运算器　运算器内部设置两条总线用来传送数据的基本结构，如图 2-32b所示。

从图 2-32b 中可以看出，可同时通过两条总线给 ALU 传送操作数，运算结果可由任一条总线传送到某一个通用寄存器中，显然，运算速度会比单总线结构快些。

(3) 三总线结构的运算器　采用 3 条内部总路的运算器结构如图 2-32c 所示。

从图 2-32c 中可以看出，BUS1 用来从某个通用寄存器传送一个操作数置入 ALU，BUS2 用来传送另一个操作数置入 ALU，而 BUS3 是将运算结果置入某个通用寄存器中，只要 ALU 的速度足够快，全部操作可一步完成。这显然是一种速度最快的运算器。

3. 定点运算器组成实例

各种计算机中的运算器的结构虽然有区别，但它都必须包含如下几个基本部分：加法器、通用寄存器、输入数据选择电路、输出数据控制电路和内部总线等。

(1) Intel 8086 运算器结构　Intel 8086 运算器框图如图 2-33 所示。从图 2-33 可以看出，这是一种典型的采用单总线结构的运算器，Intel 8086 字长 16 位，所以，运算器内部包含一个 16 位 ALU，其输入端通过暂存器与内部总线相连。参加运算的操作数可来自运算器内部的通用寄存器，运算结果直接通过内部总线送至某个通用寄存器中，运算结果的特征直接送至符号寄存器（FR)。通用寄存器组中包含 4 个 16 位通用寄存器（AX、BX、CX 和 DX)，它们也可当做 8 个 8 位通用寄存器（AH、AL、BH、BL、CH、CL、DH 和 DL）使用，用来存放 16 位或者 8 位参加运算的操作数或运算结果。4 个 16 位专用寄存器分别为堆栈指针（SP)、基址指针（BP)、源变址（SI）寄存器和目标变址寄存器（DI)，它们均直接与内部总线相连，运算器内部各部件通过内部单总线相互传送信息。

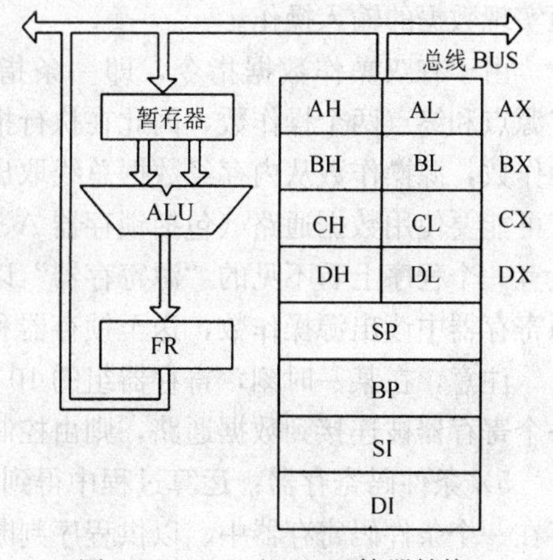

图 2-33　8086/8087 运算器结构

(2) 16 位小型系列机的运算器　图 2-34 所示是一台 16 位小型系列机的运算器逻辑框图。该运算器的基本功能包括：两数的加减运算、一个数的加 1 运算、两数的逻辑加运算、一个数的变补、变反传送，以及数码的左移、右移、直送和字节交换等操作。该运算器有 ALU、寄存器组、锁存器和输出门组成。该运算器为单总线结构。

1) 算术/逻辑运算单元 ALU：由 4 片 SN74181　ALU 芯片和 1 片 SN74182　ALU 芯片组成的 16 位运算器，因而具有两级并行进位。

2) 锁存器：位于 ALU 两个输入端的锁存器 A 和 B 用来暂存来自外部设备或存储器（经

数据总线）的数据，或者暂存来自通用寄存器（R_0～R_7）和源寄存器、暂存寄存器中的数据。一旦数据放入锁存器，不管外部的数据如何变化，ALU将依据锁存器A和B中的数据进行运算。

3）移位器：将ALU的输出进行左移、右移、直送和半字交换。因此这里的移位器也是一个4选1的多路开关，每次只能从4路输入中选择1路进行输出。

4）寄存器组：共有10个寄存器，即8个通用寄存器R_0～R_7，特点是程序可以访问；源寄存器，用来存放源操作数，程序不能访问；暂存寄存器，用来暂时存放运算的结果（或中间结果），程序不能访问。通用寄存器可作为累加器寄存器使用，它们的数据以锁存器A和B进入ALU，再经移位器输出可以送至通用寄存器；也可以由三态发送门至数据总线，再以数据总线送至存储器或外部设备，从而实现数据的输出操作。反之，来自外部设备或存储器的数据，经过总线接收门送至锁存器，再经ALU和位移器，送到通用寄存器，从而实现数据的输入操作。

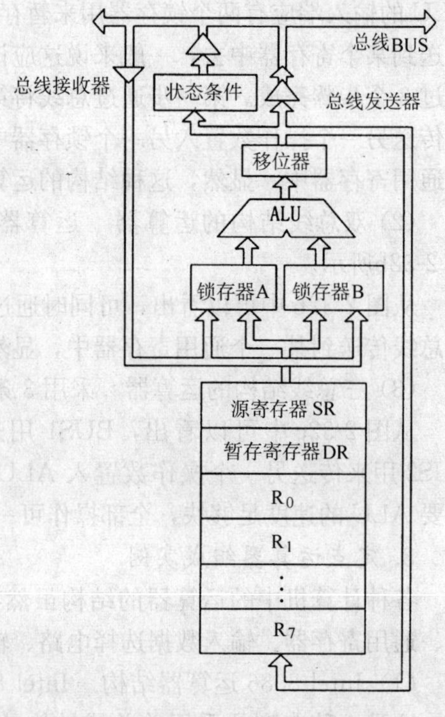

图2-34 一台小型系列机运算器框图

由于有双操作数据指令，即一条指令中同时有源点和终点两个操作数，因此在执行指令时，必须两次计算操作数地址和两次从存储器取操作数，源操作数从内存经数据总线取出来后，不能放至锁存器A和B中。这是因为紧接着可能要使用数据通路（包括锁存器A、B）进行第二个操作数据地址的寻址计算，故必须设置一个程序上看不见的“源寄存器”以暂存源操作数。只有终点操作数取出以后，才能从源寄存器中读出源操作数，送至锁存器和ALU进行运算。

注意，在某一时刻，寄存器组的10个寄存器只有一个可与数据通路发生联系。至于哪一个寄存器被连接到数据通路，则由控制器发出的寄存器地址加以确定。

5）条件码寄存器：运算过程中得到的“进位”、“溢出”、“零”、“负”等标志状态可保存在一个条件码寄存器中、以供程序判断之用。条件码寄存器的状态数据可以经数据总线送至存储器加以保存。

四、浮点运算器简介

目前在微机系统中往往配置有专门的浮点运算部件，可直接用浮点运算指令对浮点数进行算术运算，其运算速度比采用软件子程序实现时要快得多。例如，微机系列机中的80X87就是浮点运算器。对于老式的486SX以下的微机，80X87是任选件；而对于486DX及以上的微机，浮点运算器已被集中在CPU芯片中了。80X87之所以被称为协处理器，是因为它只能协助主处理器工作，不能单独工作。

1. 80X87的数据结构及内部结构

（1）80X87的数据格式　80X87可处理7种不同的数据类型，这些数据类型的格式如

图 2-35所示。对整数来说，最高位为符号位，用补码表示，有 16、32 和 64 位 3 种格式。压缩的十进制数串是用特殊形式表示的整数。十进制数的一位用 4 位二进制表示，80 位的低 72 位表示 18 位十进制数，最高位为符号位。浮点数有 32、64 和 80 位 3 种格式，阶码的底为 2，用移码表示，尾数用原码表示。

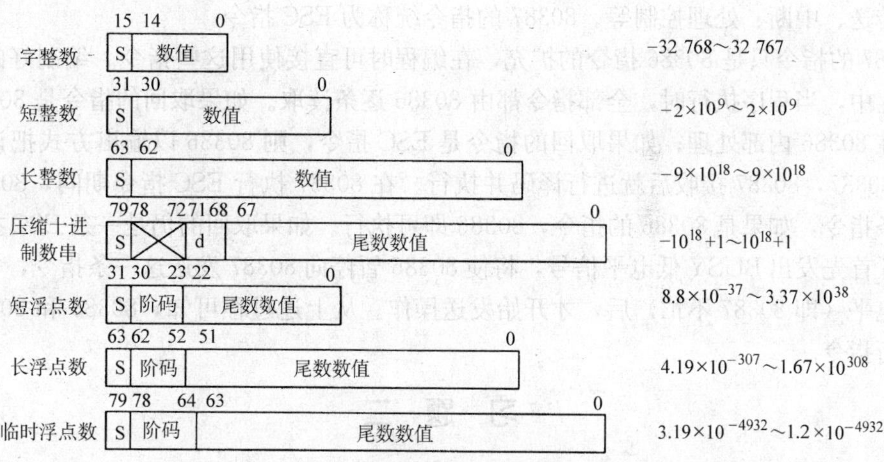

图 2-35　80X87 的数据结构

（2）内部结构　图 2-36 为 80387 的内部结构。它是由总线控制逻辑部件、数据接口与控制部件、浮点运算部件 3 个主要功能模块组成的。在 80387 的浮点运算部件中，分别设置了阶码（指数）运算部件与尾数运算部件，并设有加速移位操作的移位器。它们通过指数总线和尾数与 8 个 80 位字长的寄存器相连。

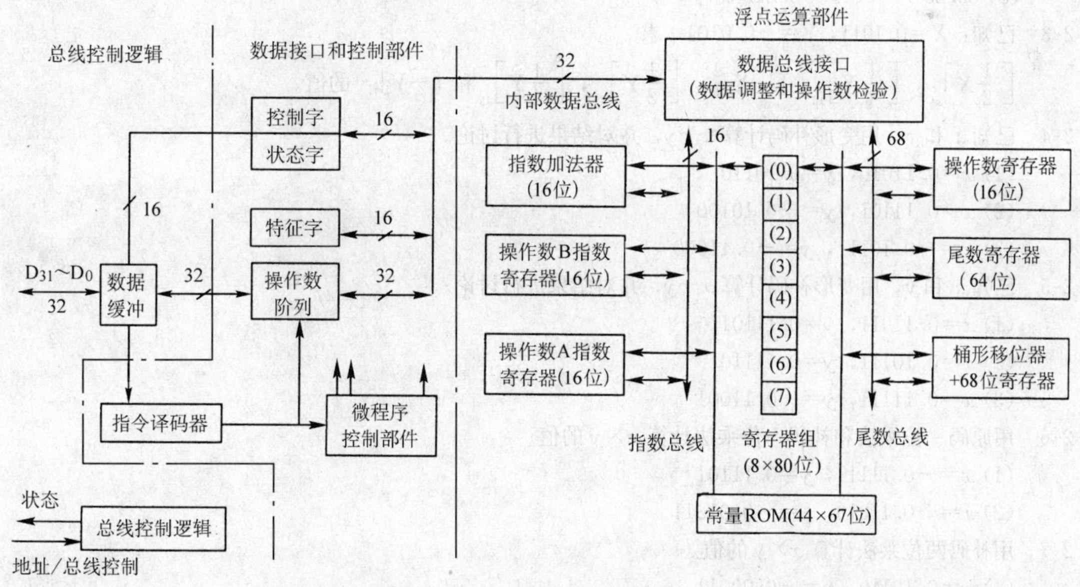

图 2-36　80387 的内部结构框图

80387 从主存取数或向主存写数时，均用 80 位的临时浮点运算器与其他数据类型执行自动转换。在 80387 中的全部指令数据都以 80 位临时浮点数与其他数据类型执行自动转换。

在 8087 中的全部数据都以 80 位临时浮点数的形式表示。

2. 80387 的指令执行

80387 本身不能单独使用，只能作为 80386 的协处理器运行。

80387 有 80 余条指令，按功能可分为浮点加、减、乘 、除、对数和指数运算、三角函数以及传送、中断、处理控制等。80387 的指令统称为 ESC 指令。

80387 的指令只是 80386 指令的扩充，在编程时可直接使用这些指令。编制好的程序被放在主存中，当程序执行时，全部指令都由 80386 逐条读取。如果取回的指令是 80386 的指令，则在 80386 内部处理；如果取回的指令是 ESC 指令，则 80386 以输出方式把该指令码发送给 80387，80387 接收后就进行译码并执行。在 80387 执行 ESC 指令期间，80386 将取出下一条指令，如果是 80386 的指令，80386 即可执行。如果取回的仍是一条 ESC 指令，此时 80387 首先发出 BUSY 低电平信号，将使 80386 暂停向 80387 发送这一条指令，等 BUSY 变为高电平（即 80387 不忙）后，才开始发送操作。从上述过程可知，80386 和 80387 可以并行执行指令。

习 题 二

2-1 写出下列各二进制的原码、反码和补码（用 8 位二进制表示）。

(1) 1101101　　(2) －101011

(3) 0.10100　　(4) －0.01100

2-2 将下列十进制表示成二进制浮点规格化的数（尾数取 12 位，包括一位符号位；阶取 4 位，包括一位符号位），并写出它的原码、反码、补码和阶移尾补 4 种码制形式。

(1) 7.75　　(2) －3/64

(3) 83.25　　(4) －0.312 5

2-3 已知：$X=0.1011$，$Y=-0.0101$，求

$\left[\frac{1}{2}X\right]_{补}$，$\left[\frac{1}{4}X\right]_{补}$，$[-X]_{补}$，$\left[\frac{1}{2}Y\right]_{补}$，$\left[\frac{1}{4}Y\right]_{补}$和 $[-Y]_{补}$ 的值。

2-4 已知 x 和 y，用变形补码计算 $x+y$，并对结果进行讨论。

(1) $x=0.11010$，$y=0.10110$

(2) $x=0.11101$，$y=-0.10100$

(3) $x=-0.10111$，$y=-0.11000$

2-5 已知 x 和 y，用变形补码计算 $x-y$，并对结果进行讨论。

(1) $x=0.11011$，$y=0.11101$

(2) $x=0.10111$，$y=0.11110$

(3) $x=0.11111$，$y=-0.11001$

2-6 用原码一位乘法和补码一位乘法计算 $x\times y$ 的值。

(1) $x=-0.11111$，$y=0.11101$

(2) $x=-0.11010$，$y=-0.01011$

2-7 用补码两位乘法计算 $x\times y$ 的值。

(1) $x=0.10110$，$y=-0.00011$

(2) $x=-0.011010$，$y=-0.011101$

2-8 用原码不恢复余数法和补码不恢复余数法计算 $x\div y$ 的值。

(1) $x=0.10101$，$y=0.11011$

(2) $x=-0.10101$，$y=0.11011$

2-9 设数的阶码为 3 位，尾数为 6 位（均不包括符号位），按机器补码浮点运算步骤，完成下列$[x+y]_补$和 $[x-y]_补$ 的运算。

(1) $x=2^{-011}\times 0.100100$，$y=2^{-010}\times(-0.011010)$

(2) $x=2^{101}\times(-0.100010)$，$y=2^{100}\times(0.010110)$

2-10 如何判断浮点数据运算的溢出？

2-11 逻辑运算有哪几种？请总结出各种逻辑运算的规律。

2-12 影响加法器速度的主要因素是什么？如何提高加法器的工作速度？

2-13 某加法器最低进位为第 0 位，分别按串行进位方式和并行进位方式写出进位信号 C_4 的逻辑表达式（从原始输入到产生 C_4）。

2-14 某加法器采用组内并行、组间并行的进位链，4 位一组，写出进位信号 C_6 的逻辑表达式。

2-15 利用 SN74181 和 SN74182 芯片构成一个 64 位的 ALU，采用多级分组并行进位链。

第三章　存储系统与存储器

计算机系统中用来存放信息的设备称为存储器。存储器是组成计算机的主要部件之一。存储器的容量越大，表明它能容纳的信息越多；把信息存入存储器或从存储器中取出信息的速度越快，计算机处理信息的速度就越高。设计容量大、速度快、成本低的存储器是存储系统的主要内容。本章主要介绍存储器存储信息的基本原理、分类及其性能、结构等。

第一节　概　　述

一、存储器的基本概念

存储器和CPU、I/O设备一样，是组成计算机的主要部件。现代计算机将程序和数据都存放在存储器中，根据运算中的需要对这些程序和数据进行处理。在以存储器为核心的计算机中，输入设备在CPU的控制下将程序和数据送入存储器，CPU从存储器中提取程序，按程序的指令控制计算机的执行，对存储器中的数据进行相应的处理，同时在CPU的控制下将存储器中的数据输送到输出设备。

根据存储器在计算机中的不同作用将存储器分为主存和辅存。计算机主存设在主机内部，也称内存，用来存放当前正在运行的程序和数据。辅存也称外存，用来存放当前暂时不用的程序和数据，需要时再成批地调入主存。主存速度高而存储容量较小，辅存存储容量大而速度较低。

存储器是计算机中必不可少的用于存放程序和数据的设备，一般将存储器硬件设备和管理存储器的软件一起合称为存储系统。

二、存储器分类

根据存储元件的性能及使用方法的不同，存储器有各种不同的分类方法。

（一）按存储介质分类

作为存储介质的基本要求，必须具备能够显示两个有明显区别的物理状态和性能，分别用来表示二进制代码“0”和“1”。按存储介质的不同，目前使用的存储器可分为磁存储器、半导体存储器和光存储器。

用磁性材料做成的存储器称为磁存储器。它分为磁心存储器和磁表面存储器。20世纪50～60年代，磁心存储器是主要的内存。磁表面存储器是用磁性材料涂于载体表面制成，主要有磁盘、磁带和磁鼓等。当前磁集成电路有了很大的发展，新的磁存储器也将出现。

将光学材料利用光学原理制成的存储器称为光存储器，主要有光盘。

用半导体材料构成的存储器称为半导体存储器。它又可分为双极型半导体存储器和MOS半导体存储器。双极型半导体存储器的特点是存取速度很高，但是集成度较低，功耗大，成本较高，可作为高速缓存（Cache）。MOS半导体存储器的特点是集成度高、功耗低、成本低，但存取速度也较低，常用做主存。

（二）按存取方式分类

按照存取方式不同，存储器可分为 RAM、SAM、DAM 和 ROM。

1. 随机存取存储器（RAM）

随机存取存储器中任何单元的内容，都能被随机地存取，且存取时间与存储单元的物理位置无关。主存和高速缓存通常都是 RAM，磁心存储器也属于随机存取存储器。

2. 顺序存取存储器（SAM）

顺序存取存储器在存储信息时需要依地址顺序进行访问，因此存取时间与存储单元的物理位置有关，或者说每一个存储单元的存取时间是不同的。典型的 SAM 有磁带存储器和 CD-ROM（只读光盘存储器）。

3. 直接存取存储器（DAM）

直接存取存储器的存取方式兼有随机存取和顺序存取的特点，典型的 DAM 有磁盘存储器。RAM 仅对某个字节存取，DAM 和 SAM 都是对一段数据区进行存取。DAM 在寻找磁道和扇区时和 RAM 寻址相似，在扇段内存取是按顺序存取的，又和 SAM 相似。

4. 只读存储器（ROM）

只读存储器在工作时对所存信息只能读出，不能写入新信息，或者说所存信息是不能改变的，通常用来存放长期不需要改变的程序和数据，如 ROM-BIOS。

（三）按信息可保存性分类

按信息可保存性的不同，存储器可分为易失性存储器和永久性存储器。易失性存储器在断电后信息丢失，而永久性存储器在断电后信息不会丢失。例如，半导体 RAM 是易失性存储器，磁存储器、光存储器、半导体 ROM 都属于永久性存储器。

（四）按性能进行分类

1. 通用寄存器

CPU 中通常配置几十个通用寄存器，它的速度和 CPU 相匹配，用于寄存数据和指令，称为寄存器型存储器。

2. 高速缓冲存储器（Cache）

Cache 是 CPU 和主存之间的缓冲存储器，用来存放使用频率最大且当前执行的指令和数据，它的特点是容量小而速度高。对 PC 而言，Cache 容量为 8～512KB。

3. 主存

主存用来存放当前执行的指令和数据，存取速度相对于 Cache 来说较慢，但存储容量较大，一般为 1～16GB。

4. 外存

外存用来存放当前不使用的程序和数据，它的容量很大，达到几百吉字节到几千吉字节，但速度较慢，属于外部设备。

三、存储器系统的层次结构

一般来说，随着计算机应用越来越广，对存储器的要求是容量大、存取速度快、成本低。但是在一个存储器中同时要满足这 3 个方面的要求是很困难的。为了解决这方面的矛盾，现代计算机的存储器采用三级存储系统（如图 3-1 所示），它们是高速缓冲存储器、主存储器和外存储器。CPU 能直接访问高速缓冲存储器和主存；CPU 不能直接访问外存储器，在外存储器中存放的数据和指令必须在计算机的操作系统管理下调入主存以后，CPU 才能处理。

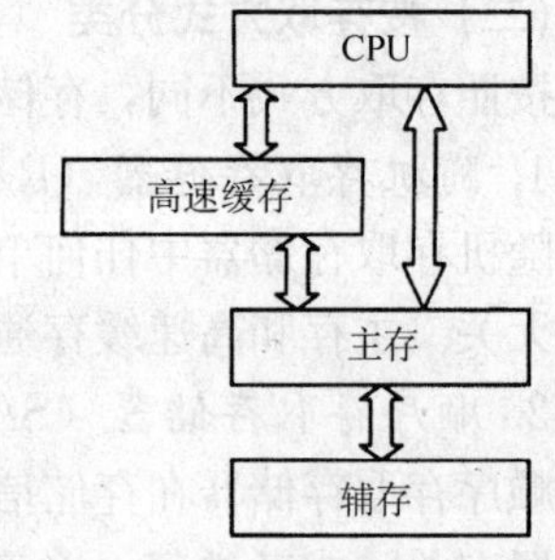

图 3-1　存储系统的三级层次结构

（一）高速缓冲存储器（Cache）

Cache 简称为快存，是计算机系统中高速小容量的存储器。现在一般高性能的计算机，为了提高计算机处理速度，利用高速缓冲存储器存放部分主存的程序和数据的副本。高速缓冲存储器一般是由双极型半导体组成的静态存储器，它的存取速度一般和 CPU 处理周期相当，它和主存相比，存取速度快，但存储容量小。

（二）主存储器（内存）

内存是计算机系统中的主要存储器，存放计算机正在运行的程序和数据。它可以和 CPU 进行数据和程序的交换，又可以和 Cache 进行交换。主存一般是由 MOS 半导体组成的动态存储器。

（三）外存储器（辅存）

外存储器也称为辅助存储器，存放当前不用的程序和数据。外存一般由磁表面存储器和光存储器构成。目前磁表面存储器主要是磁盘存储器（又可分为硬盘和软盘）和磁带存储器。光盘有只读光盘 CD-ROM、写一次光盘 WORM 和可擦写光盘 3 种。此外，现在又出现了一种新型外存——优盘，它的容量一般 1～160GB。外存的特点是存储容量大，存取速度比较慢。

上述 3 种类型的存储器形成计算机的三级存储管理，各级存储器承担的职能各不相同。其中高速缓冲存储器主要强调快速存取，以便使存取速度和中央处理器的运算速度相匹配；外存储器主要是大的存储容量，以满足计算机的大容量的要求；主存储器介于 Cache 和外存之间，要求选取适当的存储容量和存取周期，使它能容纳系统的核心软件和较多的用户程序。

第二节　主 存 储 器

一、主存储器的基本组成

现代主存储器都是由半导体集成电路组成的，主存储器的基本组成如图 3-2 所示。图 3-2中地址译码器、驱动器、读/写放大电路均制作在存储芯片中，而 MAR（存储器地址寄存器）和 MDR（存储器数据寄存器）制作在 CPU 芯片内，存储器和 CPU 芯片通过总线连接，如图 3-3 所示。当要从存储器读出某一信息字时，首先由 CPU 将该字的地址送到 MAR，经地址总线送到主存，然后发出读命令。主存接到读命令后，将该地址单元的内容读出通过数据总线送到 MDR 中，便完成读操作。若要向主存入某一信息字时，首先 CPU 将该字所在主存单元的地址经 MAR 送到地址总线，并将信息字送入 MDR，然后向主存发出写命令。主存接到写命令后，便将数据线上的信息写入到对应地址总线指定的主单元中。

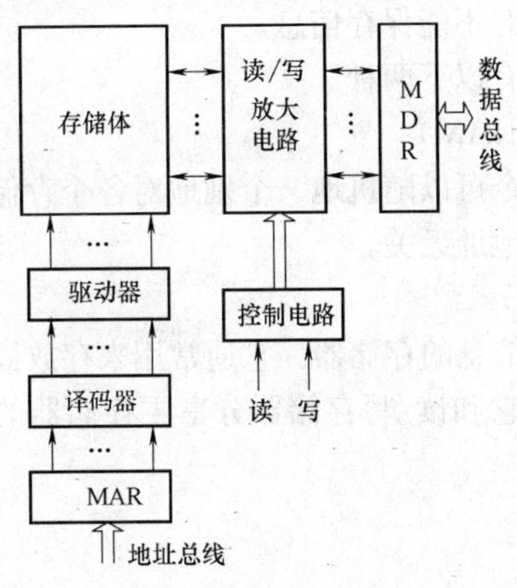

图 3-2　主存储器的基本组成

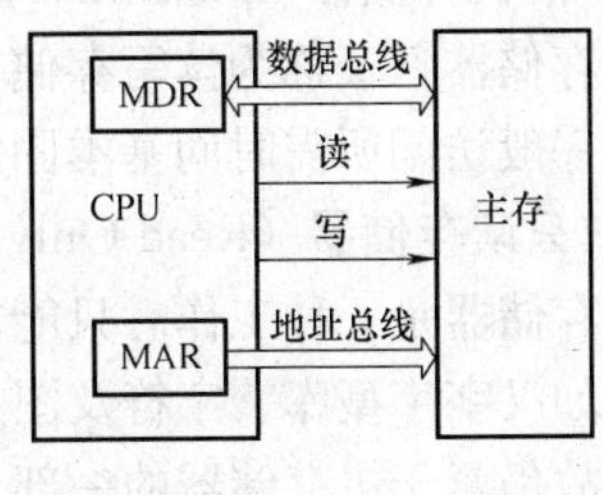

图 3-3　主存和 CPU 的联系

二、主存储器处于全机的中心地位

从 20 世纪 40 年代第一台电子计算机问世至今，大多数计算机都建立在冯·诺依曼模型基础之上，但计算机结构有了很大改进，起初以 CPU 为中心的体系结构，机器各部件之间的信息传递都受 CPU 控制，输入/输出设备与主存之间信息交换也经过 CPU，这种结构严重影响了 CPU 的效率。现在以主存为中心进行组织的计算机系统替代了以 CPU 为中心的旧式结构，由主存直接向 CPU 和输入/输出设备交换信息，主存储器作为计算机的记忆核心作用可体现在以下几个方面：

1）主存储器是计算机中信息存储的核心。主存储器存放的信息随时可以提供给计算机的其他部件使用；在以存储器为核心的体系结构中进入计算机的信息必须存放在存储器中，计算机的其他部件只能通过存储器进行信息的交换。

2）内存是 CPU 与外界进行数据交换的窗口，CPU 所执行的程序和所涉及的数据都由内存直接提供；运算的结果一般也要送回内存。

3）内存可以与 CPU 有机结合、达到高速、准确运算的目的。正常情况下，计算机处理的数据不可能经 CPU 一次处理完毕，内存是唯一有效地存放这些非一次性处理信息的场所，而计算机中任何其他部件不可能承担这一任务。

因此，主存储器是计算机中信息的存放地，是 CPU 与外界进行数据交流的窗口，是计算机中的核心组成部分。

三、主存储器的分类

能用来作为存储器的器件和介质，除了其基本存储单元有两个稳定的物理状态来存储二进制信息以外，还必须满足一些技术上的要求。例如，便于电信号转换，便于读写、速度高、容量大和可靠性高以及性价比高等因素。

从 20 世纪 50 年代开始，磁心存储器是主存的主要存储介质，但从 20 世纪 70 年代开始，由于大规模集成电路技术的发展，半导体存储器的价格急剧下降，计算机主存储器开始普遍采用半导体存储器。半导体存储器的特点是速度高、体积小、功耗低、价格便宜、可靠性高、使用方便。其主要缺点是信息易失，即断电时不能保存信息。

目前的计算机都使用半导体存储器，主要类型有以下两种。

（一）随机存储器（Random Access Memory，RAM）

随机存储器（又称为读写存储器）是指通过指令可以随机地、个别地对各个存储单元进行访问，一般访问所需时间基本固定，与存储单元地址无关。

（二）只读存储器（Read-Only Memory，ROM）

只读存储器是一种工作时只能读出，不能写入信息的存储器。它通常用来存放固定不变的程序，如汉字字型库、字符及图形符号等。由于它和读/写存储器分享主存储器的同一地址空间，故仍属于主存储器的一部分。

四、主存储器的技术指标

主存储器的性能指标主要是存储容量、存储速度和存储器带宽。

（一）存储容量

存放一个机器字的存储单元，通常为字存储单元、相应的单元地址叫字地址。而存放一个字节的单元，称为字节存储单元，相应的地址叫字节地址。如果计算机中可编址的最小单位是字存储单元，则该计算机称为字寻址计算机。如果计算机中可编址的最小单位是字节，则该计算机称为按字节寻址计算机。一个机器字可以包含数个字节，所以一个存储单元也可包含数个能够单独编址的字节地址。例如，一个 16 位二进制的字存储单元可存放两个字节，可以按字地址寻址，也可以按字节地址寻址。当用字节地址寻址时，16 位的存储单元占两个字节地址。

存储容量就是存储器可以容纳的二进制代码的总位数，即

存储容量＝存储单元数×存储字长

它的容量也可用字节总数来表示，即

存储容量＝存储单元数×存储字长/8

目前的计算机存储容量大多以字节来表示，例如，某机主存的存储容量为 256MB，则按字节寻址的地址线位数应为 28 位。

存储容量的单位有 B、KB、MB、GB、TB，它们之间的关系是：1KB＝2^{10}B＝1024B，1MB＝2^{10}KB，1GB＝2^{10}MB，1TB＝2^{10}GB。

（二）存取速度

存取速度是由存取时间和存取周期来表示的。

存取时间又称为存储器访问时间（Memory Access Time），是指启动一次存储器操作（读或写）完成该操作所需的全部时间。存取时间分为读出时间和写入时间两种。读出时间是存储器接收到有效地址开始，到产生有效输出所需的全部时间。写入时间是存储器接收到有效地址开始，到数据写入被选中单元为止所需的全部时间。

存取周期（Memory Cycle Time）是指存储器进行连接两次独立的存储器操作（读或写）所需的最小间隔时间。通常存取周期大于存取时间。现代 MOS 存储器的存取周期可达 100ns，双极型 TTL 存储器的存取周期接近于 10ns。

（三）存储器带宽

存储器带宽是单位时间里存储器所存取的信息量，通常以位/秒（bit/s）或字节/秒

(B/s) 为单位来表示。例如存取周期为 500ns，每个存取周期可访问 16 位，则它有带宽为 32Mbit/s。带宽是衡量数据传输速率的重要技术指标。

第三节　半导体随机读写存储器

半导体存储器根据器件原理分为双极型半导体存储器和 MOS 半导体存储器两种；根据存储原理则可分为静态存储器和动态存储器。半导体存储器的主要优点是存取速度快、存储体积小、可靠性高、价格低廉；主要缺点是断电时读/写存储器不能保存信息。

按信息存储方式分，半导体存储器分为读/写存储器（RAM）和只读存储器（ROM），本节介绍 MOS 工艺的半导体读/写存储器。

一、静态 MOS 存储器（SRAM）

（一）基本存储元

基本存储元是组成存储器的基础和核心，它用来存储一位二进制信息“0”或“1”。一个存储元存储一位二进制代码，如果一个存储单元为 n 位，则需要 n 个存储元才能组成一个存储单元。

六管静态 MOS 存储单元的电路如图 3-4 所示，图 3-4 中，$VT_1 \sim VT_6$ 组成一个静态存储元。VT_1 和 VT_2 为工作管，VT_3 和 VT_4 为负载管，$VT_1 \sim VT_4$ 组成两个反相器，它们是交叉耦合而成的 RS 触发器，VT_5 和 VT_6 是两个控制门管，由字线 Z 控制它们的通断。当字线 Z 为高电平时，VT_5 与 VT_6 导通，通过一组位线 W、$\overline{W}$可对双稳态电路进行读写操作；当字线 Z 为低电平时，VT_5 和 VT_6 断开，位线脱离，使双稳态电路进入保持状态。

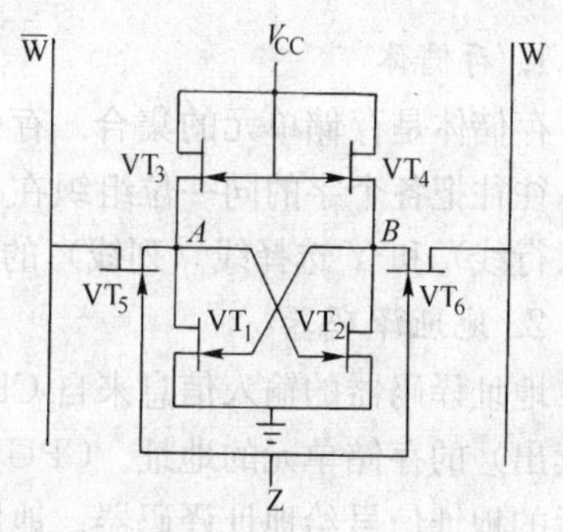

图 3-4　六管静态 MOS 存储单元电路图

定义：若 VT_1 导通而 VT_2 截止，存入信息为“0”，若 VT_1 截止而 VT_2 导通，存入信息为“1”。

(1) 保持　当字线 Z 为低电平，VT_5 和 VT_6 断开，位线与双稳态电路隔离，双稳态依靠自身的交叉反馈保持原有状态不变。

(2) 写入　字线 Z 上加高电平，使 VT_5 和 VT_6 都导通。若写入“0”：$\overline{W}$线加低电平，W 加高电平，$\overline{W}$通过 VT_5 使而 A 点的结电容放电，A 点变为低电平，使 VT_2 截止；而 W 通过 VT_6 对 B 点结电容充电至高电平，使 VT_1 导通，交叉反馈将加快这一状态的变化。若写入“1”：$\overline{W}$线加高电平，W 加低电平，W 通过 VT_6 使 B 点结电容放电至低电平，使 VT_1 截止，而$\overline{W}$通过 VT_5 对 A 点结电容充电至高电平，使 VT_2 导通。

(3) 读出　两根位线 W 和$\overline{W}$充电至高电平，充电所形成的电平是可浮动的，可随充放电而变，然后对字线加正脉冲，于是 VT_5 和 VT_6 导通。如果原存信息“0”，即 VT_1 导通，字线 Z 为高后，$\overline{W}$将通过 VT_5 和 VT_1，形成放电回路，有电流经$\overline{W}$线流入 VT_1，经放大为“0”信号，表明原存信息为“0”，此时 VT_2 截止，所以 W 上无电流。如果原存信息“1”，即 VT_2 导通，则读出时 W 将通过 VT_6、VT_2 对地放电，W 上有电流，经放大为“1”信号，表明原存信息为“1”，此时因 VT_1 截止，所以$\overline{W}$上无电流。总之，$\overline{W}$上有电流为“0”，

W 上有电流为“1”，上述读出过程并不改变双稳态电路原有状态，属于非破坏性读出。

（二）静态 MOS 存储器的组成

一个静态 MOS 存储器由存储体、读/写电路、地址译码电路、驱动器和控制电路等组成、如图 3-5 所示。

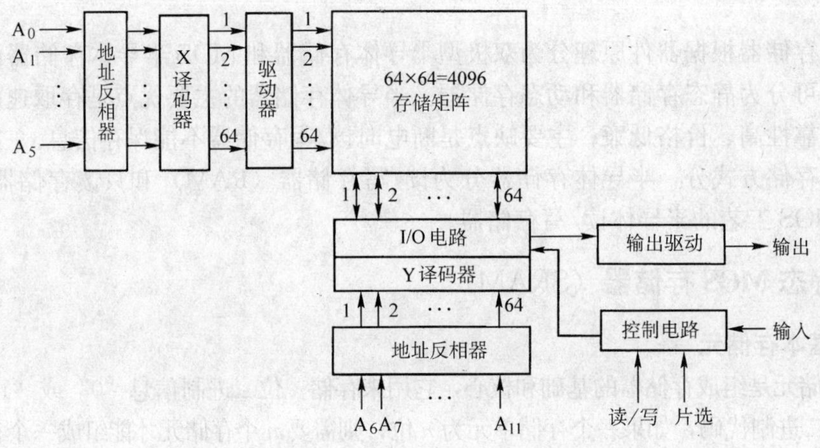

图 3-5　静态 MOS 存储器结构

1. 存储体

存储体是存储单元的集合。存储体中的存储元排列成阵列形式，在较大容量的存储器中，往往把各个字的同一位组织在一个集成片中。3-5 图是一个 64×64 的矩阵，由 X 选择线（行线）和 Y 选择线（列线）的交叉来选择所需要的单元。

2. 地址译码器

地址译码器的输入信息来自 CPU 的地址寄存器。地址寄存器用来存放所要访问（写入或读出）的存储单元的地址。CPU 要选择某一存储单元，就在地址总线 $A_0 \sim A_{11}$ 上输出此单元的地址信号给地址译码器。地址译码器把用二进制代码表示的地址转换成输出端的高电位，用来驱动相应的读写电路，以便选择所要访问的存储单元。

地址译码有两种方式：一种是单译码方式，适用于小容量的存储器；一种是双译码方式，适用于大容量的存储器。

单译码结构也称为字结构。在这种方式中，地址译码器只有一个，译码器的输出叫字选线，而字选线选择每个字（某存储单元）的所有位。例如，地址输入线 $n=4$，经地址译码器译码，可译出 $2^4=16$ 根字选线，分别对应 16 个字地址。

为了节省驱动电路，存储器中通常采用双译码结构。采用双译码结构，可以减少选择线的数目。在这种译码方式中，地址译码器分成 X 向和 Y 向两个译码器，若每一个有 $n/2$ 个输入端，它可以译出 $2^{n/2}$ 个输出状态，那么两个译码器交叉译码的结果，共可译出 $2^{n/2} \times 2^{n/2} = 2^n$ 个输出状态，其中 n 为地址输入量的二进制位数，但此时译码输出线却只有 $2 \times 2^{n/2}$ 根。例如 $n=12$，双译码输出状态为 $2^{12}=4\,096$ 个，而译码线仅只有 $2 \times 2^6=128$ 根。

采用双译码结构，可将 4 096 个字排成 64×64 的矩阵，它需要 12 根地址线 $A_0 \sim A_{11}$，其中 $A_0 \sim A_5$ 输入至 X 译码器，它输出 64 条选择线，分别选择 0～63 行；$A_6 \sim A_{11}$ 输入至 Y 译码器，它也输出 64 条选择线，分别选择 0～63 列；控制各列的位线控制门。例如，输入地址为 000000000000，X 方向由 $A_0 \sim A_5$ 输入，译码选中了第一行，则 X_0 为高电平，因而其控制的 64 个存储元分别与各自的位线相连，但能否与输入/输出线接通，还要受各列的位线控制门控制。在 $A_6 \sim A_{11}$ 全为 0 时，Y_0 为高电平，从而选中第一列，第一列的位线控制门打开，故最后译码的结果选中了左上角的（0，0）这个存储单元。

3. 驱动器

由于在双译码结构中，一条 X 方向选择线要控制挂在其上的所有存储元电路，例如，在存储阵列 64×64 中要控制 64 个电路，故其所带的电容负载很大，为此，需要在译码器输出后加驱动器，由驱动器驱动挂在各条 X 方向选择线上所有存储元电路。

4. I/O 电路

I/O 电路处于数据总线和被选用的单元之间，用以控制被选中的单元读出或写入，并具有信息放大的作用。

5. 片选与读/写控制电路

目前每一个集成片的存储容量终究是有限的，所以需要一定数量的片子按一定方式进行连接后才能组成一个完整的存储器。在地址选择时，首先要选片。通常用地址译码器的输出和一些控制信号（如读/写命令）来形成片选信号。只有当片选信号有效时，才能选中每一片，此片所连的地址线才有效，这样才能对这一片上的存储元进行读/写操作。至于是读还是写，取决于中央处理器所给的命令是读命令还是写命令。

6. 输出驱动电路

为了扩展存储器的容量，常需要将几个集成片的数据线并联使用；另外存储器的读出数据或写入数据都放在双向的数据总线上，这就用到三状态输出缓冲器。

二、动态 MOS 存储器（DRAM）

在六管静态 MOS 存储单元中，电源 V_{CC} 通过 VT_3、VT_4 使 VT_1、VT_2 栅极电容所存储的电荷保持稳定。由于 MOS 的栅极电阻很高，故 VT_1、VT_2 的泄漏电流很小，即使没有 VT_3、VT_4 供电，栅极电容电荷也能维持一定的时间。为了减少 MOS 管以提高集成度，VT_3 和 VT_4 可以省去，用电容 C_1 和 C_2 代替，但是时间过长其电荷会泄放而将原存信息丢失，为此，经过一定时间间隔后，就必须对存储单元内容重新写入一遍，称为刷新。将这种对所存信息进行不断定时刷新的 MOS 存储单元，称为动态 MOS 存储单元。

（一）四管动态 MOS 存储元

如图 3-6 所示，VT_3、VT_4 既是读写操作控制门又是负载管。在四管动态单元里，二进制代码“0”和“1”是以电荷形式存储在 VT_1、VT_2 的栅极电容 C_1、C_2 上的。现定义：当 C_1 上充有电荷，而 C_2 无电荷时，该单元存“1”信息；当 C_1 无电荷，而 C_2 上充有电荷时，该单元存“0”信息。

写入信息时，字线 Z 上加高电平，VT_3、VT_4 导通。如果写入“0”，$\overline{W}$线为高电平（W 线为低电平），通过 VT_3 对 C_2 充电至高电平，C_1 通过 VT_2、VT_4 放电，使 C_1 上没有电荷。如果写入“1”，W 线为高电平（$\overline{W}$线为低电平），通过 VT_4 对 C_1 充电至高电平，C_2 通过 VT_1、VT_3 放电，使 C_2 上没有电荷。

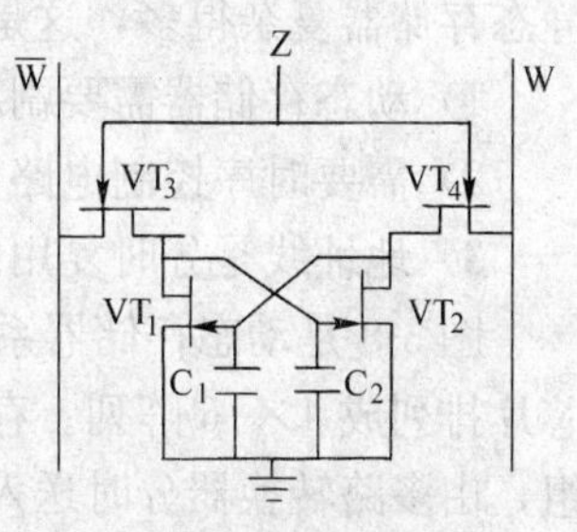

图 3-6　四管动态 MOS 存储元电路

读出时，先使两根位线/读出线保持在高电平，再在字线 Z

上加高电平，此时，VT_3、VT_4 导通，如果该单元原存信息“0”，即 C_1 无电荷，C_2 有电荷，同时 VT_2 是导通的，则在 W 线上有电流；如果该单元原存信息“1”，即 C_2 无电荷，C_1 有电荷，同时 VT_1 是导通的，则在$\overline{W}$线上有电流。所以，根据两根位线/读出线 W 和$\overline{W}$上的电流有无，作为读出放大器的输入，而读出放大器的输出则分别表示“0”或“1”信息。

由上述可以得出，动态四管 MOS 存储元是非破坏性读出，只要读/写控制门 VT_3、VT_4 的跨导比 VT_1、VT_2 小，并且读电流也不太大时，一般不会改变存储元的所存信息。但是，MOS 管的栅极对地总有泄漏电流的存在，即使电流很小，其 C_1 和 C_2 上的电荷也不会永久不变，因此，为了维持 C_1 和 C_2 上的存储电荷稳定不变，必须进行定时刷新工作。刷新需要时间，也需要外围电路的支持。四管动态存储元比六管静态存储元少两个管子，占集成面积少，且功耗较小，速度较快，易提高集成度。但是 C_1 和 C_2 两个电容，总是一个有电荷，另一个无电荷，从而为了提高集成度，就出现了单管动态 MOS 存储电路。

（二）单管动态 MOS 存储元

单管动态 MOS 存储元是最简单的存储元结构，只有一个 MOS 管和一个电容组成，如图 3-7 所示。电容 C 用来存储电荷，当电容 C 上充电到高电平，存入信息为“1”；当电容 C 上放电到低电平，存入信息为“0”。控制管 VT 由字线 Z 控制，实现读写操作。

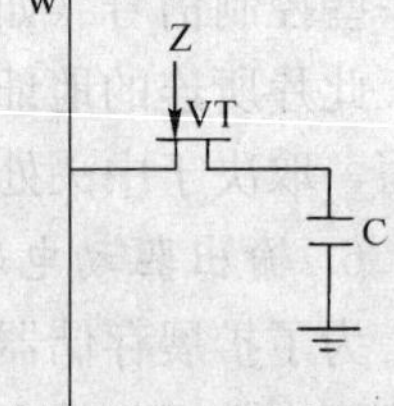

图 3-7 单管动态 MOS 存储元电路

无论是读出还是写入，在字线 Z 上都加入高电平使管子导通。写“1”时，位线/读出线 W 为高电平，经 VT 对电容 C 充电，C 上便有电荷；写“0”时，位线/读出线 W 为低电平，电容 C 经 VT 放电，C 上便无电荷。读“1”时，则电容 C 上的电荷经位线/读出线 W 向读出放大器泄放，使读出放大器有输出信号，此信号便为读“1”信息；读“0”时，C 上无电荷，亦没有读出电流，于是读出放大器也没有信号输出，即为读“0”信号。

很明显，这种单元的“1”信号读出后，电容 C 上的电荷已泄放完，所以是破坏性读出。为了恢复原来的信息，在读操作之后，必须按照读出的信息值进行一次写入操作，这称为再生。由于需要再生操作，单管动态存储器的外围电路比较复杂，而且由于读出信号小，对读出放大器要求很高，但是它的单元电路所用元件少，容易取得较高的位密度，所以目前大容量 RAM 芯片大多采用单管电路，是大规模和超大规模随机存储器发展的主要形式。

（三）动态 MOS 存储器组成

动态存储器的组成方法，与静态存储器的组成方法基本相同，但其外围电路的组织要比静态存储器复杂得多，这是因为：

1）动态存储器需要刷新电路。

2）需要时序控制电路协调读/写周期的各个操作。

3）地址线是分时复用的，行地址和列地址由多路转换电路按一定的时序送入。

图 3-8 是动态存储器系统组成示意图。总容量为 256KB×16 位，用 64 块 64KB×1 位的芯片排列成 4×16 阵列。存储器系统共有 18 根地址线 A_{17}～A_0，其中 16 根分成行、列两组，由多路转换器分时送入阵列中的每块芯片，另两根经译码输出 4 根选择线，分接 4 组芯片的片选端；16 根数据线 D_{15}～D_0 是双向的；1 根读/写控制线；存储器系统按异步方式工作，存储器请求（MREQ）和存储器功能完成（MFC）是异步方式通信控制线。

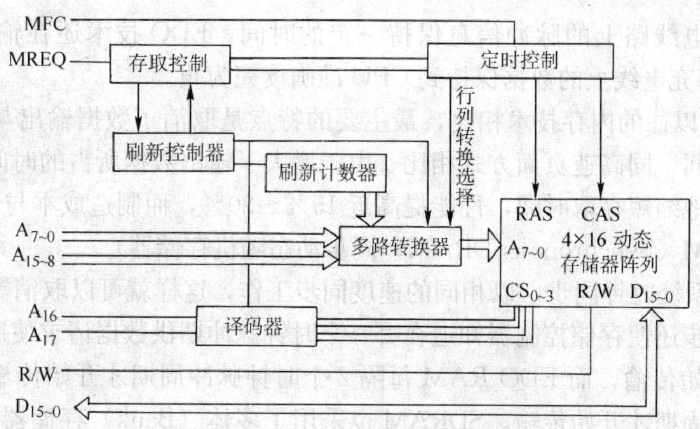

图 3-8　256KB×16 动态存储器组

三、DRAM 的研制与发展

近年来，开展了基于 DRAM 结构的研究和发展工作，DRAM 的技术、性能及容量等随着 CPU 的更新而不断更新与提高，以适应更快、更好的 CPU 运行的需要。

从接口形式上分，DRAM 有早期使用的 DIP（Double In line Package，双列直插式封装）RAM，后采用 30 线与 72 线的 SIMM（Single In line Memory Module，单列直插内存模块）RAM，目前多采用 DIMM（Dual In line Memory Module，双列直插式存储模块）RAM，SDRAM 为 168 线 DIMM 结构，DDR 为 184 线 DIMM 结构，到现在 DDR2 和 DDR3 采用的 240 线 DIMM 结构，支持 DDR DIMM 内存的主板开始提供双通道内存插槽。

DRAM 内存条的工作频率：168 线 DIMM 的内存可为 60/67/75/83MHz；DDR 等效频率为 200～600MHz；DDR2 等效频率为 400～1 200MHz，而新近推出 DDR3 的等效频率为 800～2 400MHz。下面对 DRAM 进行简单的介绍。

（一）FPM RAM（Fast Page Mode RAM，快速页面式存储器）

FPM RAM（快页 RAM）是较早在微机中普遍使用的内存，它每 3 个时钟脉冲周期传送一次数据。

（二）EDRAM（增强型 DRAM）

EDRAM（增强型 DRAM）改进了 CMOS 制造工艺，使晶体管开关加速，其结果使 EDRAM 的存取时间和周期时间比普通的 DRAM 减少一半，而且在 EDRAM 的芯片中还集成了小容量的 SRAM cache。例如，在 4Mbit（1M×4 位）EDRAM 芯片中，内含 4Mbit DRAM 和 2Kbit（512×4 位）SRAM cache。4Mbit（1M×4 位）DRAM 的访问地址为 20 位，其中 11 位为行地址，9 位为列地址，片内的 SRAM 与 DRAM 之间的总线宽度为 265 字节（2Kbit），因此在 SRAM 中保存的是最后一次读操作所在行的全部内容（2^9×4 位，即 512×4 位），如果下次访问的是该行内容，则可直接访问快速 SRAM cache。

（三）EDO RAM（Extended Data Out RAM，扩展数据输出存储器）

EDO 技术只需在普通 DRAM 的接口上增加了一些逻辑电路，以减少定位读取数据时的延时，从而提高了数据的存取速度。通常被读取的指令或数据在 RAM 中是连续存放的，即下一个要读/写的单元位于当前单元同一行的下一列上。所以在读/写的单元的周期中，就可以初始化下一个读/写周期，EDO 技术正是利用这一地址预测功能，从而缩短读/写周期。

另外，为了使充电线路上的脉冲信息保持一定的时间，EDO 技术还在输出端增加了一组“门槛”电路，将充电线上的数据保持到 CPU 准确读完为止。

EDO 技术与以往的内存技术相比，最主要的特点是取消了数据输出与传输两个存储周期之间的间隔时间。同高速页面方式相比，由于增大了输出数据所占的时间比例，在大量存取操作时可极大地缩短存取时间，性能提高近 15%～30%，而制造成本与快页 RAM 相近。

（四）SDRAM（Synchronous DRAM，同步动态随机存储器）

此 RAM 与系统时钟同步，以相同的速度同步工作，这样就可以取消等待周期，减少数据存储时间。同步还使存储控制器知道在哪一个时钟脉冲期供数据请求使用，因此数据可在脉冲上升沿便开始传输，而 EDO RAM 每隔 2 个时钟脉冲周期才开始传输，FPM RAM 每隔 3 个时钟脉冲周期才开始传输。SDRAM 也采用了多体（Bank）存储器结构和突发模式，能传输一整块而不是一段数据。

由于 SDRMA 性能比 EDO 内存提高 50%，是同 CPU 定时同步的 DRAM 技术，它可以以高达 100MHz 的速度传递数据，是标准 DRAM 的 4 倍。

（五）DDR/DDR2/DDR3　SDRAM

DDR/DDR2/DDR3 都是利用外部时钟脉冲的上升沿和下降沿两次传输数据，都采用了延时锁定环（Delay Locked Loop）来处理外部时钟，以保证数据选通的精确定时。

DDR（Double Data Rate，双倍数据速率），其核心以 SDRAM 为基础，但在速度和容量上有明显提高。与 SDRAM 相比，DDR 运用了更先进的同步电路，使指定地址、数据的输送和输出主要步骤既独立执行，又保持与 CPU 完全同步。DDR 使用了 DLL（Delay Locked Loop，延时锁定回路）技术，它允许在时钟脉冲的上升沿和下降沿读出数据，本质上不需要提高时钟频率就能加倍提高 SDRAM 的速度，因而其速度是标准 SDRAM 的两倍。

DDR2 内存可以看做是 DDR 内存的一种升级和扩展，也是采用了在时钟的上升沿/下降沿同时进行数据传输的基本方式，但 DDR2 内存却拥有两倍于上一代 DDR 内存预读取能力（即 4bit 数据读预取）。换句话说，DDR2 内存每个时钟能够以 4 倍外部总线的速度读/写数据，并且能够以内部控制总线 4 倍的速度运行。

DDR3 内存可以看做是 DDR2 的改进版，同样使用 DLL 技术，通过 8bit 数据读预取，使它拥有两倍于 DDR2 内存预读取能力。DDR3 内存每个时钟能够以 8 倍外部总线的速度读/写数据，并且能够以内部控制总线 8 倍的速度运行。

（六）CDRAM（Cached DRAM，带高速缓存随机存储器）

此项技术把高速的 SRAM 存储单元集成至 DRAM 芯片中，作为 DRAM 内部的缓存，其两个存储单元间通过内部总线相连。

CDRAM 还可用做缓冲器支持数据块的串行传送。例如，用于显示屏幕的刷新，CDRAM 可将数据从 DRAM 预取到 SRAM 中，然后由 SRAM 传送到显示器。

（七）SLDRAM（Sync Link DRAM，同步链接动态随机存储器）

SLDRAM 是一种增强和扩展的 SDRAM 架构，它较当前的 4 体（Bank）结构扩展到 16 体，并增加了新接口和控制逻辑电路，同 SDRAM 一样使用每个脉冲前沿传输数据，今天已被 DDR2 技术淘汰。

（八）RDRAM（Rambus DRAM）

由 Rambus 公司开发的具有系统带宽、芯片到芯片接口设计的新型高性能 DRAM，它采用了串行的数据传输模式，能在很高的频率范围下通过一个简单的总线传输数据，数据传输速度为 1.6Gbit/s。

由于利用行缓冲器作为高速暂存，故能够以高速方式工作。普通的 DRAM 行缓冲器的信息在写回存储器后便不再保留，而 RDRAM 则具有继续保持这一信息的特性，于是在进行存储器访问时，若行缓冲器中已经有目标数据，则可利用，因而实现了高速访问。另外其可把数据集中起来以分组的形式传送，所以只要最初用 24 个时钟，以后便可每 1 时钟读出 1B。一次访问所能读出的数据长度可以达到 256B。

另外，还有 PC100SDRAM Direct RDRAM、IRAM、ASIC RAM 等 DRAM 芯片。

第四节　非易失性半导体存储器

前面介绍的 DRAM 和 SRAM 均为可任意读/写的随机存储器，当停电时，所存储的内容立即消失，所以属于易失性存储器。下面介绍的半导体存储器，即使停电，所存储的内容也不会丢失，所以属于非易失性存储器。根据半导体制造工艺的不同，可分为 MROM、PROM、EPROM、EEPROM 和 Flash Memory。

一、掩膜式只读存储器（MROM）

图 3-9 是 MROM 的基本结构原理。MROM 中的信息是在制造过程中写入的。在没有管子的地方，实际上也做了一个管子，这是为了制造方便，只不过在第二次光刻（掩膜）时使其栅极上形成较厚的栅氧化层，而不能导通，像没有管子一样。而有管子的地方，其栅氧化层很薄，在栅极上加上控制信号就能使它导电。MROM 一般用于存放固定程序且生产批量较大的产品。

二、可编程只读存储器（PROM）

PROM 是由用户在使用前根据自己的需要一次性写入信息，写入后只能读出、不能修改的存储器。它有多种形式，一种是用熔丝构成的电路，如图 3-10 所示。制造时，在管子与位线之间接入一个熔丝，该电路存储信息“1”。出厂时，所有位存储的信息都是“1”。当用户要使电路存储“0”时，可用大电流通过电路，使熔丝烧断。熔丝一旦烧断就不可恢复，因此写入信息是一次性的。

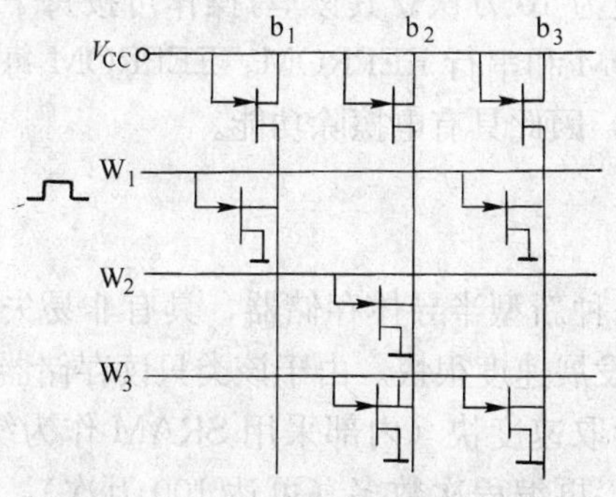

图 3-9　掩膜式只读存储器 MROM

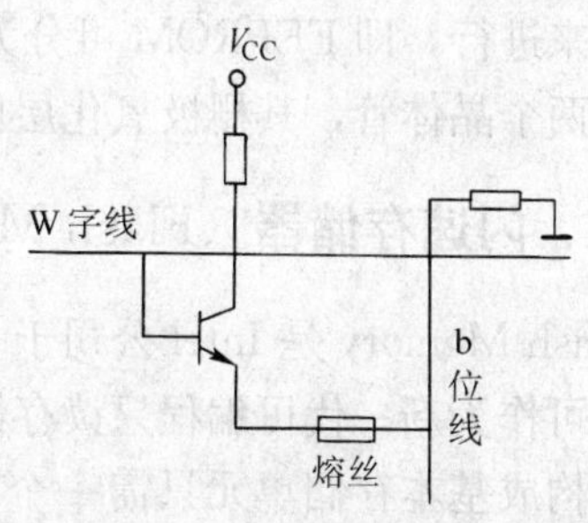

图 3-10　熔丝式 PROM

三、可擦除可编程只读存储器（EPROM）

PROM 虽然可由用户编程，但只能有一次写入的机会，一旦编程之后，就如掩膜式 ROM 一样，其内容不能再改变。EPROM 可由用户重复多次编程，适合于系统开发时使用。图 3-11 是一个 P 沟道的 MOS 管的 EPROM 电路。

通常，浮栅上是不带电的，所以源极 S 与漏极 D 之间没有导电沟道，管子处于截止状态。当源极 S 的衬底接地，而漏极加一定的负电压（约为 －30V）后，首先在漏极引起雪崩击穿，产生高能电子。这些高能电子在强电场中从 P^+ 向外高速射击，由于速度很快，就有一定数量的电子透过氧化层到达浮栅上，使浮栅上带负电荷。而浮栅上负电荷的存在等效于栅极加上负电压，使源、漏极之间形成一层正电荷的导电沟道，于是管子处于导通状态。

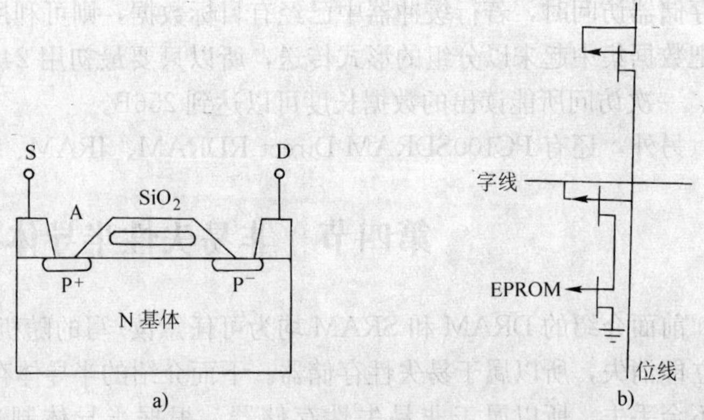

图 3-11　P 沟道 EPROM 结构示意图

由于浮栅被 SiO_2 包围，上面的电子克服不了浮栅与 SiO_2 之间的势垒，因而这些电荷极不容易泄放，源、漏极之间的沟道也就成为永久性的了。理论分析和实验结果表明，电荷的存储时间与温度有关，在 125℃时衰减时间是 10 年，70℃时是 100 年。可见在常温下不必担心信息的丢失问题。

要消除浮栅上的电荷，可通过向浮栅注入相反电荷的方法，把浮栅上的电荷中和掉。此外，更常用的是用紫外线（或 X 射线）照射，使浮栅上的电子获得较高的能量，克服上述势垒而泄放，这就是擦洗过程。擦洗后的 EPROM 芯片又可重新写入信息。

四、电擦除可编程只读存储器（EEPROM）

EEPROM 是一种可用电擦除和编程的只读存储器。它既能像 RAM 那样随机地进行改写，又能像 ROM 那样在掉电的情况下非易失地保存数据，可作为系统中可靠保存数据的存储器。EEPROM 重复改写的次数是有限的，一般为 10 万次。其读/写操作可按每个位或每个字节来进行，即 EEPROM 可分为并行 EEPROM 和串行 EEPROM。EEPROM 每个存储元采用两个晶体管，其栅极氧化层比 EPROM 薄，因此具有电擦除功能。

五、闪速存储器（Flash Memory）

Flash Memory 是 Intel 公司于 1988 推出的一种新型半导体存储器，具有非易失存储的特性，可作为新一代可编程只读存储器，近年来发展速度很快。由于该类只读存储器的集成度高（构成基本存储单元只需一个 MOS 管）、读取速度快（内部采用 SRAM 作为缓冲器，其速度接近 EDO 类型的动态 RAM）、单一供电、再编程次数多（可达 100 万次），可以保存 100 年而不丢失，所以得到了广泛的应用。

目前较为通用的闪速存储器体系结构有 3 种：NOR 结构、ETOX 结构和 NAND 结构。其中 Intel 公司提出的基于 ERPROM 隧道氧化层的 ETOX（ERPON Tunnel Oxide）最为简单、实用。这里就以 ETOX 结构为例介绍闪速存储器的构成原理。

这种结构的基本存储单元由一个 MOS 管构成，该管的模式如图 3-12 所示。它是在 EPROM 与 EEPROM 基础上发展起来的，它与 EPROM 一样，通过浮栅有无电荷来存储不同信息的。若浮栅上保存有电荷，则在源极与漏极之间形成导电沟道，为一种稳定状态，可以认为该单元电路保存“0”信息；若浮栅上没有电荷存在，则在源极与漏极之间无法形成导电沟道，为另一种稳定状态，可以认为该单元电路保存“1”信息。

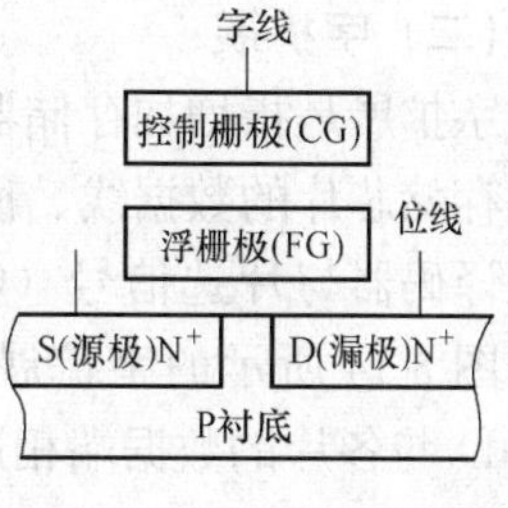

图 3-12　Flash 存储单元构造

写入在控制栅上施加足够高的正电压 U_{sg}（＋12V），在漏极上施加比 U_{sg} 稍低的电压 U_{sd}（＋7V），源极接地，则来自源极的电荷向浮栅扩散，使浮栅上带上电荷，在源极与漏极之间形成一个导电沟道，写入过程称为对 Flash 编程。进行正常的读取操作时只要撤销 U_{sg}，加一个适当的 U_{sd} 即可。

擦除时，在控制栅上施加负的高电压，在源极接正的低电压，而漏极浮空。由于控制栅和浮栅的电容效应，使浮栅感应为正电动势，因此在浮栅与源极之间形成强电场，在其作用下，浮栅上的电荷越过氧化层势垒进入源极区。这样，源极和漏极之间无法形成导电沟道。由于闪速存储器所有单元的源极是连接在一起，因此，不能按字节擦除，只能进行全片擦除或分区擦除。

第五节　主存储器的控制与组成

半导体存储器的读/写时间一般在十几至几百纳秒之间，其芯片集成度高、体积小，片内还包含有译码器和寄存器等电路。常用的半导体存储器芯片有多字一位和多字多位（4 位，8 位）片，如 16M 位容量的芯片可以有 16M×1 和 4M×4 位等种类。

一、存储器容量的扩充

目前生产的存储器芯片的容量是有限的，它在字数或字长方面与实际存储器的要求都有很大的差距，所以需要在字向和位向两方面进行扩充才能满足实际存储器的容量要求。

（一）位扩展法

位扩展是指用多个存储器芯片对字长进行扩充，字不变。位扩展的操作是将参与位扩展的存储芯片的片选信号（$\overline{CS}$），读/写控制信号（$R/\overline{W}$）和地址线分别连接在一起，不同存储芯片的数据端分别引出。

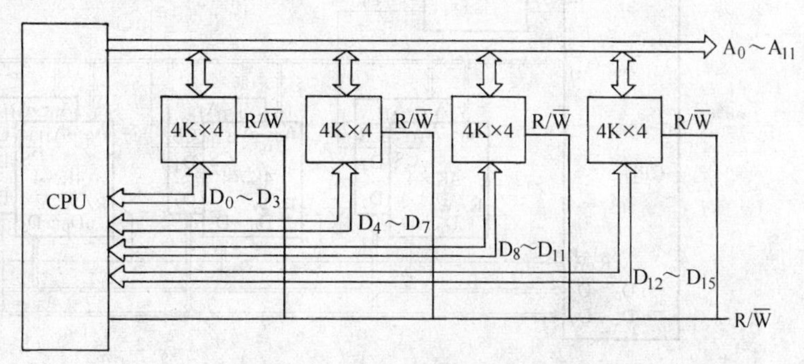

图 3-13　位扩展法组成 4K×16RAM

假定使用 4K × 4 的

RAM 存储器芯片，那么组成 4K×16 位的存储器，可采用图 3-13 所示的位扩展法。地址线（A_0～A_{11}）和读/写控制信号分别接在一起。4K×4 变成 4K×16，每一片对应 4 位数据线，故只需将它们分别接到数据总线上 D_0～D_3、D_4～D_7、D_8～D_{11}、D_{12}～D_{15}上即可。片选输入端（$\overline{CS}$）直接接地。

（二）字扩展

字扩展是指增加存储器中字的数量，即存储器的寻址空间。字扩展的设计是将参与字扩展的存储芯片的数据线、读/写控制信号（R/$\overline{W}$）和低位地址线分别连接在一起，高位地址线经译码器与片选信号（$\overline{CS}$）相连，从而根据地址的范围选择不同存储芯片进行读/写操作。图 3-14 所示的字扩展存储器是用 4 个 4K×4 位芯片组成 16K×4 位存储器。数据线 D_0～D_3与各片的数据端相连，地址总线低位地址 A_0～A_{11}与各芯片的 12 位地址端相连，而两位高位地址 A_{12}、A_{13}经过译码器和 4 个片选端相连。

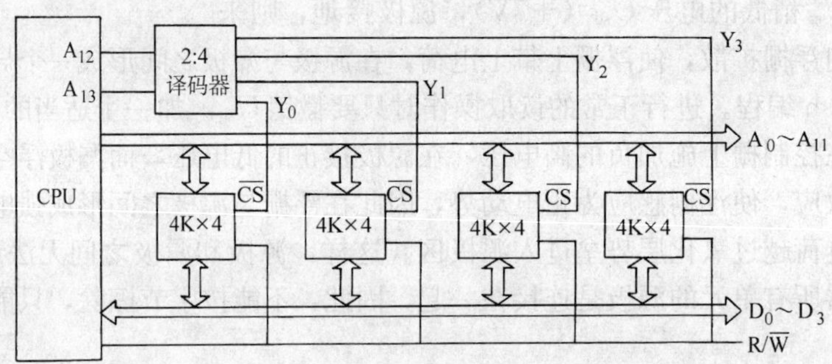

图 3-14　字扩展法组成 16K×4 位 RAM

（三）字位同时扩展法

实际存储器往往需要字向和位向同时扩充。假定一个存储器容量为 $M\times N$ 位，若使用 $L\times K$ 位的芯片，需要在字向和位向同时进行扩展，此时共需要$(M/L)\times(N/K)$个存储器芯片。图 3-15 所示，就是由 8 个 4K×4 位的芯片组成 16K×8 位的存储器。可以这样分析，先由 2 个 4K×4 位的芯片组成 4K×8 位的芯片，再由 4 组 4K×8 位的芯片组成 16K×8 位的存储器。

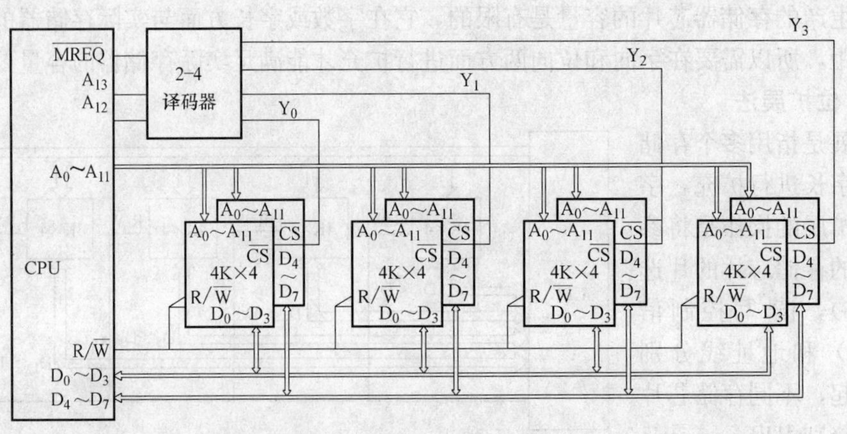

图 3-15　字位同时扩展组成 16K×8 位

（四）主存储器与 CPU 的连接

建议主存储器与 CPU 的设计步骤如下：

1）根据 CPU 芯片提供的地址线数目，确定 CPU 访问的地址范围，并写出相应的二进制地址码。

2）根据地址范围涵盖的容量，确定各种类型存储器芯片的数目和扩展方法。

3）分配 CPU 地址线，CPU 芯片提供的地址线数目是一定的，且大于存储芯片的提供的地址线数量。对每一个存储芯片，CPU 芯片地址线的低若干位直接连接存储芯片的地址线，这些地址线的数量刚好等于存储芯片提供的地址线数量。剩下的 CPU 高若干位芯片地址线（对于不同的存储器芯片而言，其数目是不同的）都参与形成存储器芯片的片选信号。

4）连接数据线，$R/\overline{W}$等其他信号线，$\overline{MREQ}$信号一般可用做地址译码器的使能信号。

例 3-1　某 8位机采用单总线结构，地址总线 16 根（A_{15}～A_0，A_0 为低位），双向数据总线 8 根（D_7～D_0），控制总线与主存有关的$\overline{MREQ}$（允许访问，低电平有效），$R/\overline{W}$（高电平为读命令，低电平为写命令）。

主存地址空间分配如下：0～8191 为系统程序区，由只读存储器芯片组成；8192～32767 为用户程序区；最后（最大地址）2K 地址空间为系统程序工作区，上述地址为十进制，按字节编址，现有以下存储器芯片。

ROM：8K×8 位（控制端仅有$\overline{CS}$）。

RAM（静态）：16K×1 位，2K×8 位，4K×8 位，8K×8 位。

（1）请从上述芯片中选择适当的芯片及个数。

（2）若选片逻辑采用门电路和 3∶8 译码器 74LS138 实现，请写出地址译码方案。

（3）画出主存储器与 CPU 的连接图。

解：（1）根据给定条件，选用

ROM：8K×8 位芯片 1 片。

RAM：8K×8 位芯片 3 片，2K×8 芯片 1 片。

（2）主存地址空间分布如图 3-16 所示。

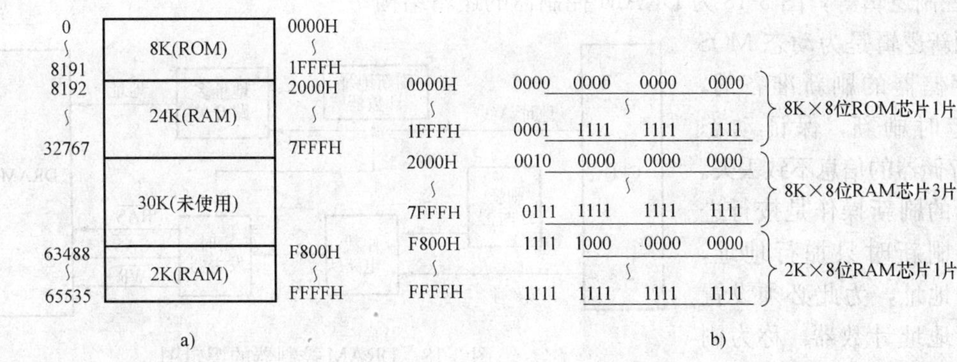

图 3-16　主存地址空间分布图

a）主存地址空间分布　b）芯片地址分析

下面分析每个芯片的地址与主存地址空间分布的特点。

图 3-16b 中有下画线的二进制地址位，表示可直接连接在芯片的地址引脚上，未加下画线

的二进制地址位是芯片选择的特征信息。由芯片选择的特征信息可分析出地址译码方案如下。

将 CPU 发出地址的高 3 位 A_{15}、A_{14}、A_{13} 经 74LS138 译码后实现片选，具体连接如下：

让 Y_0 连接 8K×8 位 ROM 的 $\overline{CS}$；让 Y_1、Y_2、Y_3 连接 3 组 8K×8 位 RAM 的 $\overline{CS}$；由于 2K×8 的芯片只 11 位地址线，要与 16 位地址线相连，还需加门电路译码才能与片选相连（即让 $\overline{\overline{Y_7}\cdot A_{11}\cdot A_{12}}$ 连接 2K×8 位 RAM 的 $\overline{CS}$）；CPU 发出的允许访存信号 $\overline{MREQ}$ 与译码器 74LS138 的其中一个使能端相连。

（3）主存储器与 CPU 连接如图 3-17 所示。

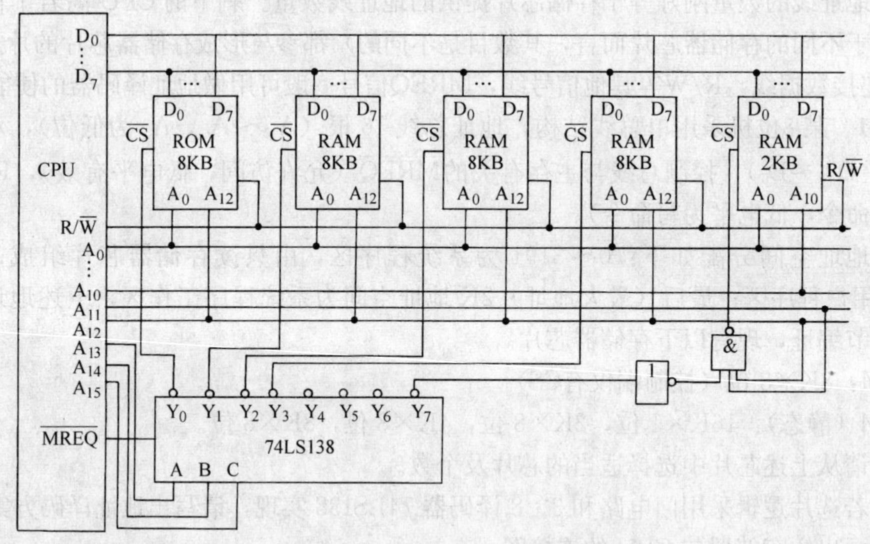

图 3-17　主存储器的组成与 CPU 连接逻辑图

二、存储控制

在存储器中，往往需要增设附加电路包括刷新计数器、刷新/访存裁决、刷新逻辑以及读/写控制逻辑等，图 3-18 为 DRAM 控制器的逻辑结构。

刷新逻辑是为动态 MOS 随机存储器的刷新准备的。通过定时刷新，保证动态 MOS 存储器的信息不致丢失。存储器的刷新操作是按行进行的。刷新时只加行地址，不加列地址，为此必须设置一个行地址计数器，称为刷新计数器。

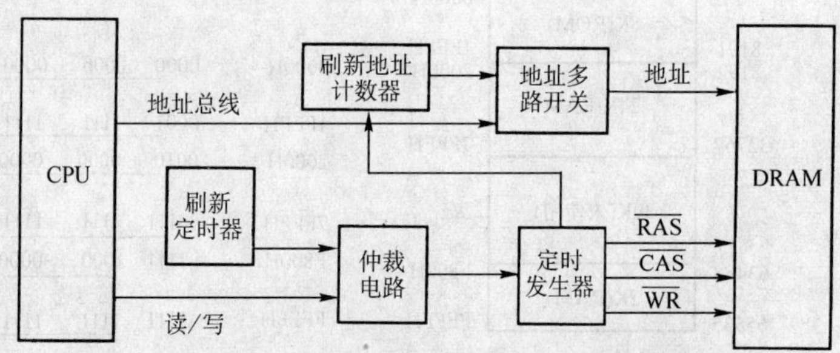

图 3-18　DRAM 控制器的逻辑图

动态 MOS 存储器采用“读写”方式进行刷新。因为在读出过程中恢复了存储单元的 MOS 栅极电容电荷，并保持原单元的内容，所以，读写过程就是再生过程。但是存储器的访问地址是随机的，不能保证所有的存储单元在一定时间内都可以通过正常的读/写操作进行刷新，因此需要专门予以考虑。

动态存储器一般要求在 2ms 内刷新一次，其刷新电路的工作方式通常有 3 种，在此仅作简单介绍。

（一）集中式刷新

按照存储器的最大允许刷新时间间隔，安排刷新周期。由刷新控制器周期地产生刷新请求信号，将存储器芯片的所有行逐个刷新一次。刷新期间 CPU 或 DMA 设备均不能访问存储器，我们把这段时间称为“死区”。死区过后，存储器才能正常使用。

例如，在上述动态存储器的 64K×1 位芯片中，存储电路并不排列成 256×256 的形式，而是排列成两个独立的 128 行×256 列的阵列，每个阵列都有自己的读/写电路。读/写时，由行地址的低 7 位同时选中两个阵列中的相应行，而由行地址的最高位从两组中选中一行。因而在刷新时，行地址的最高位可不加入，使用 7 位刷新计数器，芯片中两个阵列的相应行可同时进行刷新。现在我们来估算由于刷新造成的时间损失。设存储器存取周期为 500ns，刷新间隔为 2ms。在 2ms 内可安排 4 000 个存取周期，其中必须用 128 个周期进行刷新，使芯片中两个 128 行依次刷新一次，其余 3 872 个周期可用于正常读/写，时间分配如图 3-19 所示。容易算出，“死区”为 64μs，占整个周期的 3.2%。

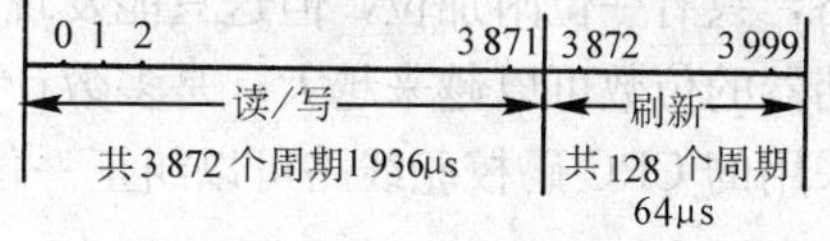

图 3-19　集中式刷新示意图

显然，当芯片容量越大，阵列中行数越多，集中刷新所造成的时间损失就越大。但这种方式由于读/写操作和刷新分开进行，在读/写期间没有刷新延迟，因而读/写时的存取速度较高。

（二）分散式刷新

在这种方式中，存储器周期被分成两个阶段，第一阶段用于正常读/写操作或处于保持状态，后一阶段进行一次刷新，如图 3-20 所示。如果芯片存取时间为 500ns，则存储器周期应为 1μs。在 2ms 内将进行 2 000 次刷新操作。

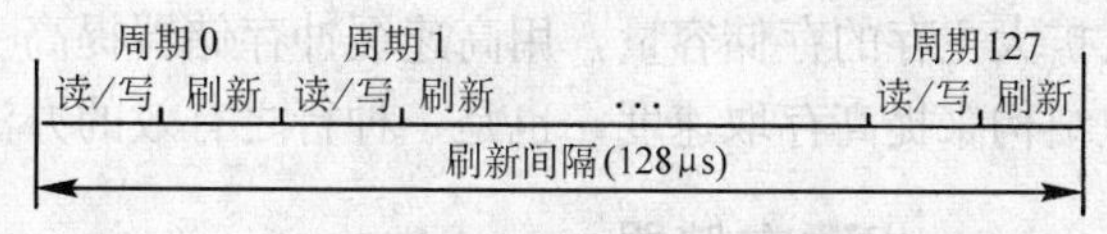

图 3-20　分散式刷新示意图

从宏观上看，分散刷新方式避免了访存操作的“死区”，提高了存储器工作的透明度。但由于刷新所造成的时间损失较大，将降低整机的运算速度。

（三）异步刷新

分散式刷新的主要问题在于没有充分利用最大允许刷新时间间隔，在上述例子中，分散刷新的时间间隔只有 128μs。如果在 2ms 内分散地把芯片各行刷新一遍，则行与行之间的刷新间隔为 2ms/128＝15.625μs。这样，可以让刷新控制电路每隔 15μs 产生一个刷新控制信号，而刷新期间封锁读/写请求，从而实现每隔 15μs 刷新一行单元的内容，如图 3-21 所示。

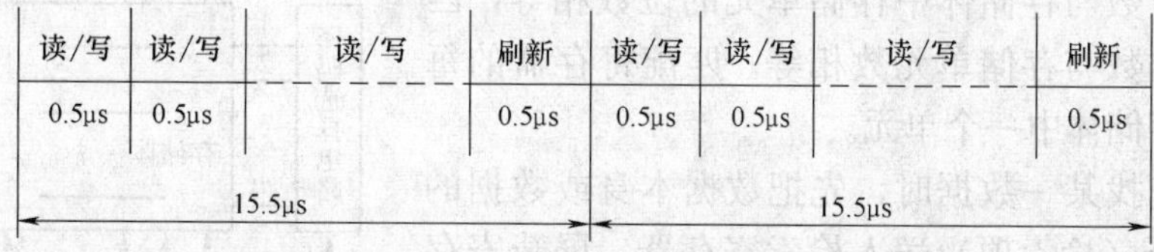

图 3-21　异步刷新示意图

异步刷新方式既避免了分散式中不必要的频繁刷新，提高了速度，又把“死区”分散，缩短了可能的访问时间延迟，因而使用较广。异步刷新方式还可以改进，采用局部不定期方式，即在一行的刷新间隔内（如 15μs 内），刷新的具体时间可以不固定，放在主机没有访问请求时进行。这就完全解决了“死区”问题，但这种方式的控制线路极其复杂。

三、存储校验线路

计算机在运行过程中，主存储器要和 CPU、各种外部设备频繁地高速交换数据。由于结构、工艺和元件质量等种种原因，数据在存储过程中有可能出错，所以，一般在主存储器中设置差错校验线路。

实现差错检测和差错校正的代价是信息冗余。信息代码在写入主存时，按一定的规则附加若干位，称为校验位。在读出时，可根据校验位和信息位的对应关系，对读出代码进行校验，以确定是否出现差错，或者是否可以纠正错误代码。早期的计算机多采用奇偶校验电路，只有一位附加位，但这只能发现一位错而不能纠正。由于大规模集成电路的发展，主存储器的位数可以越来越大，是多数计算机的存储器都有纠正错误代码的功能（ECC），一般采用的 CRC 码校验线路可以纠正一位或多位错。

第六节　高速存储器

程序和数据首先必须存储在主存储器中，才能直接被 CPU 执行和处理。随着软件规模的增大和系统性能要求的提高，要求主存的容量要大，速度要快。尽管主存的存取速度在不断的提高，但它的速度与 CPU 的速度相比仍存在较大的差距，主存的存取速度是整个计算机系统速度的瓶颈。为了解决这个瓶颈问题，存储器系统采用了层次结构，用虚拟存储器方式扩大主存的存储容量，用高速缓冲存储器提高主存的存取速度。除此以外，调整主存的组织结构来提高存取速度，也是一种行之有效的办法。本节将介绍几种高速存储器。

一、相联存储器

在计算机中，一般使用的存储器都是按地址访问的存储器，而相联存储器（CAM）是按存储内容访问的存储器。其工作方式是把存储单元所存的内容的某一部分作为检索项（也称为关键字或关键项），去检查相联存储器，直接找到该数据并将它读出。

相联存储器的逻辑结构如图 3-22 所示。它由存储体、检索寄存器、屏蔽寄存器、匹配寄存器、比较线路、数据寄存器以及控制线路组成。检索寄存器和屏蔽寄存器的位数与存储体中存储单元的位数相等，匹配寄存器的位数与存储单元数相等。匹配寄存器的每一位对应于存储体中一个单元。

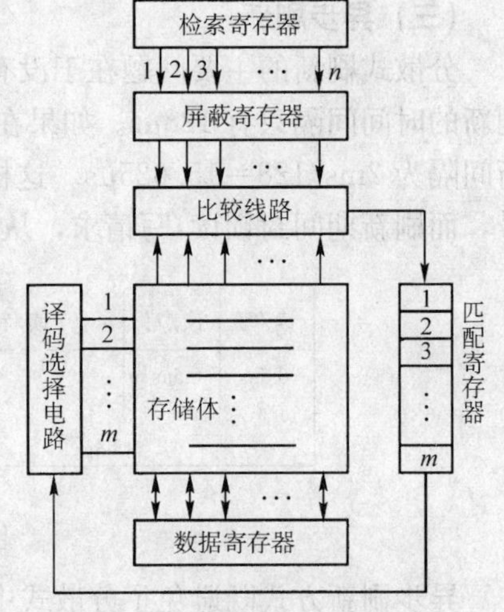

图 3-22　相联存储器的逻辑结构

当需要查找某一数据时，先把数据本身或数据的特征标志部分（检索项）送入检索寄存器。屏蔽寄存器起屏蔽作用，即当某一位为 0 时，检索寄存器中的相应位应在下面逻辑比较中不起作用，也就是说这位不参加检索，如取检索寄存器中前 8 位为检索项，则屏蔽寄存器的第 9～n 位均置 0，使检索寄存器中第 9～n 位被屏蔽，这些位将不参加对存储体中所有存储单元相应位的比较。比较线路的作用是把检索项同时和相联存储阵列中的每一个数据的相应部分进行逻辑比较，凡完全相符的，就把与该字对应的匹配寄存器相应位置“1”，表示该字就是所要查找的字。并利用这个匹配信号去控制该字单元的读/写操作，实现数据的读出或写入。数据寄存器则存放读出或要写入的数据。

由上述可知，存储体中的每个单元都应有一套比较线路，最终产生使匹配寄存器相应位置“1”的信号。设检索项的某一位为 A_i，存储阵列中某个字的对应位为 W_{ij}，屏蔽寄存器对应位为 K_i，则对应位匹配的条件为

$$X_i = A_i \cdot W_{ij} + \overline{A_i} \cdot \overline{W_{ij}} + \overline{K_i}$$

匹配寄存器相应位 M_j 为逻辑真的条件为

$$M_j = x_1 x_2 x_3 \cdots x_i \cdots x_n$$

相联存储器一般既具有按内容访问的能力，也具有按地址访问的能力，所以仍然需要地址寄存器和译码选择电路。

目前数据检索的应用十分广泛，但是由于相联存储器的结构和线路十分复杂，因而价格昂贵，目前仅用于存储管理容量不大的场合。

二、多体交叉存储器

多体交叉存储器有 3 种组成方式：单体多字方式、多体存储器方式和多体交叉方式。

（一）单体多字方式

虽然每个半导体存储芯片内部已经有了地址译码和 I/O 电路，但在并行主存系统中，仍需要增加地址译码电路用于地址锁存和片选等功能。当并行的存储器共用一套地址寄存器和地址译码器时称为单体方式，其结构原理如图 3-23 所示。多个并行存储器与同一地址寄存器连接，所以同时被一个单元地址驱动，一次访问读出的是沿 n 个存储器顺序排列的 n 个字，故也称为单体多字方式。与单体单字结构的存储器相比，单体多字方式在存取速度方面有明显的优势，因为单体单字存储器的每一个主存周期只能读出一条指令或一个数据，在取指和读取数据的周期内，CPU 处于等待状态，因此工作效率不高。如图 3-23 所示，在单体多字存储系统中，一次能读出 n 个字长为 W 位的数据或指令，然后再以单字长的形式送给 CPU 执行。

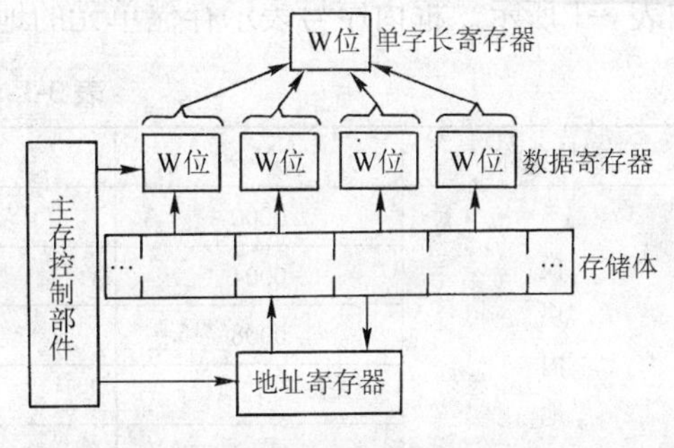

图 3-23　单体 4 字方式

（二）多体存储器方式

计算机系统中的大容量主存是由多个存储体组成的，每个存储体都有自己的读/写线路、地址寄存器和数据寄存器，能以同等的方式与 CPU 交换信息，每个存储体容量相等，它们既能同时工作又可以独立编址。图 3-24是多体存储器原理图，其中 MAR 为

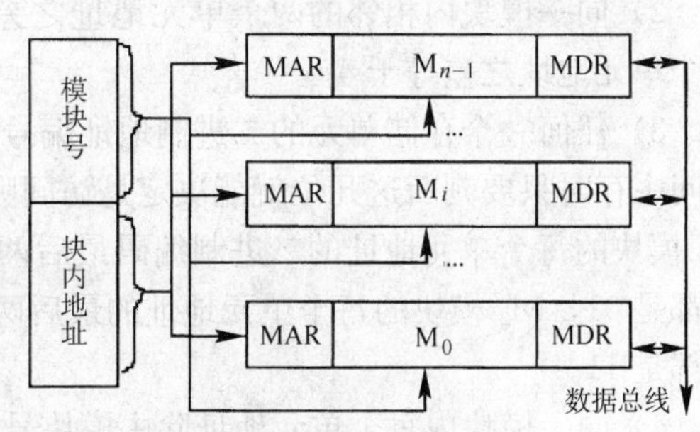

图 3-24　多体存储器原理

模块地址寄存器，MDR 为模块数据寄存器，主存地址寄存器的高位表示模块号，低位表示块内地址。这种结构方式有利于并行处理，能够实现多个分体的并行操作，一次访问并行处理的 n 个字不像单体方式那样一定是沿存储器顺序排列的存储单元内容，而是分别由各分体的地址寄存器指示的存储单元的内容。因为各分体工作独立，因此，只要进行合理地调度，就能实现并行处理，两个存储体可以同时进行不同的操作。例如一个存储体被 CPU 访问时，另一个存储体可用于与外部设备进行直接存储器存取（DMA）操作。

（三）多体交叉方式

多体交叉是多体存储器的另一种组织形式，下面以一个四体交叉存储器的组织形式为例，来说明多体交叉存储器的工作原理。图 3-25 为四体交叉原理。多体交叉寻址方式与多体存储器寻址方式不同，多体存储器是以高位地址作为模块号，低位地址作为块内地址，每个模块体内地址是连续的；多体交叉寻址方式是以低位地址作为模块号，高位地址作为块内地址，各模块间地址编号采用交叉方式。图 3-25 所示的 4 个模块 M_0、M_1、M_2、M_3 的编址如表 3-1 所示。框内序号表示存储单元的地址编号 J＝0，1，2，…。

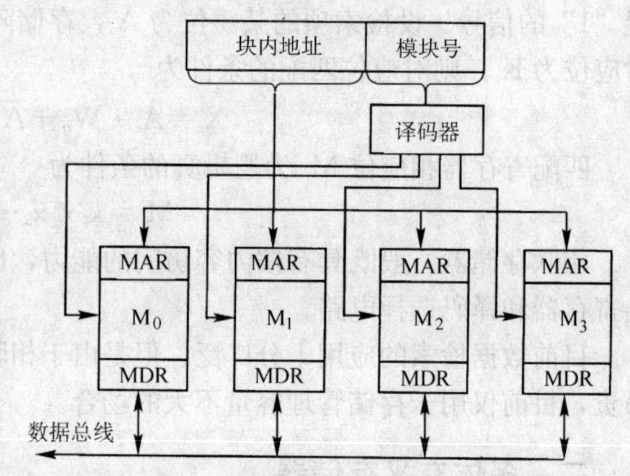

图 3-25　四体交叉原理

表 3-1　四体交叉编址

模块名称	M_0	M_1	M_2	M_3
模块内地址	0000	0001	0002	0003
	0004	0005	0006	0007
	0008	0009	000A	000B
	⋮	⋮	⋮	⋮
	4J＋0	4J＋1	4J＋2	4J＋3
	⋮	⋮	⋮	⋮

n 体交叉存储器方式地址编号如下：

1）地址连续的两个单元分布在相邻的两个模块中，地址按模块号方向顺序编号。

2）同一模块内相邻的两个单元地址之差等于 n。例如，四体交叉存储器的结构方式，两个单元地址之差等于 4。

3）任何一个存储单元的二进制地址编号的末 $\log_2 n$ 位正好指示该单元所属模块的编号，访问主存时只要判断这几位就能决定是访问哪个存储模块。在四体交叉存储器结构方式下，M_0 模块的每个单元地址的二进制编码最后两位都是 00，M_1 模块的每个单元地址的最后两位都是 01，M_2 模块的每个单元地址的最后两位都是 10，M_3 模块的每个单元地址的最后两位都是 11。

4）同一模块内每个单元地址除去模块号后的高位地址正好是模块内单元的顺序号，由此就可决定访问单元在模块中的位置。

多体地址交叉排列的目的是为了便于各模块同时工作。假设 CPU 要取 4 条长度为一个字长的指令，这 4 条指令存放在地址为 0、1、A、B 的 4 个单元中，这 4 个单元分配在不同的模块中。对于单体的并行系统，一个存取周期只能读取 4 个地址连续的存储单元的内容，对于多体交叉存储器，每个模块有各自的地址寄存器，可以指示不连续的地址，因此这 4 条指令可以在一个存取周期内取出。可见，单体和多体并行系统虽然频宽相同，但多体地址设置灵活，若读取的信息在不同的模块中，多体的存取速度就比单体快。

CPU 与主存交换信息只有一个字的宽度，为了在一个存取周期内能访问 n 个信息字，在多体并行系统中采用了分时工作的方法，目前普遍采用的是分时读出法。现设多体交叉存储器由 4 个分体组成，每个存储体一次读写一个字。四个分体分时启动，即每隔 1/4 个存储周期（T_M）启动一个分体，如图3-26所示。M_0 体在第一个主存周期开始读写，经过 $T_M/4$ 启动 M_1 体，M_2 和 M_3 体分别在 $T_M/2$、$3T_M/4$ 时刻开始它们各自的读写操作，4 个分体以 $T_M/4$ 的时间间隔进入并行工作状态。假定 $T_M=2\mu s$，普通存储器只能读写一个字，四体并行工作时，$2\mu s$ 内 CPU 依次发出 4 个读写命令，访问到 4 个字，对 CPU 来说，相当每 $0.5\mu s$ 读取一个字，虽然每个存储体仍以 $2\mu s$ 速度存取。这对主存系统来说，仿佛是有一串地址流以 1/4 存储周期速度流入，便有一串信息流以同样速度流出主存系统，这种类似流水的工作过程很适合于和流水式中央处理机的联系。

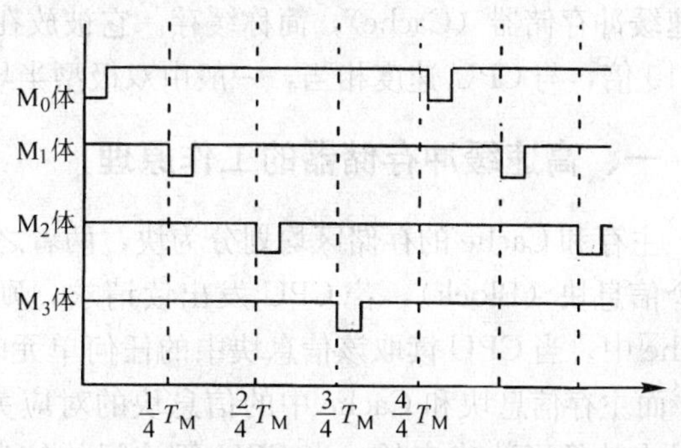

图 3-26 四体分时并行工作时序图

另一种并行存取的处理方法是同时启动 4 个分体，使 4 个分体在一个存储周期内同时被访问，一次读出 4 个字，然后以一定顺序分时使用总线对外传送。

三、双端口存储器

双端口存储器是每个存储芯片具有两组相互独立的数据总线、地址总线和控制总线。由于进行并行的独立操作，因而是一种高速工作的存储器，在科研和工程中非常有用。

双端口存储器比普通存储器增加了一个读/写端口，很多计算机设计成一个面向 CPU，一个面向输入/输出处理器 IOP，每个读/写端口都有一套独立的地址寄存器和地址译码器电路，如图 3-27 所示。这两套电路并行独立工作，可以向存储体一次读或写任意两个存储单元的内容。同时读/写的两个存储单元地址既不像单体多字主存系统那样必须是顺序排列的单元，也不像多体交叉主存系统，一次并行存取的必须是不同分体的信息，双端口存储器两个读/写端口完全不受编址的限制并行工作，这种结构工作灵活，同样提高了存储器的效率。

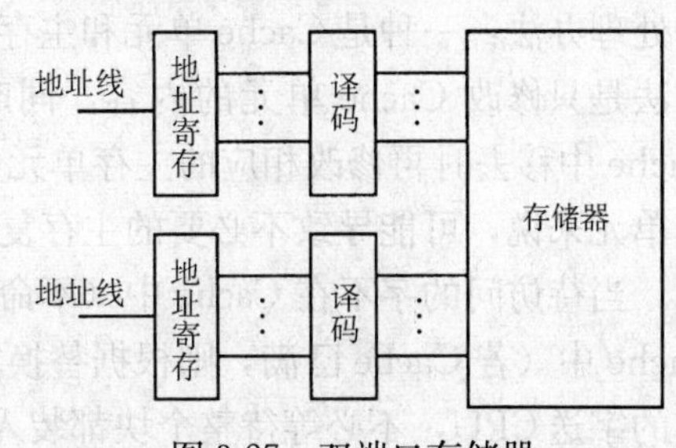

图 3-27 双端口存储器

第七节 高速缓冲存储器

对大量程序运行情况的分析表明，程序的执行时间主要消耗在某些局部的程序段。这些程序段常常是循环或者几个重复调用的过程。这种局部范围的存储器频繁访问，称为程序访问的局部性。

程序访问的局部性使得集中在少数几个区段中的指令重复执行，而不常访问程序的其余部分。如果把常用程序段放在高速存储器中，则总的执行时间将显著减少，这种存储器就是高速缓冲存储器（Cache），简称缓存。它被放在主存和 CPU 之间，其工作速度约为主存的 5～10 倍，与 CPU 速度相当，一般由双极型半导体存储器组成。

一、高速缓冲存储器的工作原理

主存和 Cache 的存储区均划分为块，两者之间以块为单位交换信息。Cache 中应能容纳多个信息块（Block），若 CPU 发出读请求，则将含有指定单元的一个信息块从主存送入 Cache 中。当 CPU 读取该信息块中的任何单元时，就可以直接从 Cache 中取出，这称为命中。而主存信息块和 Cache 中的信息块的对应关系是由映像函数决定的。当 CPU 要访问的信息单元不在 Cache 中，这称为不命中或失效，而如果此时 Cache 中信息块已满时，则必须将 Cache 中的某个信息块移去，腾出空间给主存中含有待访单元的信息块使用。这种判定的规则称为替换算法。高速缓存系统如图 3-28 所示。图 3-28 中 LRU 是一种替换算法，用来判别相联存储器是否命中。

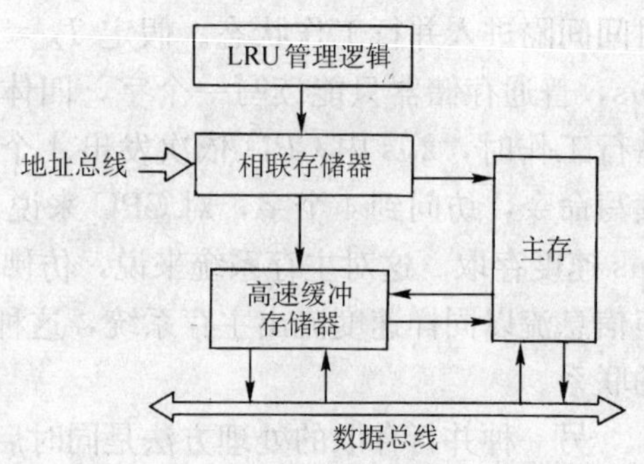

图 3-28 高速缓存系统框图

Cache 的存在，使得程序员面对一个既有 Cache 速度，又有主存容量的存储系统。Cache 对程序员来说是透明的，CPU 并不需要明确知道 Cache 的存在，它所生成的地址总是指向主存的单元，而由系统的控制电路判定所访问的字是否在 Cache 中。

当待访问的字在 Cache 中（命中）时，若是读操作，则 CPU 可以直接从 Cache 中读取数据，不涉及主存；若是写操作，则需改变 Cache 和主存中相应两个单元的内容。这时有两种处理办法：一种是 Cache 单元和主存中相应单元同时被修改，称为“直通存储法”；一种方法是只修改 Cache 单元的内容，同时用一个标志位作为标志，当有标志位的信息块从 Cache 中移去时再修改相应的主存单元。显然，直通存储法比较简单，但对于需要多次修改的单元来说，可能导致不必要的主存复写工作。

当待访问的字不在 Cache 中（不命中）时，若是读操作，则把主存中相应的信息块送到 Cache 中（若 Cache 已满，则根据替换算法移去某一块），在送字块到 Cache 的同时就把所需的字送 CPU，不必等待整个块都装入 Cache，这种方法称为“直通取数法”。若是写操作，则将信息直接写入内存。一般情况下，此时主存中的相应块并不调入缓存，因为一个写操作所涉及的往往是程序中的某个数据区的一个单元，其访问的局部性并不明显。

高速缓冲存储器的设计，包括地址映像机构和替换算法均由硬件实现。主存则通常设计为多模块交叉存取存储器，以提高主存和缓存之间的数据传输率。现在，不仅大中型机上普遍采用 Cache，小型机和 PC 上也普遍使用。

二、Cache 的组织与管理

（一）地址映像

习惯上，Cache 被认为属于 CPU，而并不把它看做是存储系统的一个独立的层次。大家知道，Cache 并不是主存容量的扩充或延伸，它所保存的内容是主存中某些单元的副本。因而缓存和主存单元地址之间具有某种对应关系，这种关系称为地址映像。现在来考虑一个具有 2KB 的高速缓存，分成 128 块，每块 16B。设主存为 64KB，分成 4 096 块，每块 16B。下面分别介绍 3 种主要的映像技术。

1. 直接映像

图 3-29 是直接映像示意图。主存中第 k 块映像到 Cache 的第 k mod 128 块上，这样，主存中每块都映像到 Cache 中相应的固定块。例如主存中 0～127 块可以分别映像到 Cache 中的 0～127 块，依次类推。换言之，Cache 中第 0 块对应于主存的第 0 块、第 128 块、……、第 3 968 块，总共 32 块中的一块，其余类推。

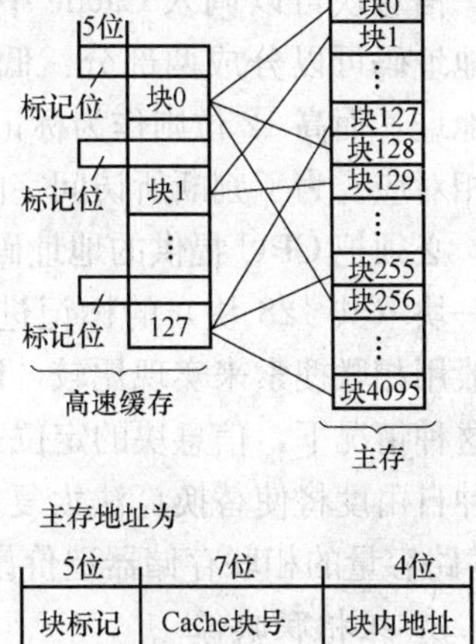

图 3-29　直接映像的高速缓存

在直接映像方法中，主存中的每一块都对应于 Cache 中某一固定块，而 Cache 中的每一块都对应于主存中若干块（例中为 32 块）。因此，64KB 的 16 位主存地址码可分成 3 段：最高的 5 位作为标记位，用来指明 Cache 中的某块对应于主存中的哪一块（32 选 1）；中间 7 位用来确定该单元在 Cache 中的块地址（块号）；最后 4 位则用于来确定单元在块中的字地址（块内地址）。

Cache 的工作过程如图 3-30 所示。当 CPU 发出存储器请求时，首先根据 CPU 提供的主存地址码的块号（中间 7 位）取出该块在 Cache 中的标记，然后将这 5 位标记与主存地址码的高 5 位比较，如果一致，则说明所访问的字在 Cache 中，由地址码的块号（7 位）和块内地址（4 位）给出要访问的 Cache 单元地址；如果不一致，则表明要访问的字不在 Cache 中（不命中），必须到主存进行存取，若是读操作，则还应把信息块调入 Cache 中，同时修改相应块的标记。

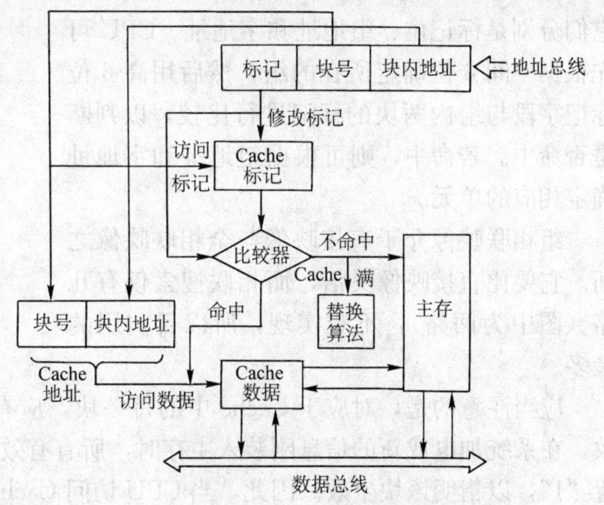

图 3-30　Cache 工作过程示意图

从图 3-30 中可以看出，Cache 信息分两部分存放：一部分存放访问数据，一部分存放当前 Cache 数据块的标记。这两部分均可用普通双极型高速 RAM 实现，而比较仅需两路，因此直接映像法易于实现，成本较低。它的缺点是不灵活，信息块调进调出的规则极为简单，因此没有好的替换算法可言。

2. 全相联映像

全相联映像技术是：主存中的任一信息块均可映像到 Cache 的任何块上，如图 3-31 所示。这样，Cache 中的某一块对应于主存的所有块，即主存中的任一信息块可以调入 Cache 中的任一块中。因而主存地址码可以分成两部分：低 4 位用来指出块内的字地址，而高 12 位则作为标记位表明与主存中哪一块相对应。为了判断所访问字的所在块是否在 Cache 中，必须把 CPU 提供的地址码中的标记与 Cache 中每一块（共 128 块）的标记进行比较。注意，此时一般用相联搜索来实现比较，即要使用相联存储器。

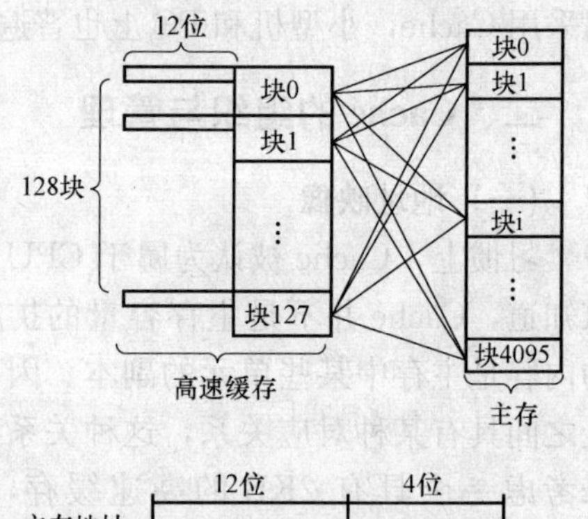

图 3-31　全相联映像的高速缓存

在这种情况下，信息块的定位完全自由，非常灵活，可以有各种替换算法。但是，完全利用这种自由度将使替换算法太复杂，其硬件实现十分困难，而且这一方法中要使用 12 位长、128 路容量的相联存储器造价昂贵。

3. 组相联映像

组相联映像是把 Cache 中的所有块分成若干组，每组含 m 块（称 m 路相联），如图 3-32 所示，图中每组包含两块。每组与主存之间是直接映像，而组内各块之间则为全相联映像。主存块可以映像到 Cache 中某固定组中的任一块，如图中主存的第 64 块可映像到 Cache 中的第 0 组，至于组内哪一块则是任意的，可以是第 0 块，也可以是第 1 块。这样，主存的地址码可分为 3 段：高 6 位、中间 6 位和低 4 位，它们分别是标记位、组地址和字地址。CPU 可先根据中间 6 位确定所在的组，然后用高 6 位标记字段与组内两块的标记进行比较，以判断是否命中。若命中，则可根据组地址和字地址确定相应的单元。

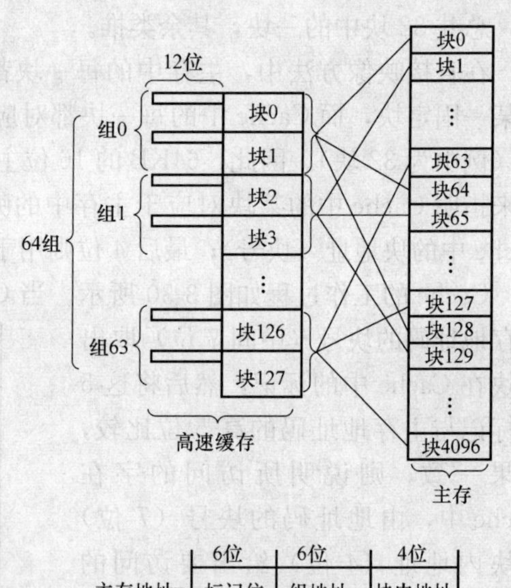

图 3-32　组相联映像的高速缓存

组相联映像介于直接映像与全相联映像之间。它要比直接映像灵活，而相联搜索仅有几路（图中为两路），不难实现，所以目前用的最多。

应当注意的是，对应于 Cache 中的每一块，应有一个有效位用来指明该块数据是否有效。在系统加电或新的信息刚装入主存时，所有有效位被置 0，当调入 Cache 后，相应块便置“1”，以指明该块生效。因此，当 CPU 访问 Cache 时，除了标记位外，还应当检查有效位是否为“1”。

例 3-2　假设主存容量为 512KB，Cache 容量为 4KB，每个字块为 16 个字，每个字 32 位。

（1）Cache 地址有多少位？可容纳多少块？

（2）主存地址有多少位？可容纳多少块？

（3）在直接映射方式下，主存的哪些块映射到 Cache 的第 5 块（设起始字块为第 1 块）？

（4）画出直接映射方式下主存地址字段中各段的位数。

解：（1）根据 Cache 容量为 4KB（$2^{12}=4K$），Cache 地址为 12 位。由于每个字 32 位，则 Cache 共有 4KB/4B=1K 字。因每个字块为 16 个字，故 Cache 中共有 1K/16=64 块。

（2）根据主存容量为 512KB（$2^{19}=512K$），主存地址为 19 位。由于每个字 32 位，则主存共有 512KB/4B=128K 字。因每个字块为 16 个字，故主存中共有 128K/16=8 192 块。

（3）在直接映射方式下，由于 Cache 共有 64 块，主存共有 8 192 块，因此主存的第 5，64+5，2×64+5，…，$2^{13}-64+5$ 块能映射到 Cache 的第 5 块中。

（4）在直接映射方式，主存地址字段各段的位数分配如图 3-33 所示。其中字块内地址为 6 位（4 位表示 16 个字，2 位表示每字 32 位），缓存共 64 块，故缓存字块地址为 6 位，主存字块标记为主存地址长度与 Cache 地址长度之差，即 19－12=7 位。

7位	6位	6位
主存字块标记	Cache字块地址	字块内地址

图 3-33　例 3-2 主存地址各字段的分配

（二）替换算法

当 CPU 企图从 Cache 中读取信息失败后，必须把新的信息块从主存调入 Cache，而 Cache 中已满时，则应根据某种规则确认从 Cache 中移去哪一块，这种规则称为替换算法。实现替换算法的硬件部分称为替换控制机构。

替换算法很多，要选定一个替换算法，主要看其访问 Cache 的命中率如何，其次是否易于实现。命中率的高低可根据程序的局部性来考虑。有一种算法称为先进先出（FIFO）算法，即把驻留在 Cache 中的时间最长的块替换出去。这种算法容易实现，但不能反映程序的局部性特点。一种较好的算法称为 LRU 算法，它根据最近最少使用的原则进行替换。其实现过程如下。

设在 Cache 中每个组内含有 4 个信息块，每块设置一个两位计数器，可记录数字 0～3。当 CPU 发读操作命令时，各种情况的处理原则如下：

1）待取字在 Cache 中，即命中。命中块的计数器置“0”，其他 3 个同组内的计数器均加 1。

2）待取字不在 Cache 中，同时 Cache 中相应组内未满，而从主存调入新块后，该块计数器置“0”，其余 3 个计数器各加 1。

3）待取字不在 Cache 中，且 Cache 中相应组内已满，则将计数器值为 3 的块移去，存放主存调来的新块，同时使计数器置“0”，其余 3 个计数器各加 1。

地址映像和替换算法的硬件实现，即地址映像机构和替换控制机构的具体电路，本书不作深入讨论。

三、奔腾 PC 的 Cache

奔腾 PC 是一个单 CPU 系统。它采用两级 Cache 结构。安装主板上的 2 级 Cache（L_2），其容量是 512KB，采用 2 路组相联映射方式，每行（在这里 Cache 数据块被称为行）可以是 32B、64B，或者是 128B。集成在 CPU 内的 1 级 Cache（L_1），其容量是 16KB，采用的也是 2 路组相联映射方式，每行是 32B。L_2 的内容是 32MB 容量主存的子集，L_1 又是 L_2 的子集，从而使 L_1 未命中处理时间大大缩短。

另一个特点是，CPU 中的 L_1 分设成各 8KB 的指令 Cache 和数据 Cache。这种体系结构有利于 CPU 高速执行程序。这是因为指令 Cache 是只读的，用单端口 256 位（32B）向指令预取缓冲器提供指令代码；而数据 Cache 是随机读/写的，用双端口（每个端口 32 位）向两条流水线的 ALU 部件和寄存器提供数据或接收数据。这两个 Cache 与 CPU 的数据总线和地址总线相连接。

由于 L_1 中指令 Cache 是只读的，没有写操作，从而也就没有一致性问题。下面只讲解数据 Cache。

数据 Cache 采用 2 路组相联结构，分成 128 组，每组两行，每行 32B（8 个双字，每个双字 32 位）。容量为 128×2×32B=8KB，使用 32 位物理地址寻址。每行有一个 20 位的标记和两位的 M/E/S/I 的状态位，这 32 位构成该行的目录项。采用 LRU 替换算法，一组两行共用一个 LRU 二进制位。这样，数据 Cache 呈现出如图 3-34 所示的两个存储体逻辑结构。

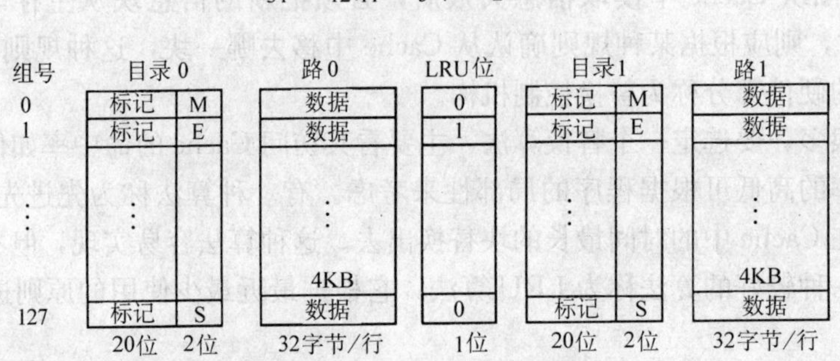

图 3-34 奔腾 CPU 片内数据 Cache 结构

由于数据 Cache 是双端口，它可以在一个 CPU 时钟周期内同时存取两个数据。数据可以是字节（B），字（2B=16 位）和双字（4B=32 位）。这两个数分别通过两个 32 位端口同时被 ALU 单元、寄存器所存取。

数据 Cache 的工作方式受 CPU 控制寄存器 CR_0 中 CD（Cache Disable，写禁）位和 NM（非写贯通）位组合状态控制，如表 3-2 所示。其中 CD=1，NM=1 是复位后状态，而 CD=0，NM=0 是最佳使用状态。

表 3-2 奔腾 CPU 片内数据 Cache 工作方式

CD	NM	新行填入	全写法	使无效
0	0	允许	允许	允许
1	0	禁止	允许	允许
1	1	禁止	禁止	禁止

图 3-35 所示为两级 Cache 和主存之间的工作环境框图。CPU 与外部数据交换时，存储器读写总线周期主要有两类：

一类是 256 位猝发式传送，用于 L_1 的行填入和行写出。CPU 外部总线的数据宽度是 64 位，当数据 Cache 行填入或写出时，启动的是猝发式的内存读写周期（CACHE# 引脚为低电平），一次完成 256 位的并—串方式传送，即一次完成整行的填入或写出。

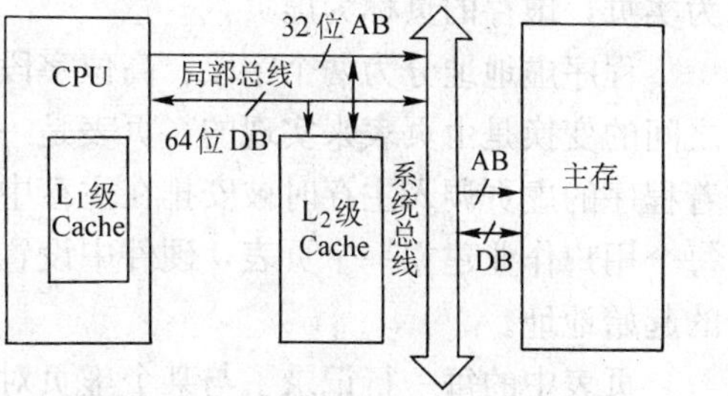

图 3-35　奔腾两级 Cache 方框图

另一类是不经 L_1 的 64 位（或 32 位、16 位、8 位）传送，此时 CACHE# 仅为高电平，称为非超高速缓存式传送。

L_2 级 Cache 采用的是写回法，L_1 级数据 Cache 采用的是写一次法。为了维护 Cache 的一致性，L_1 和 L_2 均采用 MESI 协议。MESI 协议是一种采用写—无效方式的监听协议，它要求每个 Cache 行有两个状态位，用以描述该行当前是处于修改状态（M）、专有态（E）、共享态（S）或者无效态（I）中的哪种状态，从而决定对它的读/写操作行为。

总之，L_2 级 Cache 的内容是主存的子集，而 L_1 级 Cache 又是 L_2 级 Cache 的子集。L_2 负责整个系统的 Cache/主存一致性，L_1 负责响应 L_2，与 L_2 一起维护 L_1/L_2 两个 Cache 和一致性，从而保证了 L_1—L_2—主存三级存储系统的一致性。

第八节　虚拟存储器

随着科学技术的发展，人们对计算机系统的性能要求越来越高，其中之一就是希望计算机中可供用户使用的主存空间越大越好。然而，受技术和成本的限制，主存空间不可能无限扩大，能不能让主存空间较小的计算机运行较大的用户程序呢？回答是肯定的，可以采用虚拟存储器来扩大寻址空间。

多级存储器（如主存、外存二级）在操作系统的管理之下，可向用户提供比实际主存储大得多的存储空间。将这种扩大的存储空间称为虚拟存储器，把实现虚拟存储器的技术称为虚拟存储技术。很明显，那些虚拟主存空间是靠外存（磁盘）来支持的。采用虚拟存储技术后，用户感觉到的是一个速度接近主存而容量极大的存储器，使用时无需考虑程序的大小，多用户使用时不必考虑速度是否会受到影响，以及存储器的分配是否会发生冲突等问题。

虚拟存储器是如何实现的呢？首先，研究一下地址的变换。

将存放立即要执行的指令和数据的地址，称为物理地址或实地址，一般由主存提供。而将虚拟存储器的地址，称为逻辑地址或虚地址，它可以为程序员直接使用。虚地址空间远大于实地址空间。例如，虚拟存储器地址 40 位，虚存空间则为 2^{40}；实地址 20 位，主存空间为 2^{20}。CPU 运行时是对主存存取信息（假设没有高速缓存），因此，虚地址必须转换成实地址，才能对虚拟存储器进行操作。

根据存储管理方式的不同，虚拟存储器也分为页式虚拟存储器、段式虚拟存储器和段页式虚拟存储器。现以页式虚拟存储器为例说明地址变换的方法，其他将在“操作系统”课程中作详细介绍。

以页为基本单位的虚拟存储器叫页式虚拟存储器。各类计算机页面大小不等，一般为

512B 到几千字节。主存空间和虚存空间都划分成若干个大小相等的页。主存即实存的页称为实页，虚存的页称为虚页。

程序虚地址分为两个字段：高位字段为虚页号，低位字段为页内地址。虚地址到实地址之间的变换是由页表来实现的。页表是一张存放在主存中的虚页号和实页号的对照表，记录着程序的虚页调入主存时被安排在主存中的位置，若计算机采用多道程序工作方式，则可为每个用户作业建立一个页表，硬件中设置一个页表基址寄存器，存放当前所运行程序的页表的起始地址。

页表中的每一行记录了与某个虚页对应的若干信息，包括虚页号、装入位和实页号等。页表基址寄存器和虚页号拼接成页表索引地址。根据这个索引地址可读到一个页表信息字，然后检测页表信息字中装入位的状态。若装入位为“1”，表示该页面已在主存中，将对应的实页号与虚地址中的页内地址相拼就得到了完整的实地址；若装入位为“0”，表示该页面不在主存中，于是要启动 I/O 系统，把该页从辅存中调入主存后再供 CPU 使用。图 3-36 给出了页式虚拟存储器的虚—实地址的变换过程。

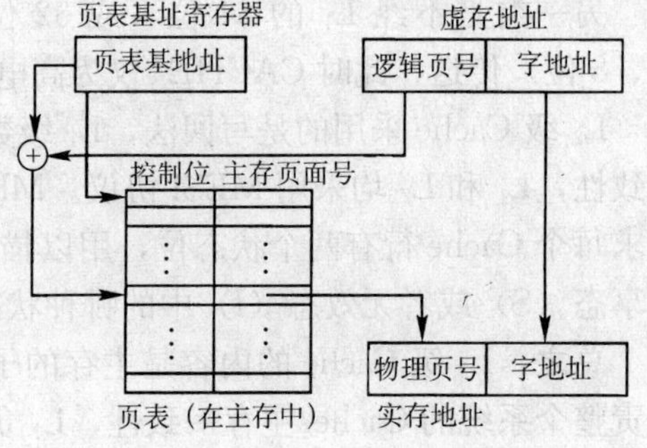

图 3-36 页式虚拟存储器结构

从上述地址转换过程可知，CPU 访存时首先要查页表，为此需要访问一次主存，若不命中，还要进行页面替换和页表修改，则访问主存的次数就更多了。为了将访问页表的时间降低到最低限度，许多计算机增加了由相联存储器构成的快表。将当前最常用的页表信息存放在快表中，这就是减少时间开销的一种方法。一种经快表与页表实现内部查找的变换方式如图 3-37 所示。快表由硬件组成，它比页表小得多，例如只有 8～16 行。快表只是页表的小副本。查表时，由逻辑页号同时去查快表和页表，当在快表中有此逻辑页号时，就能很快地找到对应的物理页号送入实主存地址寄存器，并使页表的查找作废，从而就能做到虽采用虚拟存储器但访问主存速度几乎没有下降。如果在快表查不到，那就要费一个访主存时间查页表，从中查到物理页号送入实主存地址寄存器，并将此逻辑页号和对应的物理页号送入快表，替换快表中应该移掉的内容，这就要用到替换算法。

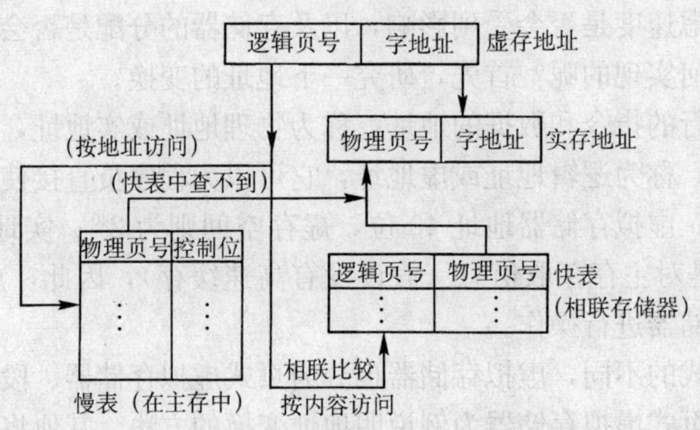

图 3-37 经快表和页表实现内部地址变换

页式虚拟存储器的每页长度是固定的，页表的建立很方便，新页的调入也容易实现。但是由于程序不可能正好是页面的整倍数，最后一页的零头将无法利用而造成浪费。同时，页不是逻辑上独立的实体，使程序的处理、保护和共享都比较麻烦。

习　题　三

3-1　解释名词：存储元、存储单元、存储体、存储容量、存取周期。

3-2　存储器是怎么分类的？主存储器主要有哪些技术指标？计算机的存储系统为什么要由几个层次组成？主要有哪些层次？

3-3　存储器的功能是什么？

3-4　半导体 DRAM 和 SRAM 的主要差别是什么？为什么 DRAM 芯片的地址一般要分两次接收？

3-5　ROM 分几类？各类的优缺点如何？试说明在计算机主存中设置 ROM 区域的目的。

3-6　为什么动态 RAM 需要刷新？常用的刷新方式有哪几种？

3-7　为什么多体结构存储器可以提高访存速度？

3-8　八体交叉主存系统，每体并行读出两个字，每字长两字节，主存周期为 T，求存储器最大频宽。

3-9　设主存容量为 4MB，如果分别采用字为 32 位或 16 位编址，则需要地址码至少多少位？如果系统允许字节编址，则需要地址码至少多少位？

3-10　存储器有 12 条地址线，如果内部采用一维编址，字选线有多少条？如果内部采用二维编址阵列，X 方向和 Y 方向各 6 条地址线，则有多少条字选线？如果 X 方向地址线有 5 条，Y 方向地址线有 7 条时，字选线共多少条？

3-11　设有一个具有 14 位地址和 8 位字长的存储器，问：

(1) 该存储器能存储多少字节的信息？

(2) 如果存储器由 4K×4 位 RAM 芯片组成，需要多少片？

(3) 需要多少位地址作芯片选择？

3-12　有一个 4K×16 位的存储器，由 1K×4 位的 DRAM 芯片构成（芯片内部结构是 64×64），问：

(1) 总共需要多少 DRAM 芯片？

(2) 设计此存储体组成框图。

(3) 采用异步刷新方式，如单元刷新间隔不超过 2ms，则刷新信号周期是多少？

(4) 如采用集中刷新方式，存储器刷新一遍最少用多少读/写周期？

3-13　用 8K×8 位的 EPROM 芯片组成 32K×16 位的只读存储器，问：

(1) 数据寄存器多少位？

(2) 地址寄存器多少位？

(3) 共需多少个 EPROM 芯片？

(4) 画出存储器组成框图。

3-14　某高速缓冲存储器与主存采用组相联映像方式，Cache 存储器容量为 32 字块，分为 8 组，主存容量为 4 096 字块，每块 64 字，每字 32 位，存储器按字节编址，访问地址为字地址。

(1) 写出 Cache 的地址位数和地址格式。

(2) 写出主存的地址位数和地址格式。

3-15　设在具有高速缓存的计算机中，如果程序对字块的要求依次为 $B_1B_7B_6B_7B_3B_6B_4B_7B_5B_7B_2$。设 Cache 容量为 3 个字块，且开始时 Cache 为空，求用 FIFO 和 LRU 算法时各自的命中率。

3-16　设主存储器容量为 4MB，虚拟存储器容量为 1GB，虚拟地址和物理地址各为多少位？根据寻址方式计算出来的有效地址是物理地址还是虚拟地址？如果页面大小为 4KB，页表长度是多少？

3-17 存储系统中为什么要采用并行访问（多模块交叉存取）存储器、高速缓冲存储器和虚拟存储器？它们各解决了什么问题？

3-18 设某虚存有如下表放在相联存储器中，其容量为 8 个存储单元。问：按如下 3 个虚拟地址访问主存，主存的实际地址码各是多少？（设地址均为十六进制）

页号	本页在主存起始地址
33	42000
25	38000
7	96000
6	60000
4	40000
15	80000
5	50000
30	70000

	页号	页内地址
1	15	0325
2	7	0010
3	48	0516

第四章　指　令　系　统

指令就是要计算机执行某种操作的命令，又称为机器指令。指令系统是计算机系统性能的集中体现，是软件与硬件的界面。本章介绍计算机中机器指令的格式、指令和操作数的寻址方式以及典型指令系统的组成。

第一节　指令系统的发展与性能

一、指令系统的发展

从计算机组成的层次结构来说，计算机的指令有微指令、机器指令和宏指令之分。微指令是微程序级的命令，属于硬件；宏指令是由若干条机器指令组成的软件指令，属于软件；而机器指令则介于微指令与宏指令之间，通常简称为指令，每一条指令可以完成一个独立的算术运算或逻辑运算操作。本章所讲的指令，是机器指令。

一台计算机中所有机器指令的集合，称为这台计算机的指令系统。指令系统是表征一台计算机性能的重要因素，它的格式与功能不仅直接影响机器的硬件结构，而且也直接影响系统软件，甚至机器的适用范围。

20 世纪 50 年代到 20 世纪 60 年代早期，由于受器件限制，计算机的硬件结构比较简单，所支持的指令系统只有定点加减、逻辑运算、数据传送、转移等十几条至几十条指令，而且寻址方式简单。20 世纪 60 年代后期，随着集成电路的出现，硬件功能不断增强，指令系统越来越丰富，除以上基本指令外，还设置了乘法、除法运算、浮点运算、十进制运算、字符串处理等指令，指令数目多达一二百条，寻址方式也趋于多样化。

随着集成电路的发展和计算机应用领域的不断扩大，20 世纪 60 年代后期出现了系列计算机。所谓系列计算机，是指基本指令系统相同、基本体系结构相同的一系列计算机，如 IBM PC 系列。一个系列往往有多种型号，但由于推出时间不同，采用器件不同，它们在结构和性能上有所差异。通常是新机种在性能和价格方面比旧机种优越。系列机解决了各机种之间软件兼容的问题，其必要条件是同一系列的各机种有共同的指令集，而且新推出的机种的指令系统一定包含所有旧机种的全部指令。因此，旧机种上运行的各种软件可以不加任何修改便可以在新机种上运行，大大减少了软件开发费用。

20 世纪 70 年代后期，计算机硬件结构随着 VLSI 技术的飞速发展而越来越复杂化，硬件成本不断下降，而软件成本不断上升。为增加计算机的功能，以及缩小指令与高级语言的差异，以便于高级语言的编译，降低软件成本，于是产生了以增加指令数和设计复杂指令为手段的计算机，大多数计算机的指令系统多达几百条。人们称这种计算机为复杂指令系统计算机，简称 CISC。但是如此庞大的指令系统不但使计算机的研制周期变长，难以保证正确性，不易调试维护，而且由于采用了大量使用频率很低的复杂指令而造成硬件资源浪费。为此人们又提出了便于 VLSI 技术实现的精简指令系统计算机，简称 RISC。

二、指令系统的性能

指令系统是一台计算机全部指令的集合。其性能决定了这台计算机的基本功能，因而指令系统的设计是计算机系统设计中的一个核心问题，它不仅与计算机的硬件结构紧密相关，而且直接关系到用户的使用需要。一个完善的指令系统应该具备下面几个方面的性能。

1. 完备性

完备性是指用汇编语言编写各种程序时，指令系统直接提供的指令足够使用，而不必用软件来实现。完备性要求指令系统丰富、功能齐全、使用方便。

一台计算机中最基本、必不可少的指令是不多的。许多指令可用最基本的指令编程来实现。例如，乘除运算指令、浮点运算指令可直接用硬件来实现，也可用基本指令编写的程序来实现。采用硬件指令的目的是提高程序的执行速度，便于用户编写程序。

2. 高效性

高效性是指利用该指令系统所编写的程序能够高效率地运行。高效率主要表现在程序占据存储空间小、执行速度快。一般说来，一个功能更强的、更完善的指令系统，必定有更好的高效性。

3. 规整性

规整性包括指令系统的对称性、匀齐性、指令格式和数据格式的一致性。对称性是指在指令系统中所有的寄存器和存储器单元都可同等对待，所有的指令都可使用各种寻址方式。匀齐性是指一种操作性质的指令可以支持各种数据类型，如算术运算指令可支持字节、字、双字整数的运算，十进制数运算和单、双精度浮点数运算等。指令格式和数据格式的一致性是指指令长度和数据长度有一定的关系，以方便处理和存取。例如，指令长度和数据长度通常是字节长度的整数倍。

4. 兼容性

系列机各机种之间具有相同的基本结构和共同的基本指令集，因而指令系统是兼容的，即各机种上基本软件可以通用。但由于不同机种推出的时间不同，在结构和性能上有差异，做到所有软件都完全兼容是不可能的，只能做到“向上兼容”，即低档机上运行的软件可以在高档机上运行。

三、计算机语言与硬件结构的关系

计算机的程序是计算机能够识别的一串指令或语句。编写程序的过程称为程序设计，而程序设计所使用的工具则是计算机语言。

计算机语言有高级语言和低级语言之分。高级语言如 C、FORTRAN 等，其语句和用法与具体机器的指令系统无关。低级语言分为机器语言（二进制语言）和汇编语言（符号语言），这两种语言都是面向机器的语言，它们和具体机器的指令系统密切相关，即机器语言用指令代码编写程序，而符号语言用指令助记符来编写程序。

计算机能够直接识别和执行的唯一语言是用二进制表示机器语言，但是人们用它来编写程序很不方便。另一方面，人们采用符号语言或高级语言编写程序，虽然对人来说很方便，但是机器却不懂这些语言。为此，必须借助汇编程序或编译程序，把符号语言或高级语言翻译成计算机能识别的由二进制码组成的机器语言。

汇编语言依赖于计算机的硬件结构和指令系统。不同的机器有不同的指令，所以用某类机器汇编语言编写的程序通常不能在其他类型的机器上运行。

高级语言与计算机的硬件结构及指令系统无关，在编写程序方面比汇编语言优越。但是高级语言“看不见”机器的硬件结构，因而不能用它来编写直接访问机器硬件资源的系统软件或设备控制软件。为了克服这一缺陷，一些高级语言提供了与汇编语言之间的调用接口。用汇编语言编写的程序，可作为高级语言的一个外部过程或函数，利用堆栈来传递参数或参数的地址。两者的源程序通过编译或汇编生成目标（OBJ）文件后，利用连接程序把它们连接成可执行文件便可运行。采用这种方法，用高级语言编写程序时，若用到硬件资源，则可用汇编程序来实现。

综合上述，汇编语言和高级语言有各自的特点。汇编语言与硬件的关系密切，编写程序紧凑、占内存小、速度快，特别适合于编写经常与硬件打交道的系统软件；而高级语言不涉及机器的硬件结构，通用性强、编写程序容易，特别适合于编写与硬件没有直接关系的应用软件。

第二节　指 令 格 式

所谓指令格式是指一条指令由什么样的代码组成，应包括哪些内容。指令通常由操作码字段和地址码字段两部分组成的一串二进制代码，操作码字段规定了指令的操作类型，而地址码字段规定了要操作的数据所存放的地址，以及操作结果存放的地址。一条指令的结构如下：

操作码字段	地址码字段

一、指令操作码与地址码

1. 操作码

设计计算机时，对指令系统的每一条指令都要规定一个操作码，指令操作码指出了该指令应该进行什么性质的操作和具有何种功能。不同的指令用操作码字段不同的编码来表示，每一种编码代表一种指令。例如，操作码 0001 可以规定为加法操作；操作码 0010 可以规定为减法操作；而操作码 0110 可以规定为取数操作等。中央处理器中有专门的电路用来解释每个操作码，因此机器就能执行操作码所表示的操作。

组成操作码字段的位数一般取决于计算机指令系统的规模。越大规模的指令系统就需要更多的位数来表示每条特定的指令。例如，一个指令系统只有 8 条指令，则有 3 位操作码就够了（$2^3=8$）。如果有 32 条指令，那么就需要 5 位操作码（$2^5=32$）。一般来说，一个包含 n 位的操作码最多能够表示 2^n 条指令。

早期计算机的指令系统，操作码字段和地址码字段的长度是固定的。目前，在小型和微型机中，由于指令字较短，为了充分利用指令字长度，指令字中操作码字段和地址码字段是不固定的，即不同类型的指令有不同的划分，以便尽可能用较短的指令字长来表示越来越多的操作种类。

2. 地址码

指令中参加运算的操作数既可存放在主存储器中，也可存放在寄存器中，地址码应该指出该操作数所在的存储器地址或寄存器地址。

根据指令中操作数地址的数目的不同，可将指令分为零地址指令、一地址指令、二地址指令、三地址指令和多地址指令等多种格式，一般的操作数有被操作数、操作数及操作结果 3 种，因而就形成了早期计算机指令的三地址指令格式，后来又发展成二地址格式、一地址格式和零地址格式以及多地址指令格式。目前二地址格式和一地址格式用得最多。各种不同操作数的指令格式如下所示。

（1）零地址指令　格式为

OP

指令字中只有 OP（操作码），而没有地址码，即没有操作数，通常叫无操作数指令。这类指令有两种情况：一是无需任何操作数，如停机指令（因为停机操作无需操作数）；二是所需的操作数地址是默认的，如堆栈结构计算机运算指令，所需的操作数默认在堆栈中。由堆栈指针 SP 隐含指出，操作数结果仍然放回堆栈中。

（2）一地址指令　格式为

OP	A

一地址指令常称为单操作数指令。指令中只给出一个地址，该地址既是操作数的地址，又是操作数结果的地址。例如，加 1、减 1、移位等指令均采用这种格式，其操作是对这一地址所指定的操作数执行相应的操作后，产生的结果又存回该地址中。通常，这种指令是以运算器中累加器 AC 中的数据为被操作数，指令字的地址码字段所指明的数为操作数，操作结果又放回累加器 AC 中，而累加器中原来的数随即被冲掉。

其数学描述为 $(AC)OP(A)\rightarrow AC$　　或者　$OP(A)\rightarrow A$

（3）二地址指令　格式为

OP	A_1	A_2

二地址指令常称为双操作数地址指令，它有两个地址码字段 A_1 和 A_2，分别指明参与操作的两个数在内存中或运算器中通用寄存器的地址，其中地址 A_1（也可能是 A_2）兼作存放操作结果的地址。

其数学描述为 $(A_1)OP(A_2)\rightarrow A_1$ 或者 $(A_1)OP(A_2)\rightarrow A_2$

（4）三地址指令　格式为

OP	A_1	A_2	A_3

三地址指令字中有 3 个操作数地址 A_1、A_2 和 A_3，A_1 为被操作数地址，也称为源操作数地址；A_2 为操作数地址，也称为终点操作数地址；A_3 为存放操作结果的地址。其中，A_1、A_2、A_3 可以是内存中的单元地址，也可以是运算器中通用寄存器的地址。

其数学描述为 $(A_1)OP(A_2)\rightarrow A_3$

（5）多地址指令　这类指令有 3 个以上的操作数地址，指令码长，在某些性能较好的大、中型以及高档小型机中采用，如字符串处理指令、向量、矩阵运算指令等。为了描述一批数据，指令中往往需要用多个地址来指明数据存放的首地址、长度和下标等信息，如 CDC STAR—100 机的矩阵运算指令就有 7 个地址字段。

上面介绍的几种指令格式，从操作数的物理位置来说，又可归结为 3 种类型，第一种是访问内存的指令格式，我们称这类指令为存储器—存储器（SS）型指令。这种指令操作时都是涉及内存单元，即参与操作的数都放在内存里。从内存某单元中取操作数，操作结果仍放在内存单元的另一单元中，因此机器执行这种指令需要多次访问内存。第二种是访问寄存器的指令格式，人们称这类指令为寄存器—寄存器（RR）型指令。机器执行这类指令过程中，需要多个通用寄存器或个别专用寄存器，从寄存器中取操作数，把操作结果放到另一个寄存器中。机器执行寄存器—寄存器型指令的速度很快，因为执行这类指令，不需要访问内存。第三种类型为寄存器—存储器（RS）型指令，执行此类指令时，即要访问内存单元，又要访问寄存器。

目前在计算机系统结构中，通常一个指令系统中指令字的长度和指令中地址结构并不是单一的，往往采用多种格式混合使用，这样就可以增强指令的功能。

二、指令字长度与扩展方法

指令操作码的长度决定了指令系统中完成不同操作的指令条数。若某机器的操作码长度为 n 位，则它最多只能有 2^n 条不同的指令。指令操作码通常两种编码格式，一种是固定格式，即操作码的长度固定，且集中放在指令字的一个字段中。这种格式对于简化硬件设计，减少指令译码时间非常有利，在字长较长的大、中型机和超级小型机以及 RISC 上广泛使用。另一种是可变格式，即操作码的长度可变，且分散放在指令字的不同字段中，这种格式能够有效地压缩程序中操作码的平均长度，在字段较短的小型计算机中和微机上广泛采用。例如，Z80、Intel 8086/Pentium 等机器的操作码的长度都是可变的。

操作码长度可变使控制器设计复杂化，因此操作码的编码至关重要。通常在指令字中用一个固定长度的字段表示基本操作码，而对于一部分不需要某个地址的指令，可将操作码扩充到地址码字段。这样，既能充分利用指令字的各个字段，又能在不增加指令字长度的情况下扩展操作码的长度，使它能表示更多的指令。

例如，设某机器的指令字长度为 16 位，有 4 位基本操作码字段和 3 个 4 位地址码字段，其格式如下：

15　　12	11　　8	7　　4	3　　0
OP	A_1	A_2	A_3

4 位操作码有 16 种组合可表示 16 条三地址指令。假如，用可变格式编码，要表示 15 条三地址指令，15 条二地址指令，15 条一地址指令和 16 条零地址指令，共表示 61 条指令，则可安排如下。

1）三地址指令 15 条：其操作码由 4 位基本操作码的 0000～1110 组合给出，剩余一个组合 1111 用于把操作码扩展到 A_1，即从 4 位扩展到 8 位。

2）二地址指令 15 条，操作码扩展到 A_1 字段，则操作码有 8 位，可从1111 0000～1111 1111，用1111 0000～1111 1110作为 15 条二地址操作码，剩余一个编码1111 1111用于把操作码扩展到 A_2 字段。

3）一地址指令 15 条，操作码扩展到 A_2 字段，则操作码有 12 位，可从1111 1111 0000～1111 1111 1111，用1111 1111 0000～1111 1111 1110作为 15 条一地址操作码，剩余一个编码1111 1111 1111用于把操作码扩展到 A_3 字段。

4）零地址指令的 16 条，操作码扩展到整个指令字，则操作码有 16 位，由 1111 1111 1111 0000～1111 1111 1111 1111给出。

这种操作码扩展方法称为 15/15/15 法，它是指在用 4 位表示的编码中，用 15 个编码来表示最常用指令的操作码，剩下一个编码用于把操作码扩展到下一个 4 位，如此下去，进行扩展。也可使用其他的扩展方法，如可形成 15 条三地址指令，14 条二地址指令，31 条一地址指令和 16 条零地址指令。

指令操作码扩展技术的原则是：使用频度高的指令应分配短的操作码，使用频度低的指令应分配长的操作码。这样不仅可以有效缩短操作码在程序中的平均长度，节省存储空间，而且缩短了经常使用的指令的译码时间，提高指令的运行速度，也提高了程序的运行速度。

一般机器的字长都是字节的 1、2、4、8 倍，如 Z80 是 8 位机，IBM-PC 的字长是 16 位，386、486、Pentium 机的字长是 32 位等。

计算机指令的长度主要取决于操作码的长度、操作数的长度和操作数地址的个数。由于指令格式的不同，一台机器上的各条指令长度是不一样的，为了充分利用存储空间，指令的长度通常采用字节的整倍数，如 Intel 8086/8088 的指令长度为 8、16、24、32、40 和 48 位 6 种。指令长度与机器字长没有固定的关系，指令长度可以小于机器的字长，也可以大于机器的字长。一般在字长较短的微小型计算机中，大多数指令的长度大于机器字长；而在字长比较长的大中型机中，大多数指令的长度小于或等于机器的字长；长度大于机器字长的指令称为长指令格式，长度小于或等于机器字长的指令称为短指令格式。在同一台计算机中，可能存在长指令格式和短指令格式。

三、指令格式举例

1. 微型计算机 Intel 8086/8088 的指令格式

Intel 8086 是 Intel 公司于 1978 年推出的 16 位的微型机，字长 16 位。Intel 8088 是在 8086 基础之上推出的扩展型准 16 位微型机，字长 16 位，但其外部数据总线 8 位，这样便于与众多的 8 位外部设备连接。由于指令字较短，所以指令结构是一种可变字长格式。两种微型机的指令格式包含单字长指令、双字长指令、三字长指令等多种。指令字长为 16 字节不等，即有 8 位、16 位、24 位、32 位、40 位和 48 位 6 种，其中第 1 字节为操作码；第 2 字节指出寻址方式；第 3～6 个字节给出操作数地址等。

单字长指令格式如下：

操作码

双字长指令格式如下：

操作码	操作数地址

三字长指令格式如下：

操作码	操作数地址 1	操作数地址 2

单字长指令只有操作码，没有操作数地址。双字长或三字长指令包含操作码和地址码。由于内存按字节编址，所以单字长指令每执行一条指令后，指令地址加 1。双字长指令或三字长指令每执行一条指令后，指令地址加 2 或加 3。

2. PDP/11 系列机指令格式

PDP/11 系列机指令字长为 16 位，其指令格式如表 4-1 所示。这里所表示的都是单字长的指令格式，且不包含整个 PDP/11 的所有指令格式。

表 4-1　PDP/11 系列机指令格式

指令类型 \ 指令位	15	14	13	12	11	10	9	8	7	6	5	4	3	2	1	0
单操作数指令	操作码（10 位）										终点地址（6 位）					
双操作数指令	操作码（4 位）				源地址（6 位）						终点地址（6 位）					
转移指令	操作码（8 位）								位移量（8 位）							
转子指令	操作码（7 位）							寄存器号								
子程序返回指令	操作码（13 位）															
条件码操作指令	操作码（11 位）											S	N	Z	V	C

第三节　寻 址 方 式

计算机中有两种信息，即指令和数据（或称为操作数），它们都存放在存储器相应的地址中，运行程序时，计算机逐条执行指令，并对数据进行处理。如何从存储器中找到所需要的指令或数据呢？很明显，只要找到它们在存储器的有效地址即可。所谓寻址方式，就是寻找该操作数或指令的有效地址的方式。

寻址方式是指令系统设计中的重要内容。一套好的寻址方式能给用户提供丰富的程序设计手段，能提高程序的质量和存储空间的利用率。寻址方式分为两类，即指令寻址方式和操作数寻址方式，前者比较简单，后者比较复杂。值得注意的是，内存中指令寻址方式与操作数寻址方式是交替进行的。

指令的地址是由程序计数器（PC）指定，而数据的地址是由指令指定。

一、指令的寻址方式

指令寻址的基本方式有两种，一种是顺序寻址方式，另一种是跳跃寻址方式。

1. 顺序寻址方式

程序中的指令序列在内存中是顺序存放的。因此，程序执行时，是从该程序中的第一条指令开始，逐条取出执行的。这种程序的顺序执行的过程，称为指令的顺序寻址方式。为了达到顺序寻址的目的，CPU 中必有一个程序计数器（又称为指令计数器）PC 对指令进行计数。PC 中开始存放程序的首地址，然后每执行一条指令，PC 加 1，指出下一条指令的地址，直到程序结束。图 4-1 是指令顺序寻址方式的示意图。

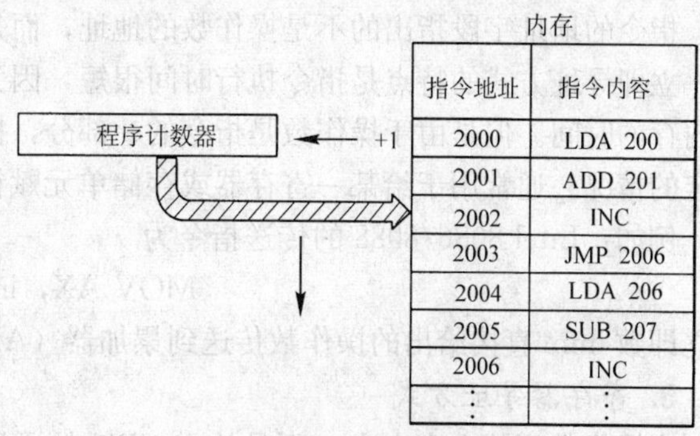

图 4-1　指令的顺序寻址方式

2. 跳跃寻址方式

当程序执行的顺序发生转移时，指令的寻址就采取跳跃的寻址方式。所谓跳跃，是指下一条指令的地址码不是由程序计数器给出，而是由本条指令给出。图 4-2 是指令跳跃寻址方式的示意图。程序跳跃后，按新的指令地址开始顺序执行。因此，指令计数器的内容也必须相应改变，以便及时跟踪新的指令地址。

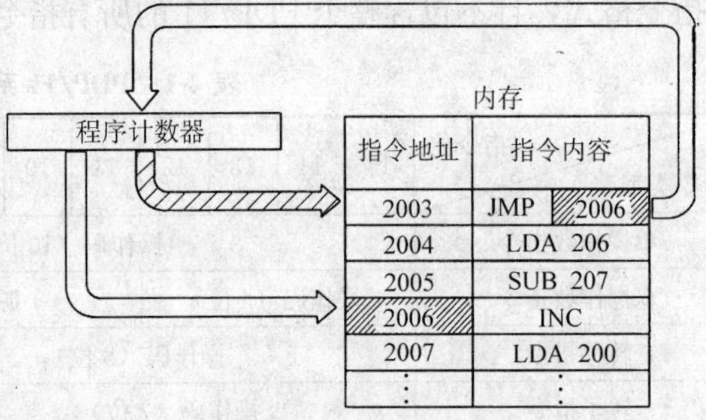

图 4-2 指令的跳跃寻址方式

采用指令跳跃寻址方式，可实现程序的转移或构成循环程序，从而缩短程序长度，或将某些程序作为公共子程序引用。指令系统中的各种条件转移和无条件转移指令，就是为了实现指令的跳跃寻址而设置的。

二、操作数的寻址方式

所谓操作数的寻址方式，就是形成操作数有效地址（EA）的方法。指令字中的地址码字段，通常是由形式地址和寻址方式的特征位等组成的，不是操作数的有效地址。其表示形式如下：

操作码（OP）	寻址方式特征（MOD）	形式地址 A

形式地址是指令字结构中给出的地址量，而寻址方式特征位通常由间址位（I）和变址位（X）等组成。如果指令无间址和变址的要求，则形式地址就是有效地址；如果指令中指明要进行变址或间址变换，则形式地址就不是有效地址。因此，操作数的寻址过程就是将形式地址变换为操作数的有效地址的过程。下面介绍一些比较典型、常用的寻址方式。

1. 隐含寻址

这种类型的指令不是明显地给出操作数的地址，而是在指令中隐含着操作数的地址。例如，单地址的指令格式就不是明显地在地址字段中指出第二操作数的地址，而是规定累加寄存器（AC）作为第二操作数地址。指令格式明显指出的仅是第一操作数的地址 D。因此，累加寄存器（AC）对单地址指令格式来说是隐含地址。

2. 立即寻址

指令的地址字段指出的不是操作数的地址，而是操作数本身，这种寻址方式称为立即寻址。立即寻址方式的特点是指令执行时间很短，因为它不需要访问内存取数，从而节省了访问内存的时间。但是由于操作数是指令的一部分，操作数不能修改，这种方式适合于操作数固定的情况。通常用于给某一寄存器或存储单元赋初值或提供一个常量等。

例如：Intel 8086/8088 的传送指令为

MOV AX，imm

由立即数 imm 直接给出的操作数传送到累加器（AX）中。

3. 寄存器寻址方式

当操作数不放在内存中，而是放在 CPU 的通用寄存器中时，可采用寄存器寻址方式。显然，此时指令中给出的操作数地址不是内存的地址单元号，而是通用寄存器的编号。通用寄存器的数量一般在几个至几十个之间，比存储单元少得多，因此地址码短。从寄存器中存取数据比从存储器中存取快得多，这种方式可缩短指令长度，节约存储空间，提高指令的执行速度，在计算机中使用较广泛。

4. 直接寻址

直接寻址是一种基本的寻址方法，其特点是：在指令格式的地址字段中直接指出操作数在内存中的地址 D。由于操作数的地址直接给出而不需要经过某种变换或运算，所以称这种寻址为直接寻址方式。图 4-3 是直接寻址方式的示意图。

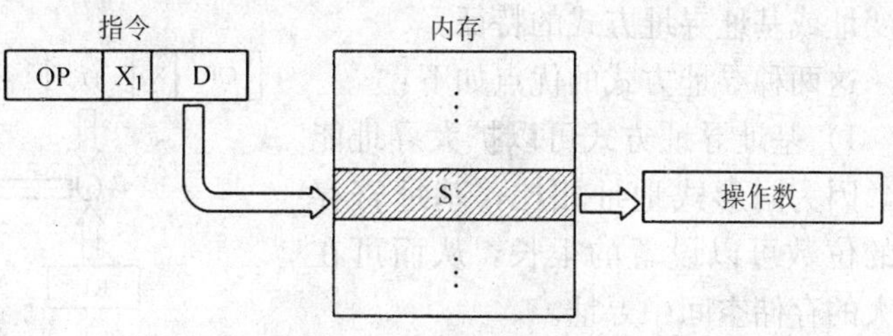

图 4-3 直接寻址方式示意图

采用直接寻址方式时，指令字中的形式地址 D 就是操作数的有效地址 EA，即 EA＝D。因此通常把形式地址 D 又称为直接地址。直接寻址的表示形式如下：

操作码（OP）	直接寻址方式	操作数直接地址

5. 间接寻址

间接寻址是相对于直接寻址而言的，在间接寻址的情况下，指令地址字段中的形式地址 D 不是操作数的真正地址，而是操作数地址的地址，或者说 D 单元的内容才是操作数的有效地址，这种操作数的有效地址由指令地址码所指示的单元内容间接给出的方式，称为间接寻址，简称为间址。图 4-4 画出了间接寻址方式的示意图。

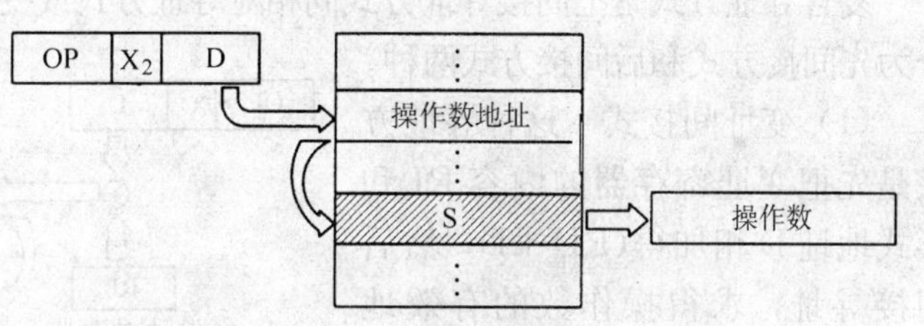

图 4-4 间接寻址方式示意图

间接寻址又分为一次间址和多次间址。一次间接是指形式地址 D 是操作数地址的地址，即 EA＝(D)，如图4-4所示。多次间接是指这种间接在二次或二次以上。如果用 Data 表示操作数，那么一次间接和多次间接的寻址过程用逻辑符号表示如下：

一次间接寻址　Data＝(EA)＝((D))

二次间接寻址　Data＝((EA))＝(((D)))

6. 相对寻址方式

相对寻址是把程序计数器（PC）的内容加上指令格式中的形式地址 D 而形成操作数的有效地址。程序计数器的内容就是当前指令的地址。因此，所谓“相对”寻址，就是相对于当前指令地址而言。采用相对寻址方式的好处是程序员不必用指令的绝对地址编程，因而所编的程序可以放在内存的任何地方。图 4-5 是相对寻址方式的示意图，此时形式地址 D 通常称为偏

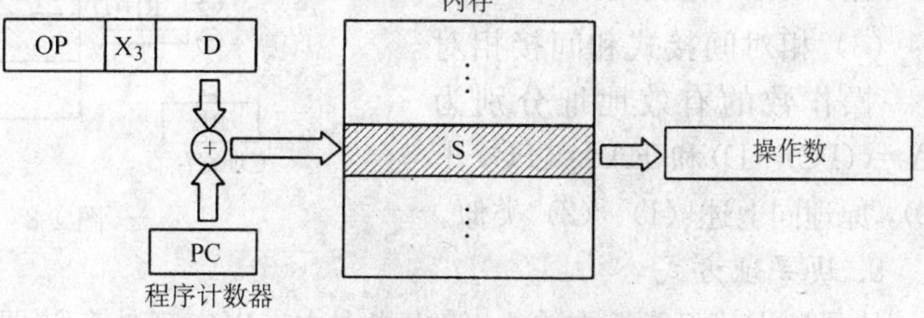

图 4-5 相对寻址方式示意图

移量，其值可正可负，相对于当前指令地址进行浮动。相对寻址方式的特征可由寻址模式 X_3 指定。

7. 变址和基址寻址方式

变址寻址方式与基址寻址方式有点类似，它把某个变址寄存器或基址寄存器的内容，加上指令格式中的形式地址而形成操作数的有效地址，如图 4-6 所示。其中，寻址模式 X_4 指出变址或基址寻址方式的特征。

这两种寻址方式的优点如下：

1）基址寻址方式可以扩大寻址能力，因为同形式地址相比，基址寄存器的位数可以设置的很长，从而可在较大的存储空间中寻址。

2）通过变址寻址方式，可以实现程序块的浮动。

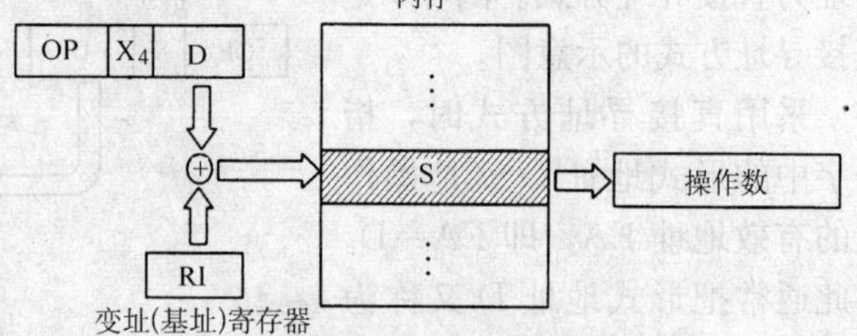

图 4-6　变址和基址寻址方式示意图

3）变址寻址可以使有效地址按变址寄存器的内容实现有规律的变化，而不改变指令本身。

变址寻址和基址寻址的地址计算方法相同，但两者又有细微的区别。习惯上基址寻址中基址寄存器提供基准值而指令提供位移量，而变址寻址中变址寄存器提供位移量而指令提供基准值。

8. 复合寻址方式

复合寻址方式是把间接寻址方式同相对寻址方式或变址方式相结合而形成的寻址方式。它分为先间接方式和后间接方式两种。

（1）变址间接式　这种寻址方式是先把变址寄存器的内容 RI 和形式地址 D 相加得(RI)＋D，然后间接寻址，求得操作数的有效地址，即先变址再间址。

如图 4-7 所示，操作数的有效地址为 EA＝((RI)＋D)。

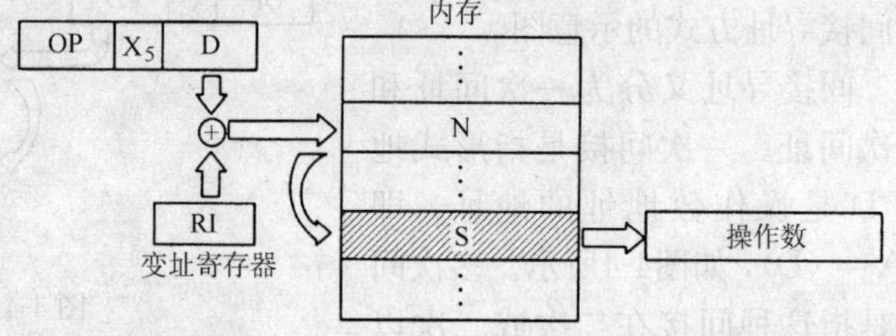

图 4-7　变址间址式

（2）间接变址式　这种寻址方式先将形式地址作间接变换(D)＝N，然后把 N 和变址寄存器的内容相加，即得操作数的有效地址。如图 4-8 所示，操作数的有效地址为

$$EA=RI+(D)=RI+N$$

（3）相对间接式和间接相对式　操作数的有效地址分别为 EA＝((PC)＋D)和 EA＝(PC)＋(D)，原理同上述（1）、（2）类似。

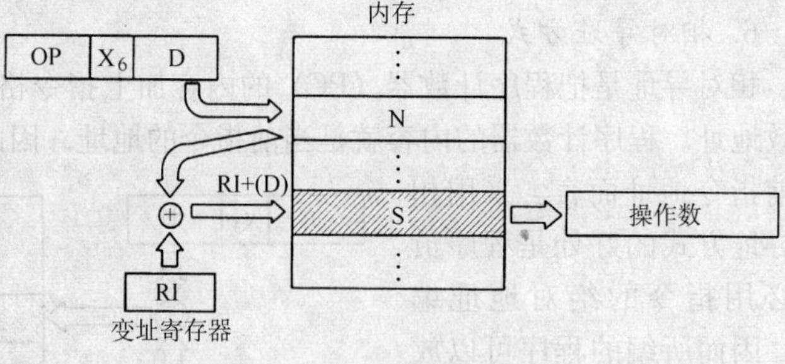

图 4-8　间接变址式

9. 块寻址方式

块寻址方式经常用在输入/输出指令中，以实现外存储器或外部设备同内存之间的数据块传送。块寻址方式在内存中还可用于数据块的移动。

块寻址时，通常在指令中指出数据块的起始地址和数据块的长度（字数或字节数）。如果数据块是定长的，只需在指令中指出数据块的首地址；如果数据块是变长的，则可用以下3种方法指出它的长度。

1）指令中划出字段指出长度。

2）指令格式中指出数据块的首地址和末地址。

3）由块结束字符指出数据块长度。

10. 段寻址方式

Intel 8086 和 8088 等微型机中采用了段寻址方式，它们可以给定一个 20 位的地址，从而有 1MB 的寻址能力。但是 8086 和 8088CPU 内部的 ALU 只能进行 16 位运算，有关地址的寄存器也都是 16 位的。这就是说，各种寻址方式，寻找操作数的范围最多只能是 64KB。为此，将整个 1MB 的存储器以 64KB 为单位划分成若干段。在寻址一个内存具体单元时，由一个基地址再加上某些寄存器提供的 16 位偏移量来形成实际的 20 位物理地址。这个基地址就是 CPU 中的段寄存器提供的。在形成 20 位的物理地址时，段寄存器中的 16 位数会自动左移 4 位，然后与 16 位偏移量相加，即可形成所需的内存地址，如图 4-9 所示。这种寻址方式的实质还是基址寻址。

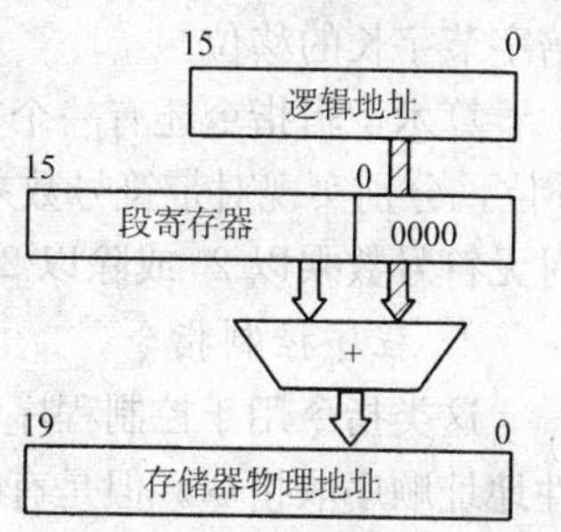

图 4-9　段寻址方式

第四节　指令系统的分类与基本指令

一、指令系统的分类

一台计算机的指令系统通常有几十至几百条指令，机器不同指令系统也不相同。从指令的功能来考虑，一个较完善的指令系统，应包括数据传送指令、算术运算指令、逻辑运算指令、移位操作指令、程序控制指令、输入/输出指令、堆栈操作指令、字符串处理指令和特权指令等。

1. 数据传送指令

这类指令主要用来实现主存和寄存器之间，或寄存器和寄存器之间，主存储器与主存储器之间的数据传送，主要包括取数指令、存数指令、传送指令、成组传送指令、字节交换指令和清累加器指令等。例如，通用寄存器 R_i 中的数据存入主存；通用寄存器 R_i 中的内容送到另一个通用寄存器 R_j；从主存中取数至通用寄存器 R_i；累加寄存器清零或主存单元清零等。

2. 算术/逻辑运算指令

（1）算术运算指令　这类指令用以实现二进制或十进制的定点算术运算和浮点运算功能，主要包括：二进制定点加、减、乘、除指令，浮点数加、减、乘、除算术运算指令，十进制算术运算指令，求反、求补指令，算术比较指令。有些大型机中有向量运算指令，可直接对整个向量或矩阵进行求和、求积运算。

（2）逻辑运算指令　这类指令用以实现对两个数的逻辑运算和位操作功能，主要包括：逻辑加，逻辑乘，按位加，逻辑非，逻辑移位等指令，主要用于代码的转换、判断及运算。

3. 移位操作指令

移位指令用以实现将操作数向左或向右移动若干位的功能，包括算术移位、逻辑移位和循环移位 3 种。

左移时，若寄存器中的数看成算术操作数时，则符号位不动，其他位左移，最低位补零。右移时，其他位右移，则最高位补零，这种移位称为算术移位。移位时，若寄存器的数为逻辑数，则左移或右移时，所有位一起移位，这种移位称为逻辑移位。循环移位按是否与“进位”位 C 一起循环分为小循环（即自身循环）和大循环（即和“进位”位 C 一起循环）两种，用于实现循环式控制、高低字节互换或与算术、逻辑移位指令一起实现双倍字节或多倍字节字长的移位。

算术逻辑指令还有一个很重要的作用，就是用于实现简单的乘除运算。算术左移或右移 n 位，分别实现对带符号数乘以 2^n 或除以 2^n 的运算；同样逻辑左移或右移 n 位，分别实现对无符号数乘以 2^n 或除以 2^n 的运算。这种方法要比用乘、除指令进行乘除运算快得多。

4. 程序控制指令

这类指令用于控制程序流的转移。计算机在执行程序时，通常情况下按指令计数器的线性地址顺序取指令。但是有时会遇到特殊情况：机器执行到某条指令时，出现了几种不同结果，这时机器必须执行一条转移指令，根据不同结果进行转移，从而改变程序原来执行的顺序。这种转移指令称为条件转移指令。转移条件有进位标志（C）、结果为零标志（Z）、结果为负标志（N）、结果溢出标志（V）和结果奇偶标志（P）等。

除各种条件转移指令外，还有无条件转移指令、转子程序指令、返回主程序指令、中断返回指令等。

转移指令的转移地址一般采用直接寻址和相对寻址的方式来确定。若采用直接寻址方式，则称为绝对转移，转移地址由指令地址码部分直接给出。若采用相对寻址方式，则称为相对转移，转移地址为当前指令地址和指令地址部分给出的位移量相加之和。

5. 输入/输出指令

输入/输出指令主要用来启动外部设备，检查测试外部设备的工作状态，并实现外部设备和 CPU 之间，或外部设备和外部设备之间的信息传送。

各种不同机器的输入/输出指令差别很大，例如，有的机器指令系统中含有输入/输出指令，而有的机器指令系统中没有设置输入/输出指令。这时因为各个外部设备的寄存器和存储单元统一编址，CPU 可以和访问内存一样地去访问外部设备。换句话说，可以使用取数、存数等指令来代替输入/输出指令。

6. 堆栈操作指令

堆栈操作指令通常有两条。一条是进栈指令（PUSH），另一条是退栈指令（POP）。进栈指令执行两个动作：一是将数据从 CPU 压入堆栈栈顶；二是修改堆栈指示器。退栈指令也执行两个动作：一是改堆栈指示器；二是从栈顶取出数据到 CPU。这两条指令是成对出现的，因而在程序的中断嵌套、子程序调用嵌套过程中十分有用和方便。

7. 字符串处理指令

字符串处理指令是一种非数值处理指令，一般包括字符串传送、字符串转换（把一种编码的字符串转换成另一种编码的字符串）、字符串比较、字符串查找（查找字符串中某一子串）、字符串抽取（提取某一子串）、字符串替换（把某一字符串用另一字符串替换）等。这类指令在文字编辑中对大量字符串进行处理十分方便。

8. 特权指令

特权指令是指具有特殊权限的指令。由于指令的权限最大，因此，使用不当会破坏系统和其他用户的信息。这类指令只用于操作系统和其他系统软件，一般不直接提供给用户使用。在多用户、多任务的计算机系统中特权指令必不可少。它主要用于系统资源的分配和管理，包括改变系统的工作方式，检测用户的访问权限，修改虚拟存储器管理的段表、页表，完成任务的创建和切换等。

9. 其他指令

除以上各类指令外，还有状态寄存器置位、复位指令、测试指令、停机指令以及其他一些特殊控制用的指令。

二、基本指令系统

一台CISC（复杂指令系统计算机）的指令系统一般多达二三百条，例如DEC的VAX11/780计算机有303条指令，18种寻址方式。Pentium机有191条指令，9种寻址方式。但是对CISC进行的测试表明，最常使用的是一些最简单、最基本的指令，并且仅占指令总数的20%，但在程序中出现的频率却占80%。因此从学生学习考虑，主要掌握下面给出一个基本指令系统，如表4-2所示。另外从应用考虑，这些指令的功能也具有普遍意义，几乎所有计算机的指令集中都能找到这些指令。

表 4-2　基本指令系统

	指　令	符号代码	八进制码	操 作 说 明
单地址指令	取　数	LDA·D	01X XXX	(M)→A
	存　数	STA·D	02X XXX	(A)→M
	加　法	ADD·D	03X XXX	A+(M)→A
	减　法	SUB·D	04X XXX	A−(M)→A
	逻辑乘	AND·D	05X XXX	(A)∧(M)→A
	逻辑加	ORA·D	06X XXX	(A)∨(M)→A
	按位加	EOR·D	07X XXX	(A)⊕(M)→A
	比　较	CMP·D	10X XXX	(A)−(M)
	内存修改	ISZ·D	11X XXX	(M)+1→M结果为0转移
	无条件转移	JMP·D	14X XXX	无条件转移至M单元
	进位置转	BCS·D	15X XXX	C=1,转移至M单元
	零　转	BEQ·D	16X XXX	Z=1,转移至M单元
	负　转	BMI·D	17X XXX	N=1,转移至M单元
	溢出置转	BVS·D	20X XXX	V=1,转移至M单元
零地址指令	进　栈	PUSH	120 000	$(A)\to M_{sp}$,(SP)−1→SP
	退　栈	POP	130 000	(SP)+1→SP,$(M_{sp})\to A$
	加　1	INC	210 000	(A)+1→A
	求　反	COM	220 000	$(\bar{A})\to A$

（续）

	指　令	符号代码	八进制码	操 作 说 明
	取　补	NEG	230 000	0－(A)→A
	减　1	DEC	240 000	(A)－1→A
	清　零	CLA	250 000	0→A
	循环左移	ROL	260 000	← C ← A ←
	循环右移	ROR	270 000	→ C → A →
零地址指令	算术左移	ASL	300 000	C ← A ← 0
	算术右移	ASR	310 000	A → C
	逻辑右移	LSR	320 000	0 → A → C
	测试 I/O	IOT	330 000	完成标志 D=1 时，指令跳步
	测　试	TST	340 000	A－0，为 0 时 Z=1，为负时 N=1
	累加器→CCR	TAP	350 000	(A)→CCR
	CCR→累加器	TPA	360 000	(CCR)→A
	清中断禁止	CLI	370 000	0→I(中断禁止标志)
	置中断禁止	SEI	400 000	1→I
	暂　停	HLT	000 000	停止操作

这个指令系统假定 CPU 中只有一个累加寄存器 A，所以对累加寄存器的寻址采用隐含寻址方式。当 CPU 中使用多累加器结构时，只要对多累加器进行编址，这个指令系统也能够完全适用。当然在这种情况下，需要采用二地址指令格式。

“符号代码”一栏中，指令的助记符用头 3 个字母来表示，如“LDA”表示从主存取数，“ADD”表示加法，“SUB”表示减法，等等。符号“·”在这里不表示助记符，其意是可以灵活使用：当访问主存时，可以表示寻址方式；当访问外部设备时，可以表示控制方式等。最后一个字母 D 表示形式地址。

“八进制码”一栏表示一条指令用八进制码表示的数字。其中头两位数字表示指令的操作码，第三位符号“X”表示一位八进制数，它与符号代码一栏中的符号“·”相对应。后 3 位符号“XXX”表示 3 位八进制数，它与形式地址 D 相对应。

对这个指令系统，可以采用本章前面讲过的许多寻址方式。但从教学角度来考虑，为了有个简单模型，我们假定除采用隐含寻址方式外，只使用直接寻址方式和间接寻址方式。为此我们规定采用字母“I”表示间接标志，这样，表中的符号“·”就可用字母 I 来代替。例如，指令“LDA I 126”表示间接寻址，而指令“LDA 126”表示直接寻址。在前一种情况下，126 不是操作数的有效地址；而在后一种情况下，126 就是操作数的有效地址。

“操作说明”一栏中，字母 M 表示通过寻址方式变换后所得的有效地址。A 表示累加寄存器。(M) 表示单元 M 中的内容，(A) 表示累加器中的内容。箭头符号“→”表示信息传送的方向。C，Z，N，V 表示状态条件码寄存器（CCR）的 4 个标志触发器：运算结果有进位时 C 置“1”；运算结果为 0 时 Z 置“1”；运算结果为负时 N 置“1”；运算结果溢出时 V 置“1”。这些标志触发器用来记录操作结果，以便使程序进行条件转移。此外，进栈、退栈指令中要用到堆栈指示器 SP。

第五节 精简指令系统计算机和复杂指令系统计算机

一、精简指令系统计算机（RISC）

RISC 指令系统最大的特点如下：

1）选取使用频率最高的一些简单指令。

2）指令长度固定，指令格式种类少，寻址方式种类少。

3）只有取数/存数指令访问存储器，其余指令的操作都是在寄存器之间进行。

表 4-3 列出典型 RISC 指令系统的基本特征。

表 4-3 典型 RISC 指令系统的基本特征

型 号	指令数	寻址方式	指令格式	通用寄存器数	主频/MHz
RISC—Ⅰ	31	2	2	78	8
RISC—Ⅱ	39	2	2	138	12
MIPS	55	3	4	16	4
SPARC	75	4	3	120～136	25～33
MIPSR3000	91	3	3	32	25
i860	65	3	4	32	50

下面以 SPARC 为例来说明 RISC 指令系统。

SPARC 指令系统是一 RISC，字长 32 位，有 3 种指令格式、6 种指令类型，共有 75 条指令。

1. SPARC 指令格式和指令类型

SPARC 共有 3 种指令格式，如表 4-4 所示。

表 4-4 SPARC 指令格式

格式	位 31–30	位 29–25	位 24–19	位 18–14	位 13	位 12–5	位 4–0
格式 1 CALL 指令（位 31 30 29 … 0）	OP	disp 30（位移量，30）					
格式 2 BRANCH 指令（位 31 30 29 28 … 25 24 22 21 … 0）	OP	a Cond	OP_2	disp22（位移量）			
格式 2 SETHI 指令	OP	Rd	OP_2	imm22（立即数）			
格式 3 其他指令（位 31 30 29 25 24 19 18 14 13 12 5 4 0）	OP	R_d	OP_3	R_{s1}	i	A_{s1}	R_{s2}
格式 3 其他指令	OP	R_d	OP_3	R_{s1}	i	Simm13	
格式 3 其他指令	OP	R_d	OP_3	R_{s1}	OP_f		R_{s2}

其中 OP、OP_2、OP_3 为指令操作码，OP_f 为浮点指令操作码。为了增加立即数长度和位移量长度，有 3 条指令将指令码缩短了，其中 CALL 为调用指令，BRANCH 为转移类指令，SETHI 指令的功能是将 22 位立即数左移 10 位，送入 R_d 所指示的寄存器中，然后再执行一条加法指令以补充后面 10 位数据，从而形成 32 位字长的数据。

R_{s1}、R_{s2} 为通用寄存器地址，用做源操作数地址或地址寄存器地址。

R_d 为目标寄存器地址。目标寄存器用来保存运算结果或由存储器取来的数据。但是在执行存数指令时，保存的则是源操作数，并将此操作数送往指定的存储器单元地址中。

Simm13 是 13 位扩展符号的立即数。运算时若其最高位为 1，则最高位前面的所有位都扩展为 1；若其最高位为 0，则最高位为前面的所有位都扩展为 0。

i 用来选择第二个操作数。$i=0$ 时，第二个操作数在 R_{s2} 中；$i=1$ 时，第二个操作数为 Simm13。

SPARC 有如下 6 种指令类型：

1）算术运算/逻辑运算/移位指令。

2）取数/存数指令。

3）控制转移指令。

4）读/写专用寄存器指令。

5）浮点运算指令。

6）协处理器指令。

后两类指令由浮点运算器或协处理器完成。当机器没有配置这种部件时，将通过子程序实现。

2. 指令的功能与寻址方式

（1）算术/逻辑运算/移位指令　功能：将 R_{S1}，R_{S2} 的内容（或 Simm13）按操作码规定的操作运算后将结果送往 R_d，即

(R_{S1}) OP $(R_{S2}) \rightarrow R_d$　　（当 $i=0$ 时）

(R_{S1}) OP Simm13$\rightarrow R_d$　　（当 $i=1$ 时）

RISC 的特点之一是所有参与算术逻辑运算的数据均在寄存器中。

例如：　ADD　R_1，R_2，　R_3　表示$(R_1)+(R_2)\rightarrow R_3$

　　　　ADD　R_1，80H，R_3　表示$(R_1)+80H\rightarrow R_3$

（2）LOAD/STORE 指令（取数/存数指令）　功能：取数指令（LOAD）将存储器中的数据送往 R_d 中，而存数指令（STORE）将 R_d 中的数据送往存储器中。

存储器地址的计算方法如下：

当 $i=0$ 时，存储器地址$=(R_{S1})+(R_{S2})$；

当 $i=1$ 时，存储器地址$=(R_{S1})+$Simm13。

在 RISC 中，只有 LOAD/STORE 指令访问存储器。

例如：LOAD　R_1，R_2，　R_3表示$((R_1)+(R_2))\rightarrow R_3$

　　　STORE　R_1，80H，R_3表示 $R_3\rightarrow(R_1)+80H$

（3）控制转移类指令　此类指令改变 PC 的值，SPARC 有 5 种控制指令。

1）条件转移（BRANCH）：由 Cond 字段决定程序是否转移。用相对寻址方式形成转移地址。

2）转移并连接（JMPL）：将本条指令的地址（PC 值）保存在以 R_d 为地址的寄存器中，以备程序返回时使用。用寄存器间址方式形成转移地址。

3）子程序调用（CALL）：采用相对寻址方式形成转移地址。

4）陷阱（TRAP）：采用寄存器间址方式形成转移地址。

5）从 TRAP 程序返回（RETT）：用寄存器间址方式形成转移地址。

（4）读/写专用寄存器指令　SPARC 有 4 个专用寄存器（PSR，Y，WIM，TBR），其中 PSR 称为程序状态寄存器，它的内容反映并控制机器的运行状态，比较重要，因此读/写 PSR 的指令一般是特权指令。

3. 某些指令的替代实现

在 SPARC 中，有一些指令没有选入指令系统，但很容易使用指令集中的另外一条指令来替代实现。这时 SPARC 约定 R_0 的内容恒为 0，而且立即数可以作为一个操作数处理。表 4-5 举出了某些指令的替代实现，由此我们可以体验到所谓“精简指令系统”的含义和用意。

表 4-5　某些指令的替代实现

指　令	功　能	替代指令	实 现 方 法
MOVE	寄存器间传送数据	ADD	$R_S+R_0\rightarrow R_d$
INC	寄存器内容加 1	ADD	立即数 imm13=1，作为操作数
DEC	寄存器内容减 1	SUB	立即数 imm13=－1，作为操作数
NEG	取负数	SUB	$R_0-R_S\rightarrow R_d$
NOT	取反码	XOR	立即数 imm13=－1，作为操作数
CLR	清除寄存器	ADD	$R_0+R_0\rightarrow R_d$

二、复杂指令系统计算机（CISC）

随着 VLSI 技术的发展，计算机的硬件成本不断下降，软件成本不断提高，使得人们热衷于在指令系统中增加更多的指令和复杂的指令，以提高操作系统的效率，并尽量缩短指令系统与高级语言的语义差别，以便于高级语言的编译和降低成本。另外，为了做到程序兼容，同一系列计算机的新机器和高档机的指令系统只能扩充而不能减去任意一条，因此也促使指令系统越来越复杂，某些计算机的指令多达几百条，人们称这些计算机为复杂指令系统计算机（Complex Instruction Set Computer，CISC）。

CISC 复杂指令系统计算机的特点如下：

1）指令系统越来越复杂，指令数目一般多达二三百条。

2）寻址方式多。

3）指令格式多。

4）指令字长不固定。

5）可访存指令不加限制。

6）各种指令使用频率相差很大。

7）各种指令执行时间相差很大。

8）大多数采用微程序控制器。

但是日趋庞大的指令系统不但使计算机的研制周期变长，而且增加了调试和维护的难度，还可能降低系统的性能。

Pentium 指令系统

1. 指令格式

Pentium 采用可变长指令格式，最短的指令只有1字节，最长的指令可有十几字节。其指令由以下两个部分组成。

（1）前缀　位于指令操作码前，各类前缀的字节数如下：

前缀类型：	指令前缀	段前缀	操作数长度	地址长度
字节数：	0或1	0或1	0或1	0或1

前缀不是每条指令必须有的。如有的话，各种前缀也都是可选的。

1）指令前缀：指令前缀由 LOCK 前缀和重复操作前缀组成。LOCK 前缀在多机环境下规定是否对共享的存储器以独占方式使用。重复操作前缀表示重复操作的类型。

2）段前缀：如果有段前缀，则指令采用段前缀指定的段寄存器，而不用该指令默认值规定的段寄存器。

3）操作数长度前缀：如果有该前缀，操作数长度将采用它规定的操作数长度处理，而不用该指令默认值规定的操作数长度，以便操作数在16位或32之间进行切换。

4）地址长度前缀：如果有该前缀，地址长度将采用它规定的地址长度，而不用该指令默认值规定的地址长度，以便处理器用16位或32位地址来寻址存储器。

（2）指令　令各部分的长度和含义如图4-10所示。

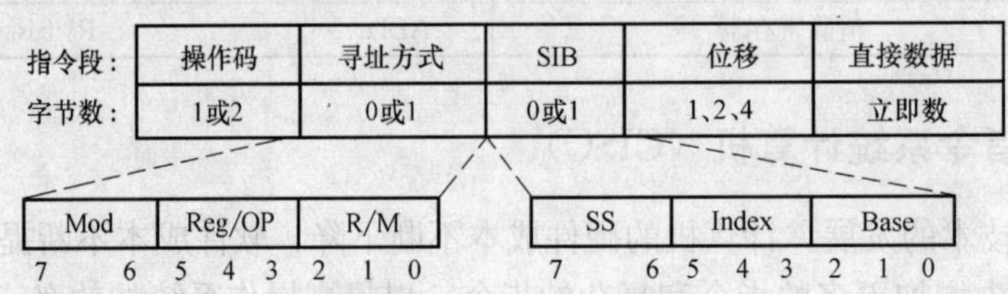

图4-10　Pentium 指令

1）操作码：1～2字节，操作码除了指定指令的操作外，还有以下信息，数据是字节还是全字长；数据传送方向，即寻址方式字节中 REG 字段指定的寄存器是源还是目标。指令中如果有立即数，是否对它进行符号扩展。

2）寻址方式：由 Mod、Reg/OP 和 R/M 这3个字段组成，由 Mod 和 R/M 联合指定8种寄存器寻址和24种变址寻址方式，Reg/OP 指定某个寄存器为操作数或作为操作码的扩展用。

3）SIB：由 SS（2位）、Index 和 Base 这3部分组成。SS 指定比例系数（变址寻址方式时用），Index 指定变址寄存器，Base 指定基址寄存器。

4）位移量：指令中如果有位移量，可以是1、2或4字节。

5）直接数据：指令中如果有立即数，可以是1、2或4字节。

2. 寻址方式

（1）Pentium 物理地址的形成　Pentium 物理地址的形成如图4-11所示。Pentium 的逻辑地址包括段和偏移量，段号经过段表直接得到该段的首地址，再和有效地址（即段内偏移）相加形成一维的线性地址。如果采用页式存储管理，则线性地址再转化为实际的物理地址。后一个步骤与指令系统无关，由存储管理程序实现，对程序员来讲是透明的，因此下面介绍的寻址方式仅涉及线性地址的产生。

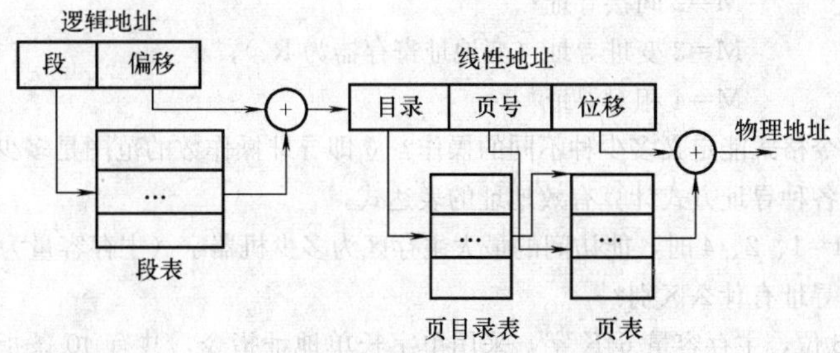

图 4-11 Pentium 物理地址的形成

(2) Pentium 的寻址方式 Pentium 的主要寻址方式如表 4-6 所示。

表 4-6 Pentium 的主要寻址方式

寻址方式	说明
立即寻址	指令直接给出操作数
寄存器寻址	指定的寄存器 R 的内容为操作数
位移	LA=(SR)+A
基地寻址	LA=(SR)+B
基址加位移	LA=(SR)+(B)+A
比例变址加位移	LA=(SR)+(I)×S+A
基址加变址加位移	LA=(SR)+(B)+(I)×S+A
基址加比例变址加位移	LA=(SR)+(B)+(I)×S+A
相对寻址	LA=(PC)+A

注：LA 线性地址 (X)—X 的内容；SR—段寄存器；PC—程序计数器；R—寄存器；A—指令中给定地址段的位移量；B—基址寄存器；I—变址寄存器；S—比例系数。

习 题 四

4-1 什么是指令？什么是指令系统？如何评价一个指令系统的性能优劣？

4-2 什么叫做寻址方式？寻址方式有哪几类？操作数基本寻址方式有哪几种？每种寻址方式有效地址的数学形式如何表达？

4-3 某指令系统指令长 16 位，每个操作数的地址码长 6 位，指令分为无操作数、单操作数和双操作数三类。若双操作数指令有 K 条，无操作数指令有 L 条，问单操作数指令最多可能有多少条？

4-4 在操作数的寻址方式中，_______寻址方式是指相对于当前 PC 所指向的存储单元偏移一个给定量的寻址方式。_______寻址方式是指指令直接给出操作数。_______寻址方式是指指令直接给出操作数的地址。_______寻址方式是指操作数放在通用寄存器中。_______寻址方式是指操作数的地址放在通用寄存器中。操作数的地址为某一寄存器的内容与指令中位移之和，则可以是_______寻址方式、_______寻址方式和_______寻址方式。

4-5 某机 16 位字长指令格式如下：

OP	M	D
5	3	8

其中，D 为形式地址，补码表示（包括一位符号位）。

M 为寻址方式 M=0 立即寻址；

M=1 直接寻址（此时 D 视为无符号数）；

M=2 间接寻址；

M=3 变址寻址（变地址寄存器为 R_X）；

M=4 相对寻址

试问：(1) 该指令格式能定义多少种不同的操作？立即寻址操作数的范围是多少？

(2) 写出各种寻址方式计算有效地址的表达式。

(3) 当 M=1、2、4 时，能访问的最大主存区为多少机器字（主存容量为 64K 字）？

4-6 基址寻址与变址寻址有什么区别？

4-7 某计算机字长 16 位，主存容量 64K 字，采用单字长单地址指令，共有 40 条指令。试采用直接、立即、变址、相对 4 种寻址方式设计指令格式。

4-8 指令格式如下，该指令为复合型寻址方式—变址间址寻址方式，试分析指令的寻址过程或写出有效地址的计算式。

15 10	9 8	7 5	4 0
OPCODE	寻址方式	变址寄存器	位移量

4-9 指令格式结构如下，其中 6～11 位指定源地址，0～5 位指定目标地址，试分析指令格式及寻址方式特点。

15 12	11 9	8 6	5 3	2 0
OPCODE	寻址方式	寄存器	寻址方式	寄存器

4-10 一种二地址 RS 型指令的结构如下：

6 位	3 位	4 位	1 位	2 位	16 位
OP	——	通用寄存器	I	X	位移量 D

其中，I 为间接寻址标志，X 为寻址模式字段，D 为位移量字段，通过 I、X、D 的组合，可构成如表 4-7所示的寻址方式。

表 4-7 寻址方式

寻址方式	I	X	有效地址 E 算法	说　明
(1)	0	00	E=D	
(2)	0	01	E=(PC)+D	PC 为程序计算器
(3)	0	10	E=(R_2)+D	R_2 为变址寄存器
(4)	0	11	E=(R_3)	
(5)	1	00	E=(D)	
(6)	1	01	E=((PC)±D)	
(7)	1	10	E=((R_2)±D)	
(8)	1	11	E=((R_1)±D)	R_1 为基址寄存器

请写出 8 种寻址方式的名称。

4-11 以下有关 RISC 的描述中，选择正确答案。

A. 采用 RISC 技术后，计算机的体系结构又恢复到早期的比较简单的情况。

B. 为了实现兼容，新设计的 RISC，是原来 CISC 系统的指令中挑选一部分实现的。

C. RISC 的主要目的是减少指令数。

D. RISC 设有乘、除法指令和浮点运算指令。

第五章　中央处理部件

控制器和运算器一起组成中央处理器（CPU），它是计算机系统里的重要核心部件。运算器在前面已经介绍过，本章主要介绍控制器。

第一节　CPU的功能与组成

一、CPU的功能

要使计算机系统完成具体的任务，就要各部件协调工作。CPU的功能就是控制各部件协调工作，主要具有如下4个方面的功能。

1. 指令控制

若要计算机解决某个问题，程序员就先要编制好程序，程序是指令的有序集合。程序被装入内存后，应能按其指令序列有条不紊地执行，才能完成任务。因此，严格控制程序的顺序执行，这是CPU的首要任务。

2. 操作规程控制

一条指令的执行，涉及计算机中的若干个部件。控制这些部件协同工作，要靠各种操作信号组合起来工作。因此，CPU产生操作信号传送给被控部件，并能检测其他部件发送来的信号，是协调各个部件按指令要求完成规定任务的基础。

3. 时间控制

要使计算机有条不紊地工作，对各种操作信号的产生时间、稳定时间、撤销时间及相互之间的关系都有严格要求。对操作信号时间的控制，称为时间控制。只有严格的时间控制，才能保证各功能部件组合构成有机的计算机系统。

4. 数据加工

要完成具体的任务，就不可避免地涉及数值数据算术运算、逻辑数据的逻辑运算以及其他非数值数据（如字符、字符串）的处理。这些运算和处理，称为数据加工。数据加工处理是完成程序功能的基础，因此，数据加工是CPU的根本任务。

二、CPU的基本组成

传统的CPU由运算器和控制器两大部分组成，但是随着高密度集成电路技术的发展，现代的CPU中已经加入了Cache和浮点运算器等，因而CPU的内部更加复杂。这样CPU由运算器、控制器和Cache组成。这3部分功能各异，相互配合来完成CPU的各项任务。本章以传统的CPU进行讲述，图5-1是CPU主要组成部分的逻辑结构。

控制器由程序计数器、指令寄存器、指令译码器、时序产生器和操作控制器组成，它指挥和协调计算机完成各种程序规定的动作。控制器的主要任务如下：

（1）取指　从主存中取出一条指令，并指出下一条指令在主存中的位置。

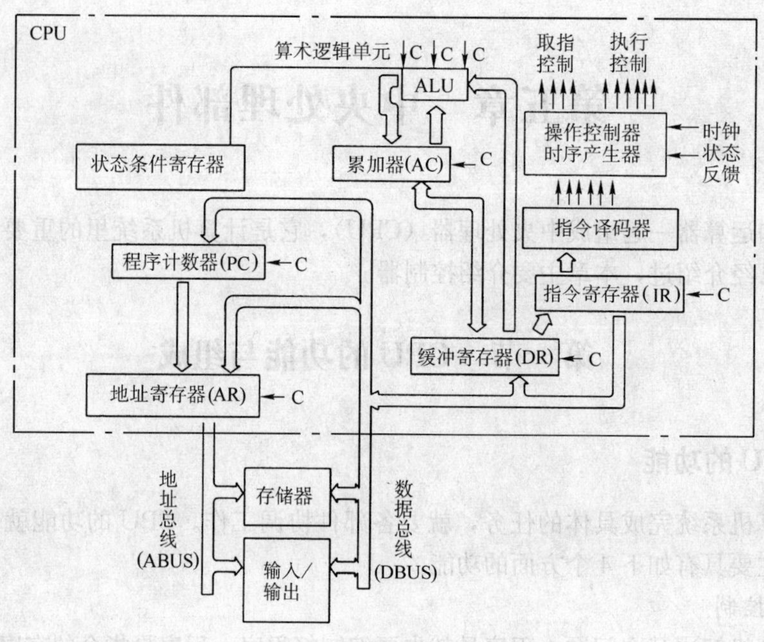

图 5-1　CPU 主要组成部分逻辑结构

（2）译码　对译码器中的指令进行识别和解释，并产生相应的控制信号，启动相应的部件，完成指令规定的动作。

（3）数据流控制　指挥 CPU、主存和输入/输出部件之间的数据流动方向。

运算器由算术逻辑单元（ALU）、累加寄存器、数据缓冲寄存器和状态条件寄存器组成，它是数据加工处理部件。运算器接受控制器的命令完成具体的数据加工任务，能执行所有的算术运算和逻辑运算，并能进行各种逻辑测试。

控制器是控制部件，运算器是执行部件，运算器所进行的全部操作都是由控制器发出的控制信号来指挥的。

三、CPU 中的主要寄存器

CPU 中至少有以下 6 个主要寄存器。

1. 指令寄存器（IR）

指令寄存器用来保存当前正在执行的一条指令的代码。指令寄存器中操作码字段的输出就是指令译码器的输入，指令译码器对指令寄存器中的操作码字段译码后，即可向操作控制器发出具体操作的信号。

2. 程序计数器（PC）

程序计数器总是指向将要执行的下一条指令的内存地址，以保证程序能自动地连续执行下去。在程序开始执行时，PC 中存放的是程序第一条指令所在内存单元的地址。当执行程序时，CPU 将自动修改 PC 的内容，以便使其保持的总是将要执行的下一条指令的地址。由于大多数指令都是按顺序执行的，所以修改的过程通常只是简单对 PC 加 1。

但是，当遇到转移指令时，那么后继指令的地址（即 PC 的内容）必须从指令寄存器中的地址段取得。在这种情况下，下一条从内存取出的指令将由转移指令来规定，而不是像通常一样按顺序来取得。因此程序计数器应当具有寄存信息和计数两种功能。

3. 地址寄存器（AR）

地址寄存器用来保存 CPU 当前所访问的内存单元的地址。由于在 CPU 和内存之间存在着操作速度上的差异，所以必须要使用地址寄存器来保持内存的地址信息，直到内存存取操作完成为止。

4. 数据缓冲寄存器（DR）

数据缓冲寄存器主要作为 CPU 和内存、外设之间信息传送的中转站，用以补偿 CPU 和内存、外设之间操作速度上的差别。另外，在单累加器结构的运算器中，缓冲寄存器还可以兼作操作数寄存器使用。

5. 累加寄存器（AC）

累加寄存器（AC）通常简称为累加器。当 ALU 执行算术运算或逻辑运算时，为 ALU 提供一个工作区，可以为 ALU 暂时存放一个操作数或运算结果。当运算器中只有一个累加寄存器时，称为单累加器结构，否则称为多累加器结构。

6. 状态条件寄存器

状态条件寄存器用来保存 ALU 执行的状态信息，如运算结果进位标志（C）、运算结果溢出标志（V）、运算结果为零标志（Z）、运算结果为负标志（N）等。

除此之外，状态条件寄存器还保存中断和系统工作状态等信息，以便使 CPU 能及时了解计算机及程序的运行状态。

四、操作控制器和时序产生器

以上 6 个主要寄存器，每一个完成一种特定的功能，并且各寄存器之间要有信息传送的“数据通路”。CPU 中负责在各寄存器之间建立数据通路，并控制信息在各寄存器之间传送的部件称为操作控制器。操作控制器的功能就是根据指令操作码和时序信号，产生各种操作控制信号，以便正确地建立数据通路，从而完成信息的传送。

根据设计方法不同，操作控制器可分为组合逻辑型、存储逻辑型、组合逻辑与存储逻辑结合型 3 种。第一种称为硬布线控制器，它是采用组合逻辑技术来实现的；第二种称为微程序控制器，它是采用存储逻辑来实现的；第三种称为门阵列控制器，它是综合前两种设计思想来实现的。

CPU 中除了操作控制器外，还必须有时序产生器。时序产生器的作用就是对各种操作信号进行定时，在时间上对各种操作信号进行约束，以便对各种操作信号进行协调。

第二节　指令周期与时序信号产生器

一、指令周期

1. 指令周期的基本概念

计算机之所以能自动地工作，是因为 CPU 能不断地从存放程序的内存中取出一条指令并执行，如图 5-2 所示。指令周期是取出并执行一条指令所需要的时间。由于各种指令的操作功能不同，因此各种指令的指令周期是不尽相同的。

指令周期常常用若干个 CPU 周期数来表示，CPU 周期数也称为机器周期。一个 CPU 周期时间又包含若干个时钟周期，时钟周期又称为节拍脉冲或 T 周期，它是处理器操作的最基本单位。由于 CPU 内部的操作速度较快，而 CPU 访问一次内存所花的时间较长，因此通常用从内存中读取一个指令字的最短时间来规定 CPU 的周期。这就是说，一条指令的取出阶段需要一个 CPU 周期，执行一条速度最快的指令的时间也需要一个 CPU 周期。因此，取出和执行一条指令所需要的最短时间为两个 CPU 周期，而复杂一些的指令周期，则需要多个 CPU 周期。

如果指令执行时间的 T 周期数与取指的 T 周期数相同，人们称它为定长 CPU 周期。定长的 CPU 周期组成的指令周期示意图如图 5-3 所示。

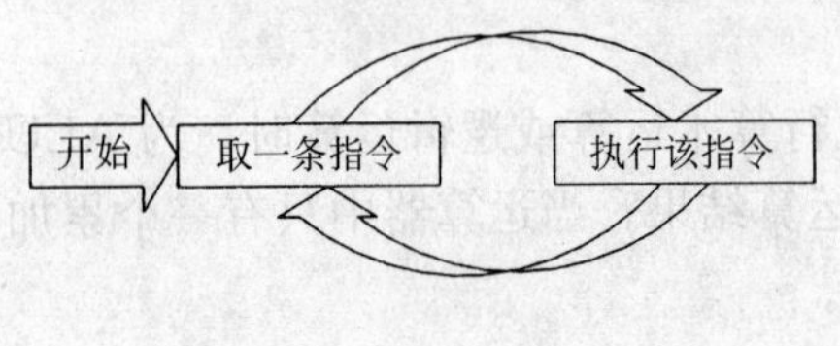

图 5-2　取指令和执行指令序列

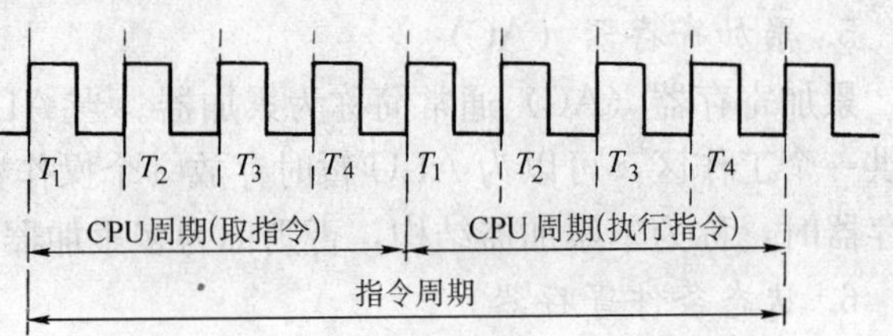

图 5-3　定长 CPU 周期组成的指令周期

由于零地址指令在执行阶段不需要访问内存，操作比较简单，因此为了提高时间利用率，在许多机器中采用了不定长的 CPU 周期。在这种情况下，在执行指令阶段可以跳过某些时钟周期，从而可以缩短执行指令的时间。不定长的 CPU 周期示意图如图 5-4 所示。

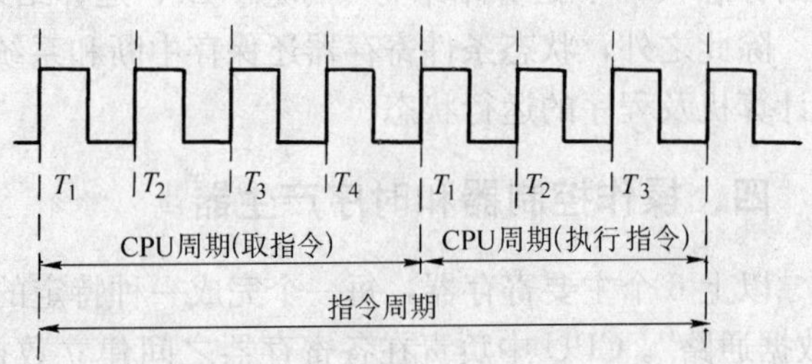

图 5-4　不定长 CPU 周期组成的指令周期

表 5-1 列出了一个简单的程序，该程序由 5 条非常典型的指令组成。其中 CLA 指令的功能是将累加器清零，属非访内指令；ADD 指令的功能是实现加法，属直接访内指令；STA 指令实现存数操作，属间接访内指令；JMP 指令是程序转移指令。我们将在下面通过 CPU 执行这一程序的过程，来具体认识每一条指令的指令周期及执行过程。

表 5-1　5 条典型指令组成的一个程序

八进制地址	八进制内容	助记符	八进制地址	八进制内容	助记符
020	250 000	CLA	…	…	
021	030 030	ADD 30	030	000 006	
022	021 031	STA I 31	031	000 040	
023	140 021	JMP 21	…	…	
024	000 000	HLT	040	存和数单元	

2. 非访内指令的指令周期

一条非访内指令的指令周期需要两个 CPU 周期，其中取指令阶段需要一个 CPU 周期，执行指令阶段需要一个 CPU 周期。在第一个 CPU 周期，即取指令和译码阶段，CPU 完成以下 3 个操作：①从内存取出指令；②对程序计数器（PC）加 1，以便为取下一条指令做好准备；③对取得的指令的操作码进行译码或测试，确定该指令的操作。

在第二个 CPU 周期，即执行指令阶段，CPU 根据对指令操作码的译码或测试，进行指令所要求的操作。对非访内指令来说，执行阶段通常涉及累加器的内容。

(1) 取指令阶段　假定表 5-1 的程序已经装入主存中，程序计数器（PC）的值为 20（八进制）。

一条指令的取指令阶段示意图如图 5-5 所示。在此阶段内，CPU 的动作可分为以下几个步骤：

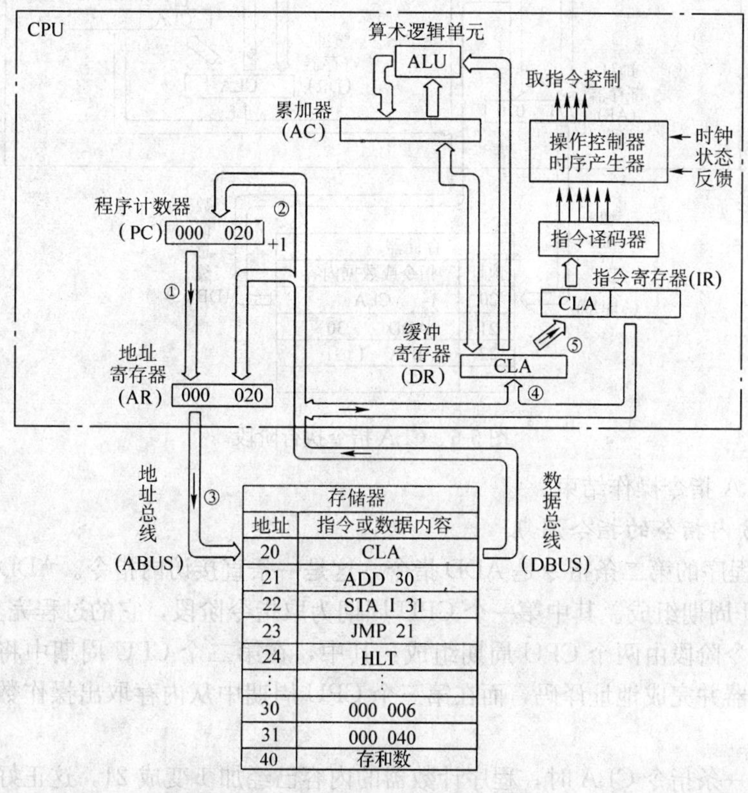

图 5-5　取出 CLA 指令

1）程序计数器的内容 20（八进制）被装入地址寄存器（AR）。

2）程序计数器的内容加 1，变成 21，为取下一条指令做好准备。

3）地址寄存器的内容被放到地址总线上。

4）所选存储器单元 20 的内容 250 000（八进制）经过数据总线，传送到数据缓冲寄存器（DR）。

5）缓冲寄存器的内容传送到指令寄存器（IR）。

6）指令寄存器中的操作码被译码或测试。

7）经过译码，CPU 识别出是一个零地址格式的指令 CLA。

(2) 执行指令阶段　CLA 指令的执行阶段示意图如图 5-6 所示。在此阶段中，CPU 完成下列两项动作：

1）操作控制器送 CLA 相应的控制信号给算术逻辑运算单元（ALU）。

2）ALU 响应该操作信号，将累加寄存器（AC）的内容清零，从而执行了 CLA 指令。

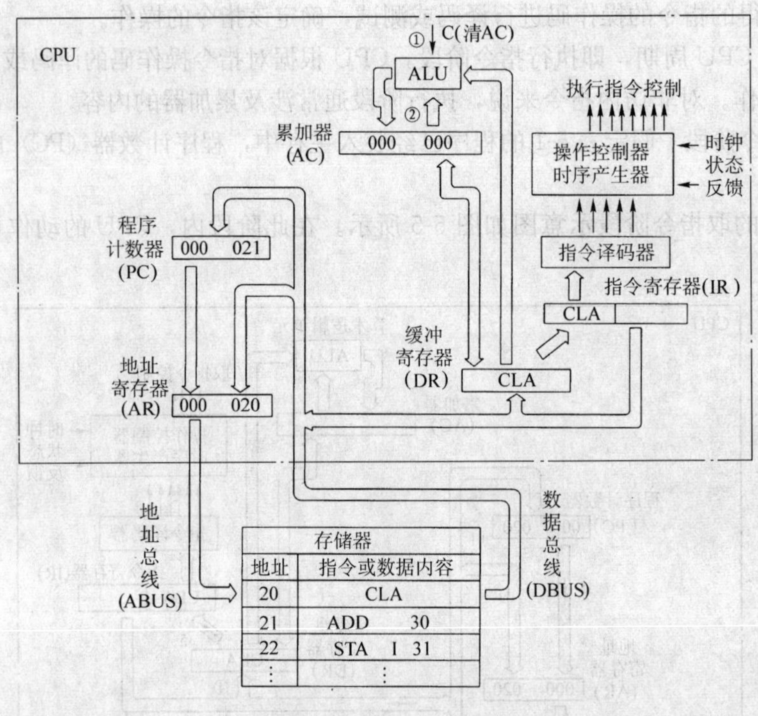

图 5-6 CLA 指令执行阶段

至此，CLA 指令操作结束。

3. 直接访内指令的指令周期

表 5-1 中程序的第二条指令是 ADD 指令，这是一条直接访内指令。ADD 指令的指令周期由 3 个 CPU 周期组成。其中第一个 CPU 周期为取指令阶段，它的过程完全与 CLA 指令相同。执行指令阶段由两个 CPU 周期组成：其中，在第二个 CPU 周期中将操作数的地址送往地址寄存器并完成地址译码，而在第三个 CPU 周期中从内存取出操作数并执行相加的操作。

在取出第一条指令 CLA 时，程序计数器的内容已经加 1 变成 21，这正好是存放“ADD 30”指令的内存单元。这样，当从内存取第二条指令时，取指令阶段和译码的过程和第一条指令相同，这里不再重复。所以只讨论这条指令的执行阶段的情况。假定第一个 CPU 周期结束时，指令寄存器中已经存放好 ADD 指令并进行译码测试，同时，程序计数器的内容加 1，变为 22，为取第三条指令做好准备。

（1）送操作数地址　第二个 CPU 周期主要完成送操作数地址，其数据通路如图 5-7 所示。

在此阶段，CPU 的动作只有一个，将指令寄存器中的地址码部分（30）装入地址寄存器，其中 30 为内存中存放操作数的地址。

（2）取操作数并相加　第三个 CPU 周期主要完成取操作数并执行加法操作，其数据通路如图 5-8 所示。

在此阶段，CPU 完成如下动作：

1）把地址寄存器中的操作数地址（30）发送到地址总线上。

2）由存储器单元 30 读出操作数（6），并经数据总线送到数据缓冲寄存器（DR）。

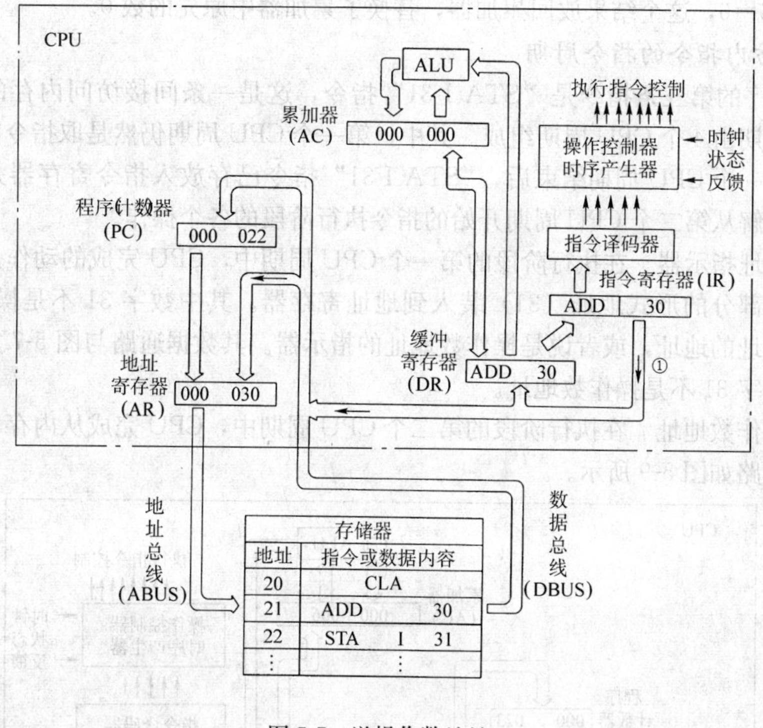

图 5-7　送操作数地址

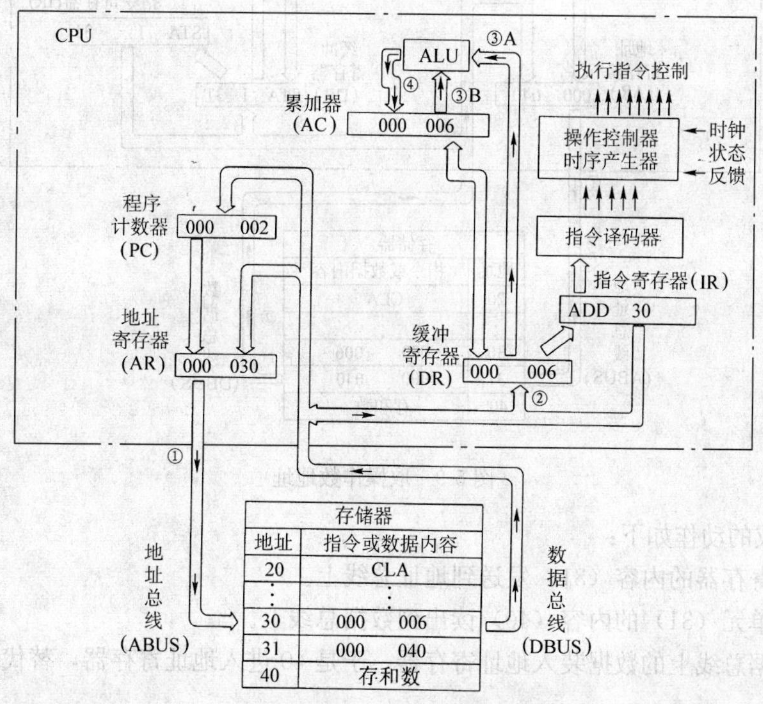

图 5-8　取操作数并执行加法操作

3）执行加法操作：由数据缓冲寄存器来的操作数（6）可送 ALU 的一个输入端，已等候在累加器中的另一个操作数送往 ALU 的另一个输入端，于是 ALU 将两数相加，产生运算结果为 0+6=6，这个结果放回累加器，替换了累加器中原先的数 0。

4. 间接访内指令的指令周期

表 5-1 程序的第三条指令是“STA I 31”指令，这是一条间接访问内存的指令。STA 指令的指令周期由 4 个 CPU 周期组成。其中，第一个 CPU 周期仍然是取指令阶段，其过程如前所述。第一个 CPU 周期结束后，“STA I 31”指令已存放入指令寄存器并完成译码测试。下面只讲解从第二个 CPU 周期开始的指令执行阶段的各个操作。

（1）送地址指示器　在执行阶段的第一个 CPU 周期中，CPU 完成的动作是，把指令寄存器中地址码部分的形式地址（31）装入到地址寄存器。其中数字 31 不是操作数的地址，而是操作数地址的地址，或者说是操作数地址的指示器。其数据通路与图 5-7 完全一样，所不同的仅是数字 31 不是操作数地址。

（2）取操作数地址　在执行阶段的第二个 CPU 周期中，CPU 完成从内存取出操作数地址，其数据通路如图 5-9 所示。

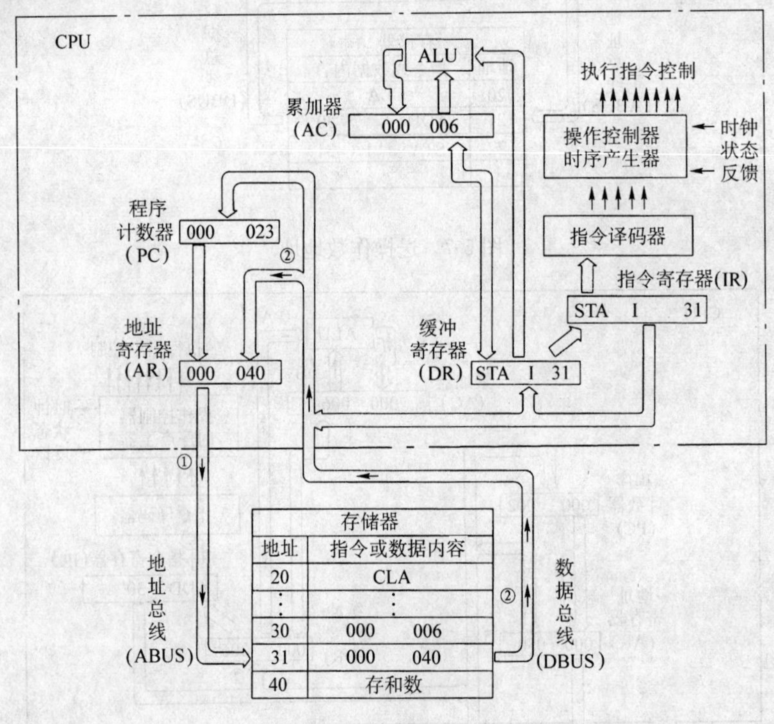

图 5-9　取操作数地址

CPU 完成的动作如下：

1）地址寄存器的内容（31）发送到地址总线上。

2）存储单元（31）的内容（40）读出到数据总线上。

3）把数据总线上的数据装入地址寄存器。于是 40 进入地址寄存器，替代了原先的内容（31）。

至此，操作数地址 40 已经取出，并放入地址寄存器中。

（3）存储和数　执行阶段的第三个 CPU 周期中，累加器的内容传送到缓冲寄存器，然后再存入所选定的存储单元（40）中。其数据通路如图 5-10 所示。

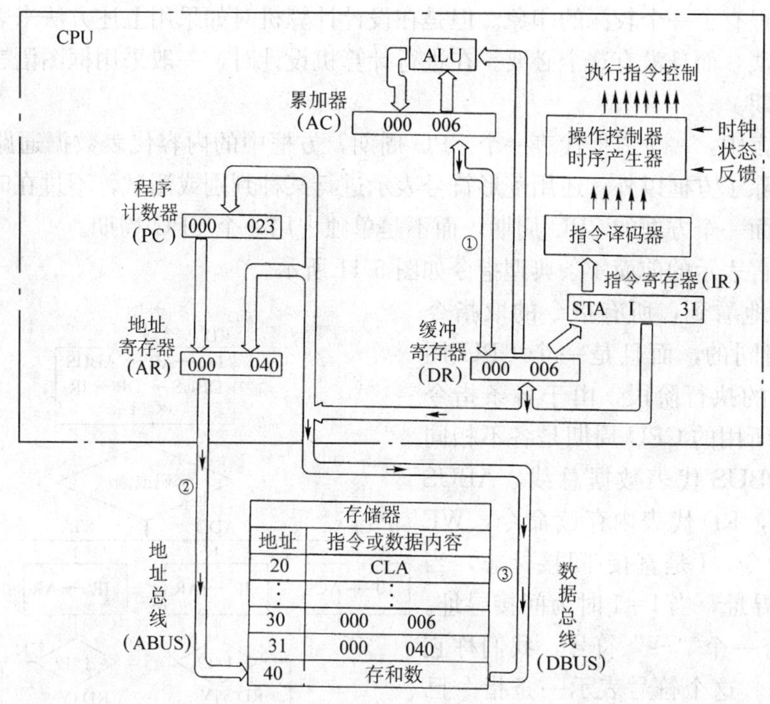

图 5-10　存储和数

CPU 完成如下动作：

1）累加器的内容（6）被传送到数据缓冲寄存器 DR。

2）把地址寄存器的内容（40）发送到地址总线上，40 即为将要存入的数据 6 的内存单元号。

3）把缓冲寄存器的内容（6）发送到数据总线上。

4）把数据总线上的数据写入到所选择的存储单元中，即将数 6 写入到存储器 40 号单元中。

5. 程序控制指令的指令周期

程序现在已经进行到第四条指令，即“JMP 21”指令，这是一条程序控制指令。它的含义是改变程序原先的顺序，从而无条件地转移到地址 21 开始的指令。

JMP 指令既可以是直接寻址指令，也可以是间接寻址指令，在本例中，它是直接寻址。该指令仍需两个 CPU 周期。第一个周期仍然是取指令阶段，CPU 把 23 号存储单元的“JMP 21”指令取出放入指令寄存器，同时程序计数器内容加 1，变为 24，从而为取下一条指令（HLT）做好准备。第二个 CPU 周期为执行阶段。在这个阶段中，CPU 把指令寄存器中的地址码部分 21 送到程序计数器，从而用新内容 21 代替 PC 原先的内容（24）。这样，下一条指令将不从 24 单元读出，而是从存储器 21 号单元开始读出并执行，从而改变了程序原先的执行顺序。

表 5-1 所示的程序是一个死循环程序，我们仅仅是把它作为一个例子来说明程序转移指令能够改变指令的执行顺序而已。

6. 用框图语言表示指令周期

上面介绍了 4 条典型指令的指令周期，通过画示意图和数据通路图，对一条指令的取指过程和执行过程有了一个较深的印象。但是在设计计算机时如果用上述方法来表示指令周期就显得过于繁琐，而且没有这个必要。在进行计算机设计时，一般采用框图语言来表示一条指令的指令周期。

在框图语言中，一个方框代表一个 CPU 周期，方框中的内容代表数据通路的操作或某种控制操作。除了方框以外，还用菱形符号表示进行某种判别或测试，不过在时间上它依附于紧接它的前面一个方框的 CPU 周期，而不是单独占用一个 CPU 周期。

用框图语言表示的前面 4 条典型指令如图 5-11 所示。

可以明显地看到，所有指令的取指令阶段是完全相同的，而且是一个 CPU 周期。但是指令的执行阶段，由于各条指令的功能不同，所用的 CPU 周期是各不相同的。框图中 DBUS 代表数据总线，ABUS 代表地址总线，RD 代表内存读命令，WE 代表内存写命令，I 是直接/间接标志，当 I＝0时为直接寻址，当 I＝1 时为间接寻址。图 5-11 中还有一个“～”符号，我们称它为公操作符号。这个符号表示一条指令已经执行完毕，转入公操作。所谓的公操作就是一条指令执行完毕后，CPU 所进行的一些操作，这些操作主要是 CPU 对外设请求的处理。如果外设没有向 CPU 请求数据交换，那么 CPU 又转向内存取下一条指令。由于所有指令的取指令阶段是完全一样的，因此取指令也可以认为是公操作。这是因为一条指令执行结束后，如果没有外设请求，CPU 一定转入“取指令”操作。

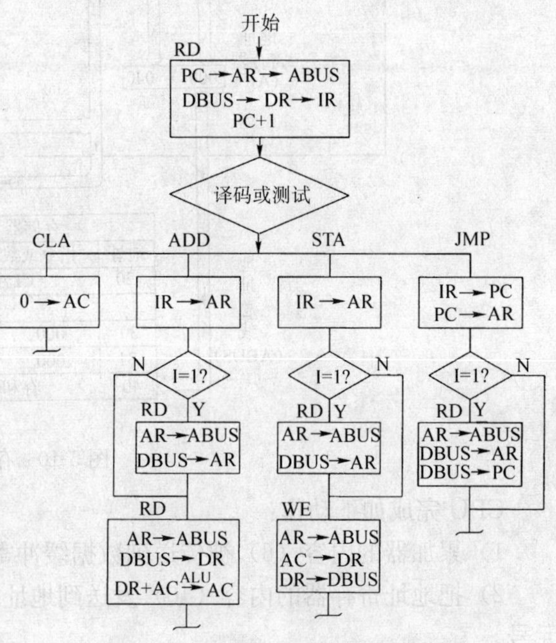

图 5-11　用框图语言表示机器指令周期

二、时序信号产生器

计算机之所以能够准确、迅速、有条不紊地工作，正是因为在 CPU 中有一个时序信号产生器。机器一旦被启动，即 CPU 开始取指令并执行指令时，操作控制器就利用定时脉冲的顺序和不同的脉冲间隔，有条理、有节奏地指挥机器各个部件按规定时间动作，提供计算机各部分工作时统一的时间标志。

组合逻辑控制器中，时序信号往往采用主状态周期—节拍电位—节拍脉冲三级体制。一个节拍电位表示一个 CPU 周期的时间，它表示了一个较大的时间单位；在一个节拍电位中又包含若干个节拍脉冲，以表示较小的时间单位；而主状态周期可包含若干个节拍电位，所以它是最大的时间单位。主状态周期可以用一个触发器的状态持续时间来表示。

在微程序控制器中，时序信号比较简单，一般采用节拍电位—节拍脉冲二级体制。就是说，它只有一个节拍电位，在节拍电位中又包含若干个节拍脉冲。节拍电位表示一个 CPU 周期的时间，而节拍脉冲把一个 CPU 周期划分成几个较小的时间间隔。根据需要，这些时间间隔既可以相等，也可以不等。各种计算机的时序信号产生电路是不尽相同的。一般来说，大、中型计算机的时序电路比较复杂，而小、微型计算机的时序电路比较简单，这是因为前者涉及的操作动作比较多，后者涉及的操作动作较少。另一方面，从设计操作控制器的方法来讲，组合逻辑控制器的时序电路比较复杂，而微程序控制器的时序电路比较简单。然而不管是哪一类，时序信号产生器最基本的构成是一样的。

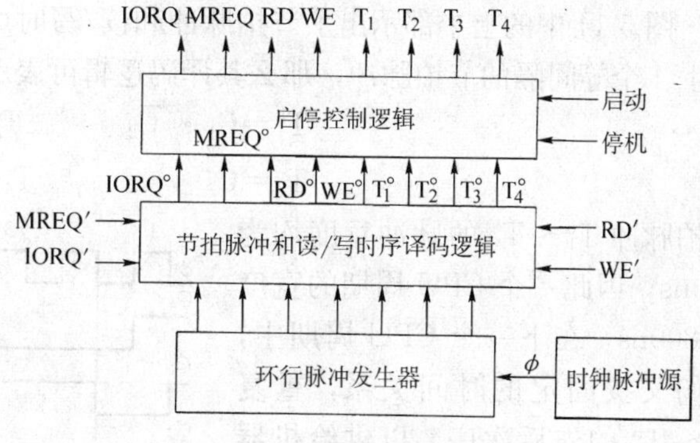

图 5-12　时序信号产生器框图

微程序控制器中使用的时序信号产生器的结构如图 5-12 所示，它由时钟脉冲源、环行脉冲发生器、节拍脉冲和读/写时序译码逻辑、启/停控制逻辑等部分组成。

1. 时钟脉冲源

时钟脉冲源用来为环行脉冲发生器提供频率稳定且电平匹配的方波时钟脉冲信号。它通常由石英晶体振荡器和与非门组成的正反馈振荡电路构成，其输出送至环行脉冲发生器。

2. 环行脉冲发生器

环行脉冲发生器的作用是产生一组有序的间隔相等或不等的脉冲序列，以便通过译码电路来产生最后所需要的节拍脉冲。

环行脉冲发生器有两种形式，一种是采用普通计数器，另一种是采用循环移位寄存器。由于前者容易在节拍脉冲上带来干扰毛刺，所以通常采用循环移位寄存器形式。一种典型的环行脉冲发生器及其译码逻辑如图 5-13 所示，它采用循环移位寄存器形式。

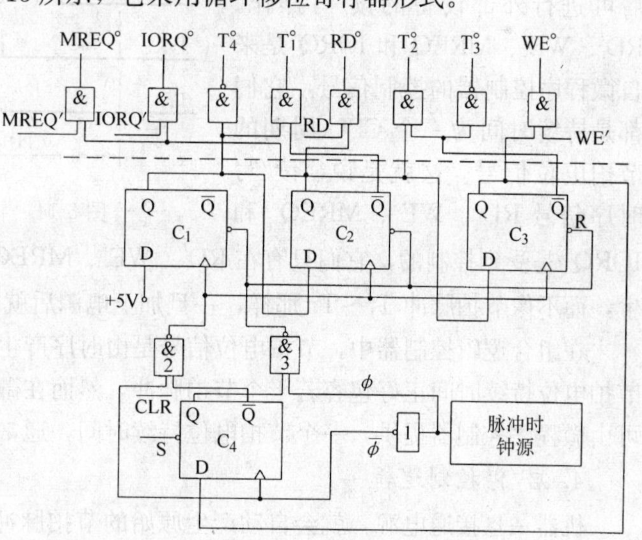

图 5-13　环形脉冲发生器与译码逻辑

在图 5-13 中，假定时钟源输出 5MHz（脉冲宽度 200ns）的时钟信号。当 CPU 发出总清信号（$\overline{CLR}$）使触发器 C_4 置“1”时，门 3 打开，第一个正脉冲 ϕ 通过门 3 使触发器 C_1～C_3 清“零”。经过半个主脉冲周期（100ns）的延迟，触发器 C_4 由“1”状态翻到“0”状态，再经过半个主脉冲周期的延迟后，第二个正脉冲的上升沿（即第一个 $\overline{\phi}$ 的后沿）作移位信号，使触发器 C_1～C_3 变为“100”状态。此后，第二个 $\overline{\phi}$ 和第三个 $\overline{\phi}$ 连续通过门 2 形成移位信号，使触发器 C_1～C_3 相继变为“110”，“111”状态。当 C_3 变为“1”状态时（对应第四个正脉冲），其状态便反映到触发器 C_4 的 D 端，因而在第四个正脉冲的下降沿时又将 C_4 置“1”，门 3 再次打开，第五个正脉冲便通过门 3 形成清“零”脉冲，将触发器 C_1～C_3 清“零”。于是下一个循环再度开始。

3. 节拍脉冲和读/写时序的译码逻辑

图 5-14 中的上半部示出了节拍脉冲和读/写时序的译码逻辑。假定在一个 CPU 周期中产生 4 个等间隔的节拍脉冲，那么其译码逻辑可表示为

$$T_1^o = C_1 \cdot \overline{C}_2 \qquad T_2^o = C_2 \cdot \overline{C}_3$$

$$T_3^o = C_3 \qquad T_4^o = \overline{C}_1$$

节拍脉冲 $T_1^o \sim T_4^o$ 的脉冲宽度均为 200ns，因此一个 CPU 周期的宽度为 800ns，在下一个 CPU 周期中，它们又按固定的时间关系，重复 $T_1^o \sim T_4^o$ 的先后次序，以供给机器工作所需要的原始节拍脉冲。

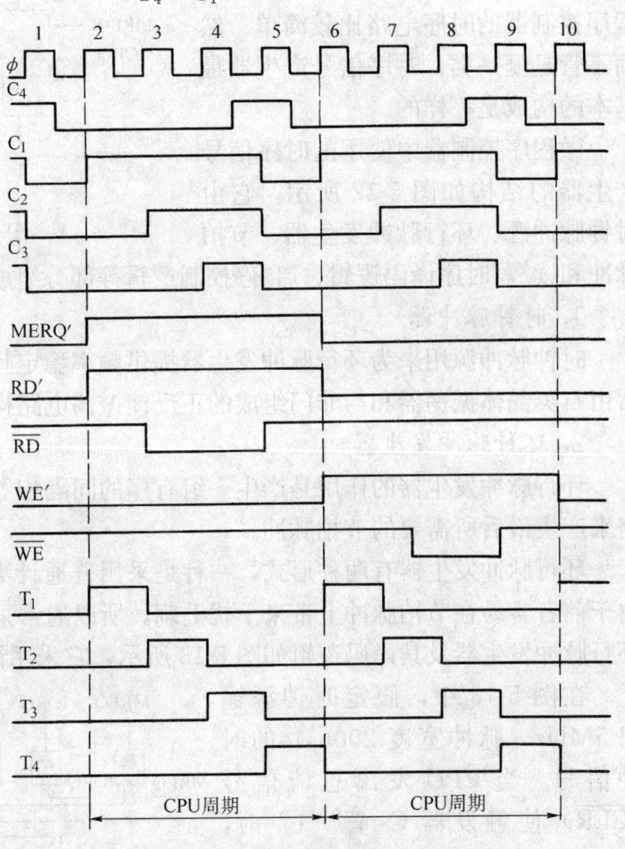

图 5-14　节拍电位与节拍脉冲时序关系图

读/写时序信号的译码逻辑表达式为

$RD^o = C_2 \cdot RD'$

$WE^o = C_3 \cdot WE'$

$MREQ^o = C_2 \cdot MREQ'$

$IORQ^o = C_2 \cdot IORQ'$

其中，RD^o、WE^o 和 $MREQ^o$ 信号配合可进行存储器的读/写操作；而 RD^o、WE^o 和 $IORQ^o$ 信号配合后可进行外部设备的读/写操作。RD'、WE'、$MREQ'$和 $IORQ'$是来自微程序控制器的控制信号，它们都是持续时间为一个 CPU 周期的节拍电位信号。这就是说，读/写时序信号 RD^o、WE^o、$MREQ^o$ 和 $IORQ^o$ 是受到控制的，它们只有在 RD'、WE'、$MREQ'$和 $IORQ'$的控制信号有效后才能产生，而不像节拍脉冲 $T_1^o \sim T_4^o$ 那样，一旦加上电源后就会自动产生。

在组合逻辑控制器中，节拍电位信号是由时序产生器本身通过逻辑电路来产生的。一个节拍电位持续时间正好包容若干个节拍脉冲，然而在微程序设计的计算机中，节拍电位信号可由微程序控制器提供，一个节拍电位持续时间，通常也是一个 CPU 周期时间。

4. 启/停控制逻辑

机器一旦接通电源，就会自动产生原始的节拍脉冲信号 $T_1^o \sim T_4^o$。然而，只有在启动机器运行的情况下，才允许时序产生器发出 CPU 工作所需要的节拍脉冲 $T_1 \sim T_4$。为此需要由启/停控制逻辑来控制 $T_1^o \sim T_4^o$ 的发送。同样，对读/写时序信号也需要由启/停逻辑加以控制。

启/停控制逻辑的核心是一个运行标志触发器（C_r），如图 5-15 所示。当运行触发器为“1”时，原始节拍脉冲 $T_1^o \sim T_4^o$ 和读/写时序信号 RD^o、WE^o、$MREQ^o$ 通过门电路发送出去，

变成 CPU 真正需要的节拍脉冲信号 $T_1 \sim T_4$ 和读/写时序 $\overline{RD}$、$\overline{WE}$、$\overline{MREQ}$。反之，当运行触发器为“0”时，就关闭时序产生器。

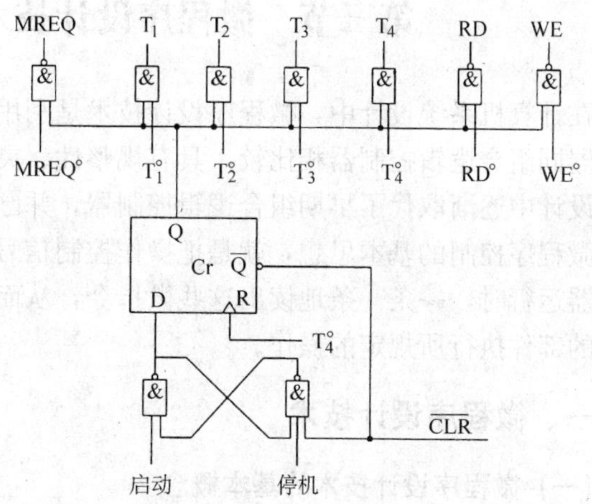

图 5-15　启/停控制逻辑

由于启动计算机是随机的，停机也是随机的，为此必须要求：当计算机启动时，一定要从第一个节拍脉冲的前沿开始工作，而在停机时一定要在第四个节拍脉冲结束后关闭时序产生器。只有这样，才能使发送出去的脉冲都是完整的脉冲。图 5-15 中，在 C_r 触发器下面加上一个 RS 触发器，可以保证在 T_1 的前沿开始启动时序产生器，而在 T_4 的后沿关闭时序产生器。

三、CPU 的控制方式

每条指令所需要操作控制信号的多少及出现的先后各不相同。形成控制不同操作序列的时序信号的方法称为 CPU 控制器的控制方式，其实质是反应了时序信号的定时方式。常用控制方式有同步控制、异步控制和联合控制 3 种。

1. 同步控制方式

同步控制方式又称为固定时序控制方式，其基本思想是选取部件中最长的操作时间作为统一的时间标准，使所有的部件都在这个时间间隔内启动并完成操作。通常采用同步的时序发生器，产生固定的周而复始的周期电位、节拍电位，用这些统一的时序信号，将各种操作定时，实现同步控制。

例如，对指令的执行周期来说，如果各种指令的执行周期微操作序列事先能准确地知道，则可将其中执行时间最长的指令作为标准，确定执行周期的节拍数，所有的指令都按这个统一的时间间隔安排它们的操作。又例如，对指令的机器周期来说，选取存储器的工作周期作为标准时间间隔，这样，取指令、取操作数、执行周期均相等，使 CPU 与存储器同步工作。

同步控制方式的优点是时序关系比较简单，控制器设计方便，但造成时间上的浪费。

2. 异步控制方式

所谓的异步控制方式是指每条指令、每个操作控制信号需要多少时间就占用多少时间。这意味着每条指令的指令周期可有多少不等的机器周期数组成；也可以是当控制器发出某一操作信号后，等待执行部件完成操作后发回“回答”信号，然后再开始新的操作。显然，用这种方式形成的操作控制序列没有固定的 CPU 周期数（节拍电位）或严格的时钟周期（节拍脉冲）与之同步。

3. 联合控制方式

联合控制方式是同步控制和异步控制相结合的一种控制方式。一种情况是，大部分操作序列安排在固定的机器周期中，而对某些时间难以确定的操作则以执行部件的“回答”信号作为本次操作的结束。另一种情况是，机器周期的节拍脉冲数固定，但是各条指令中的机器周期数不固定。

第三节　微程序设计技术和微程序控制器

在计算机系统设计中，微程序设计技术是利用软件方法来设计硬件的一门技术。微程序控制器同组合逻辑控制器相比较，具有规整性、灵活性、可维护性等一系列优点，因而在计算机设计中逐渐取代了早期组合逻辑控制器，并已被广泛地应用。

微程序控制的基本思想，就是把操作控制信号编成微指令，存放到一个只读存储器里。当机器运行时，一条一条地读出这些微指令，从而产生全机所需要的各种操作控制信号，使相应的部件执行所规定的操作。

一、微程序设计技术

（一）微程序设计技术的基本概念

1. 微命令和微操作

一台计算机基本上可分为控制部分和执行部分，CPU 中的控制器是控制部分，运算器、存储器、外部设备相对控制器来说则是执行部件。控制部件通过控制线向执行部件发出各种控制命令，通常把这种控制命令称为微命令。而执行部件接受微命令后所执行的操作，叫做微操作。微命令与微操作一一对应。因此，微命令是控制计算机各功能部件完成某个微操作的命令。

2. 微指令与微周期

微指令——若干个微命令的组合，以编码的形式存放在控制存储器的一个单元中，控制实现一步操作。从控制存储器中读取一条微指令并执行相应的微操作所需的时间称为微周期。

3. 微程序与机器指令

一系列微指令的有序集合叫微程序。若干条有序的微指令构成的微程序，可以实现一条机器指令的功能，即一条机器指令可以分解为若干条有序的微指令。

4. 控制存储器

控制存储器是存放微程序的存储器。由于该存储器主要存放控制命令和下一条执行的微指令地址，所以称为控制存储器。一般情况下，计算机指令系统是固定的，所以实现指令系统的微程序也是固定的。控制存储器可以用只读存储器来实现。由于机器内控制信号数量比较多，加上决定下一条微指令地址的地址码有一定的宽度，所以控制存储器的字长要比机器字长长得多。执行一条指令实际上就是执行一段存放在控制存储器中的微程序。

（二）微指令的基本结构

1. 微指令的基本格式

微指令的基本结构如图 5-16 所示。微指令是由操作控制和顺序控制两大部分组成的。

操作控制部分用来发出管理和指挥全机工作的控制信号。用户可以用操作控制字段每一

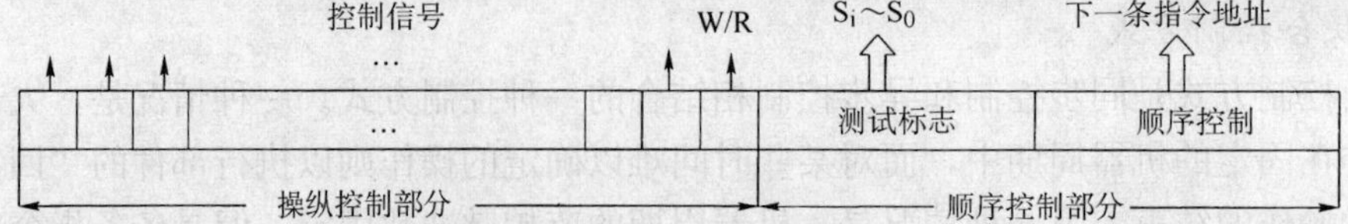

图 5-16　微指令基本格式

位表示一个微命令，位信息为“1”时，表示发出微命令；而某一位信息为“0”时，表示不发出微命令。微命令信号既不能来得太早，也不能来得太晚，为此，要求这些微命令信号还需要加入时间控制。

顺序控制部分用来决定产生下一条微指令的地址。一条机器指令的功能是由许多条微指令组成的序列来实现的，这个微指令序列就是微程序。当执行当前一条微指令时，必须指出下一条微指令的地址，以便当前一条微指令执行完毕后，取出下一条微指令。决定下一条微指令地址的方法有多种，但基本上还是由微指令顺序控制字段来决定，即用微指令顺序控制字段的若干位直接给出下一条微指令地址，其余各位则作为判别测试状态的标志，若标志为“0”，则表示不进行判别测试，直接按顺序控制字段给出的地址取下一条微指令；标志为“1”，则表示进行判别测试，根据测试结果，按要求修改相应的地址位信息，并按修改后的地址取下一条微指令。

2. CPU周期与微指令周期的关系

在串行方式的微程序控制器中，微指令周期等于读出指令的时间加上执行该条微指令的时间。为了保证整个机器控制信号的同步，可以将一个微指令周期时间设计恰好和CPU周期时间相等。图5-17所示的是CPU周期与微指令周期的关系。

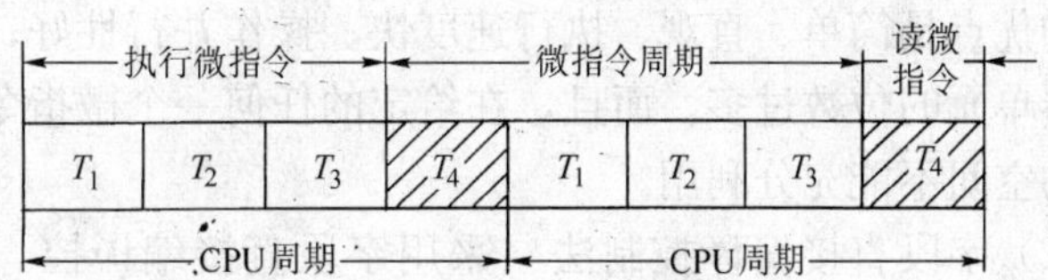

图5-17 CPU周期与微指令周期的关系

一个CPU周期为800ns，包含4个等间隔的节拍脉冲T_1～T_4，每个脉冲宽度为200ns。用T_4作为读取微指令的时间，用$T_1+T_2+T_3$时间作为执行微指令的时间。例如，在前600ns运算器进行运算，在600ns的末尾运算器已经运算完毕，可用T_4上升沿将运算结果打入某个寄存器，与此同时可用T_4间隔读取下一条微指令，经200ns延迟，下条微指令又从只读存储器读出，并用T_1上升沿输入到微指令寄存器中。若忽略触发器的翻转延迟，那么下条微指令的微命令信号就从T_1上升沿起就开始有效。因此一条微指令的保持时间恰好800ns，也就是一个CPU周期的时间。

3. 机器指令与微指令的关系

机器指令与微指令的关系如下：

1）一条机器指令对应一个微程序，这个微程序是若干条微指令序列组成的。因此，一条机器指令的功能是由若干条微指令组成的序列来实现的。简言之，一条机器指令所完成的操作划分成若干条微指令来完成，由微指令进行解释和执行。

2）从指令与微指令，程序与微程序，地址与微地址的一一对应关系来看，前者与内存储器有关，后者与控制存储器有关，并且也有相应的硬设备，如图5-18所示。可以说，微程序控制器是计算机中的计算机。

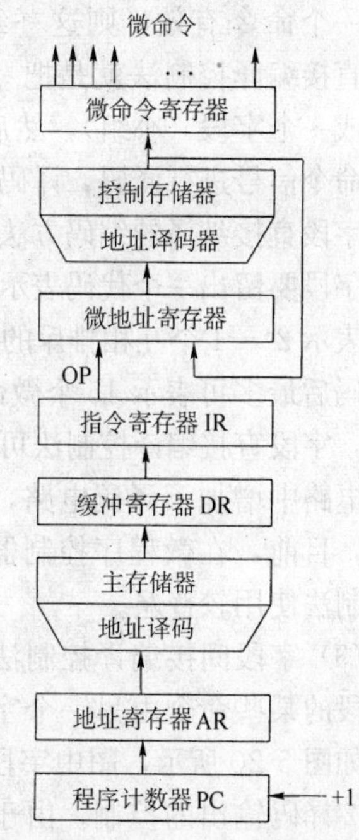

图5-18 微指令与机器指令的关系

3）由于一个 CPU 周期对应一条微指令，本章第二节讲述的 5 条典型指令的指令周期图（见图 5-11），就是这 5 条指令的微程序流程，每一个 CPU 周期就对应一条微指令。

（三）微程序设计

微程序设计的关键是确定微指令的结构。设计微指令的结构应当追求的目标如下：

1）有利于缩短微指令字长度。

2）有利于减少控制存储器的容量。

3）有利于提高微程序的执行速度。

4）有利于对微指令的修改。

5）有利于微程序设计的灵活性。

1. 微命令编码

微命令编码就是对微指令中的操作控制字段采用的表示方法，通常有以下几种方法：

（1）位直接控制法（不译码法） 采用直接表示法的微指令结构如图 5-16 所示。在微指令的微命令字段中每一位都代表一个微命令。设计微指令时，选用或不选某个微命令，只需将表示该微命令的对应位设置“1”或“0”就可以了。因此，微命令的产生不需译码。这种编码的优点是简单、直观、执行速度快、操作并行性好；其缺点是微指令字长过长，使控制存储器单元的位数过多。而且，在给定的任何一个微指令中，往往只需要部分微命令，造成有效的空间不能充分利用。

（2）字段直接编译控制法 采用字段直接编译控制法的微指令结构如图 5-19 所示。由于计算机中的各个控制门，在任一微周期内不可能同时被打开，即大部分是关闭的，相应的控制位为“0”。如果在若干个（一组）微命令中，在选择使用它们的微周期内，每次只有一个命令有效，则这一组微命令是互相排斥的。字段直接编译控制法就是把一组互相排斥的微命令信号组成一个字段（小组），然后通过字段译码器对每一个微命令信号进行译码，译码输出作为操作控制信号。

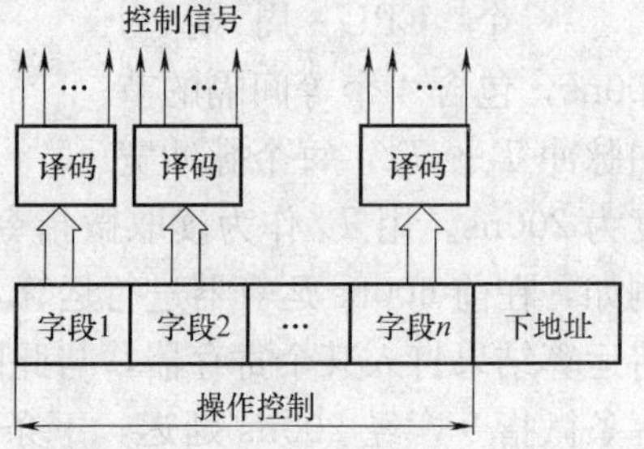

图 5-19 字段直接译码法

采用字段直接编译的编码方法，可以用较小的二进制信息位表示较多的微命令信号。一般，每个字段要留出一个代码表示本字段不发出任何微命令，因此，当字段长度为 n 位时，最多只能表示 2^n-1 个互相排斥的微命令，通常 000 表示不发出任何微命令。例如，4 位二进制位译码后最多可表示 15 个微命令，与位直接控制法相比，字段直接编译控制法可使微指令字大大缩短。由于电路中增加了译码电路，它的执行速度将略微减慢，目前，在微程序控制器设计中，字段直接编译控制法使用较普遍。

（3）字段间接编译控制法 这种控制法规定一个字段的某些命令由另一个字段的某些微命令来解释，如图 5-20 所示，图中字段 1 译码的某些输出受字段 2 译码输出的控制，由于不是靠字段直接译码发出微命令，故称字段间接编码。这种方法进一步

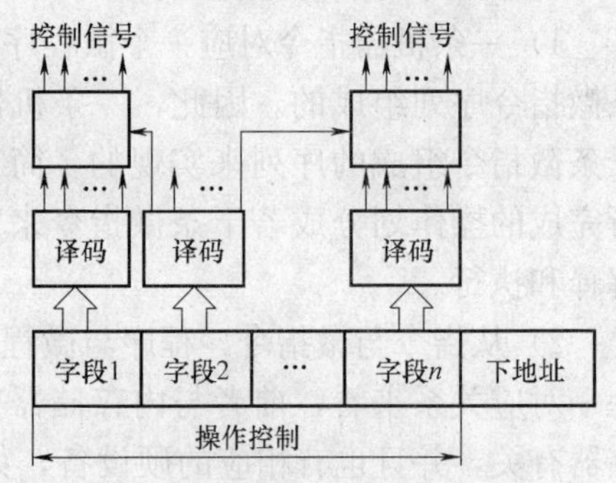

图 5-20 字段间接译码方式

缩短了微指令字的长度。但是，可能会削弱微指令的并行控制能力，因此，它通常只作为字段直接编译控制法的一种辅助手段。

(4) 混合编码控制法　这种方法是把直接表示法和字段编码法相混合使用，以便能综合考虑微指令字长、灵活性和执行微程序速度等方面的要求。

另外，在微指令中还可附设一个常数字段。该常数既可以作为操作数送入 ALU 运算，也可作为计数器初值用来控制微程序循环次数。

例 5-1　某机的微指令格式中，共有 8 个控制字段，每个字段可分别激活 5、8、3、16、1、7、25、4 种控制信号。请分别采用位直接控制和字段直接编码方式设计微指令的操作控制字段，并说明两种方式的操作控制字段各取几位。

解：(1) 采用位直接控制方式，微指令的操作控制字段的总位数等于控制信号数，即

$$5+8+3+16+1+7+25+4=69$$

(2) 采用字段直接编码方式，需要的控制位少。根据题目给出的 8 个控制字段及各段可激活的控制信号数，再加上每个控制字段至少要留一个码字表示不激活任何一条控制线，即微指令的 8 个控制字段分别需给出 6、9、4、17、2、8、26、5 种状态，对应 3、4、2、5、1、3、5、3 位，故微指令的操作控制字段的总位数为

$$3+4+2+5+1+3+5+3=26$$

2. 微地址的形成方法

微指令执行的顺序控制问题，实际上是如何确定下一条微指令的地址问题。当前正在执行的微指令称为现行微指令，现行微指令所在控制存储器单元的地址叫现行微地址。下一条要执行的微指令称为后继微指令，它在控制存储器单元的地址叫后继微地址。通常，产生微指令后继地址有 3 种方法。

(1) 计数器方式（又称为增量方法）　这种方法同用程序计数器来产生机器指令地址的方法相类似。在顺序执行微指令时，后继微地址由现行微地址加上一个增量来产生；在非顺序执行微指令时，由转移微指令实行转移，转移微指令的控制字段分为两个部分，转移控制字段与转移地址字段，当转移条件满足时，将转移地址字段作下一个微地址，若转移条件不满足，则直接根据微程序计数器的内容取得下一条微指令。

计数器方式的基本特点是：微指令的顺序控制字段较短，微地址产生机构简单。但是多路并行转换功能较弱，速度较慢，灵活性较差。

(2) 下址字段法（也称为断定方式）　这种方式中，当微程序不产生分支时，后继微地址直接由微指令的顺序控制字段给出，否则有若干个候选微地址可供选择，此时必须由顺序控制字段的“判别测试”标志和“状态条件”信息来选择其中一个微地址。由于在微指令中设置一个下址字段来指明下一条要执行的微指令地址，所以无需设置转移微指令，但增加了微指令的长度。

下址字段法的优点是不必设置专门的转移微指令，且没有普通微指令和转移微指令的区别；其缺点是每条微指令相对增量方式的普通微指令来说字长都比较长。

(3) 增量方式与断定方式结合　在这种方式中，微指令寄存器有计数功能。但在微指令中仍设置一个顺序控制字段，它分成两部分：条件选择字段和转移地址字段。这两个字段相结合，当转移条件满足时，将转移地址字段作下一个微地址，若无转移要求，则直接从微程序计数器中取得下一条微指令。

3. 微指令格式

微指令的编译方法是决定微指令格式的主要因素。考虑到速度、成本等原因，在设计计算机时采用不同的编译法。因此微指令的格式大体分成两类：水平型微指令和垂直型微指令。

（1）水平型微指令　一次能定义并执行多个并行操作微命令的微指令，叫做水平型微指令。水平微指令由控制字段、判别测试字段和下地址字段这 3 部分组成，一般格式如下：

控制字段	判别测试字段	下地址字段

按照控制字段的编码方法不同，水平型微指令又分成 3 种：第一种是全水平型（不译法）微指令，如上述的微命令编码的位直接控制法微指令；第二种是字段译码法水平型微指令，如上述的字段直接译码控制法微指令；第三种是直接和译码相混合的水平型微指令，如上述的混合编码译码控制法微指令。

（2）垂直型微指令　微指令中设置微操作码字段，采用微操作码编译法，由微操作码规定微指令的功能，称为垂直型微指令。

垂直型微指令的特点是不强调实现微指令的并行处理功能，通常一条微指令只要求实现 1～2 种控制。这种微指令的结构类似于机器指令的结构，即每条指令有操作码。一种微操作码为 n 位的微指令，可设计 2^n 条微指令。每条微指令的功能简单，因此，实现一条机器指令的微程序要比水平型微指令编写的微程序长得多。它是采用较长的微程序结构去换取较短的微指令结构。

表 5-2 列出了一种经过简化的垂直型微指令的格式。设微指令长 16 位，微操作码 3 位，可定义 8 种类型的微指令；地址码字段 10 位，对不同操作有不同的含义；其他为 3 位，可协助本条微指令完成其他控制功能。

表 5-2　垂直型微指令示例

<table>
<tr><th>微操作码</th><th colspan="2">地址码</th><th colspan="2">其他</th><th rowspan="2">微指令类别及功能</th></tr>
<tr><th>0 1 2</th><th>3～7</th><th>8～12</th><th colspan="2">13～15</th></tr>
<tr><td>0 0 0</td><td>源寄存器</td><td>目的寄存器</td><td colspan="2">其他控制</td><td>传送型微指令</td></tr>
<tr><td>0 0 1</td><td>ALU
左输入</td><td>ALU
右输入</td><td colspan="2">ALU</td><td>运算控制型微指令
按 ALU 字段所规定的功能执行，其结果送暂存器</td></tr>
<tr><td>0 1 0</td><td>寄存器</td><td>移位次数</td><td colspan="2">移位方式</td><td>移位控制型微指令
按移位方式对寄存器中的数据移位</td></tr>
<tr><td>0 1 1</td><td>寄存器</td><td>存储器</td><td>读写</td><td>其他</td><td>访存微指令
完成存储器和寄存器之间的传送</td></tr>
<tr><td>1 0 0</td><td colspan="3">D</td><td>S</td><td>无条件转移微指令
D 为微指令的目的地址</td></tr>
<tr><td>1 0 1</td><td colspan="2">D</td><td colspan="2">测试条件</td><td>条件转移微指令
最低 4 位为测试条件</td></tr>
<tr><td>1 1 0
1 1 1</td><td colspan="4"></td><td>可定义 I/O 或其他操作
第 3～15 位可根据需要定义各种微命令</td></tr>
</table>

（3）水平型微指令与垂直型微指令的比较

1）水平型微指令并行操作能力强、效率高、灵活性强，垂直型微指令则较差。

在一条水平型微指令中，设置有控制信息传送通路（门）以及进行所有操作的微命令，因此在进行微程序设计时，可以同时定义比较多的并行操作的微指令，来控制尽可能多的并行信息传送，从而使水平型微指令具有效率高及灵活性强的优点。

在一条垂直型微指令中，一般只能完成一个操作，控制一两个信息传送通路，因此微指令的并行操作能力低、效率低。

2）水平型微指令执行一条指令的时间短，垂直型微指令执行时间长。

由于水平型微指令的并行操作能力强，因此，可以用较少的微指令数来实现一条指令的功能，从而缩短了指令的执行时间。而且当执行一条微指令时，水平型微指令的微命令一般直接控制对象，而垂直型微指令要经过译码也会影响速度。

3）由水平型微指令解释指令的微程序，具有微指令字比较长，微程序短；而垂直型微指令的微指令字比较短，微程序长。

4）水平型微指令用户难以掌握，而垂直型微指令与指令比较相似，相对来说，比较容易掌握。

水平型微指令与机器指令差别很大，一般需要对机器的结构、数据通路、时序系统以及微命令很精通才能设计。

例 5-2 某机共有 52 个微操作控制信号，构成 5 个相斥类的微命令组，各组分别包含 5、8、2、15、22 个微命令。已知可判定的外部条件有两个，微指令字长 28 位。

(1) 按水平型微指令格式设计微指令，要求微指令的下地址字段直接给出后续微指令地址。

(2) 指出控制存储器的容量。

解：(1) 根据 5 个相斥类的微命令组，各组分别包含 5、8、2、15、22 个微命令，考虑到每组必须增加一种不发出命令的情况，条件测试字段应包含一种不转移的情况，则 5 个控制字段分别给出 6、9、3、16、23 种状态，对应 3、4、2、4、5 位（共 18 位），条件测试字段取 2 位。根据微指令字长为 28 位，则下地址字段取 28－18－2＝8 位，微指令格式如下：

5个微命令	8个微命令	2个微命令	15个微命令	22个微命令	2个判定条件	
					条件测试	下地址
3位	4位	2位	4位	5位	2位	8位

(2) 根据下地址字段为 8 位，微指令字长为 28 位，得控制存储器的容量为 256×28 位。

4. 微指令的执行方式

微指令的执行方式分为串行执行方式和并行执行方式。

串行执行方式，又称为顺序方式。它是指取微指令、执行微指令完全是按顺序进行，即只有在上一条微指令执行完后，才开始取下一条微指令。在串行微程序控制器中，执行现行微指令的操作与取下一条微指令的操作在时间上是串行进行的，所以微指令周期等于取微指令时间加上执行微操作的时间。

串行微程序控制器的微指令周期虽然长一些，但控制比较简单，形成微地址的硬设备也较少。

并行执行方式又称为重叠执行方式。由于取微指令和执行微指令的操作是在两个完全不同的部件中进行，因此可以将这两部分操作并行进行，以缩短微指令周期，即将这两部分操作在时间上重叠进行，这就是并行微程序控制的概念。在并行微程序控制方式中，要求在执行本条微指令的同时，预取下一条微指令，从而节省取微指令的时间，所以微指令周期仅等于执行微操作的时间。

并行微程序控制的优点是缩短了微指令周期，但是为了不影响本条微指令的正确执行，需要增加一个微指令寄存器，用于暂存下一条微指令。其次，当微程序出现转移时，需要解决由本条微指令执行结果而确定的下条微指令地址。

5. 动态微程序设计和毫微程序设计

(1) 动态微程序设计　微程序设计技术还有静态微程序设计和动态微程序设计之分。对应于一台计算机的机器指令只有一组微程序，而且这一组微程序设计好之后，一般无须改变而且也不好改变，这种微程序设计技术称为静态微程序设计。本节前面所讲述的内容基本上属于静态微程序设计的概念。

当采用 EPROM 作为控制存储器时，还可以通过改变微指令和微程序来改变计算机的指令系统，这种微程序设计技术称为动态微程序设计。采用动态微程序设计时，微指令和微程序可以根据需要加以改变，因而可在一台计算机上实现不同类型的指令系统。这种技术又称为仿真其他机器指令系统，以便扩大计算机的功能。

(2) 毫微程序设计　在普通的微程序计算机中，从主存取出的每条指令是由放在控制存储器中的微程序来解释执行，并通过控制线对硬件进行直接控制的。但是在毫微程序设计的计算机中，这些微程序并不直接控制硬件，而是通过存放在第二级控制存储器中的毫微程序来解释的，这个第二级控制存储器称为毫微存储器，直接控制硬件的是毫微指令。

采用毫微指令的主要优点在于：通过使用少量的控制存储器空间，就可以达到高度的并行性。一方面，对于很长的微程序，可让它们以垂直格式编码而存放在一个短字长的控制存储器中；另一方面，毫微程序又使用了高度并行的水平格式，因而毫微存储器字长很长。但是因为毫微程序本身通常很短，所以它占用相对少的空间。采用毫微指令的主要缺点是，由于取毫微指令，因此增加了时间延迟，同时 CPU 的设计也增加了复杂性。

毫微指令所执行的操作比起微程序计算机中微指令的操作，就级别而言更低一些。这样，所设计的毫微程序可以在计算机的操作方面多进行一些控制。在毫微程序计算机中，其内部的逻辑结构可以变化，且在指令级上没有它自己的机器语言，所以它可以用来仿真其他计算机。

二、微程序控制器

（一）微程序控制器组成原理

微程序控制器主要由控制存储器、微指令寄存器和地址转移逻辑三大部分组成，其中微指令寄存器分为微地址寄存器和微命令寄存器两部分。其组成原理框图如图 5-21 所示。

1. 控制存储器

控制存储器用来存放实现全部指令系统的所有微程序，它是一种只读型存储器。读出一条微指令并执行微指令的时间总和称为一个微指令周期。通常，在串行方式的微程序控制器中，微指令周期就是只读存储器的工作周期。控制存储器的字长就是微指令字的长度，其存储容量视机器指令系统而定，即取决于微程序的数量。对控制存储器的要求是读出周期要短，因此通常采用双极型半导体只读存储器。

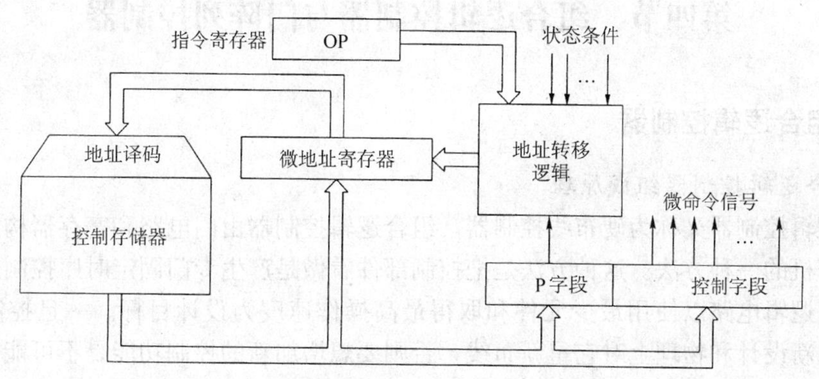

图 5-21 微程序控制器组成原理框图

2. 微指令寄存器

微指令寄存器用来存放由控制存储器读出的一条微指令信息。其中微地址寄存器决定将要访问的下一条微指令地址，而微命令寄存器则保存一条微指令的操作控制字段和判别测试字段的信息。

3. 地址转移逻辑

在一般情况下，微指令由控制存储器读出后直接给出下一条微指令的地址，通常简称微地址，这个微地址信息就存放在微地址寄存器中。如果程序不出现分支，那么下一条微指令的地址就直接由微地址寄存器给出。当微程序出现分支时，意味着微程序出现条件转移。在这种情况下，通过判别测试字段 P 和执行部件的“状态条件”反馈信息，去修改微地址寄存器的内容，并按改好的内容去读下一条微指令。地址转移逻辑就承担自动完成修改微地址的任务。

（二）微程序的执行过程

由于将一条机器指令的执行分解为若干微操作序列，对应地编制了一小段微程序，并存放在控制存储器（CM）中，它的执行过程如下：

1）从控制存储器中取出“一条机器指令”用的微指令，并送到微指令寄存器，这是一条公用的微指令，一般可存放在 0 号或 1 号微地址单元。微命令字段产生有关控制信号，完成从主存储器中取出机器指令送住指令寄存器（IR），并修改程序计数器（PC）的内容。

2）从 IR 中机器指令的操作码通过微地址形成电路从而形成这条指令对应的微程序入口地址，送往微地址寄存器中。

3）根据微地址寄存器中的微地址从 CM 中取出对应微程序的一条微指令，其微命令字段产生一组微命令控制有关操作；由顺序控制字段形成下一条微指令地址，送往微地址寄存器。重复步骤 3）直到该机器指令的微程序执行完。

4）执行完一条机器指令的微程序后，返回 CM 的 0 号或（1 号）微地址单元，重复步骤 1)，读取“取机器指令”微指令，以便取下一条机器指令。

上述工作过程涉及两个层次，一是程序员所看到的传统计算机级：机器指令工作程序、主存储器；另一个层次是设计者所看到的微程序级：微指令、微程序、控制存储器。

第四节　组合逻辑控制器与门阵列控制器

一、组合逻辑控制器

1. 组合逻辑控制器组成原理

组合逻辑控制器又称为硬布线控制器，组合逻辑控制器由门电路和寄存器构成，它是早期设计计算机的一种方法。这种方法是把控制部件看做是产生专门固定时序控制信号的逻辑电路，而此逻辑电路以使用最少元件和取得最高操作速度为设计目标。一旦控制部件构成后，除非重新设计和物理上对它重新布线，否则要想增加新的控制功能是不可能的。这种逻辑电路是一种由门电路和触发器构成的复杂树形网络，故称为组合逻辑控制器。

组合逻辑控制器是计算机中最复杂的逻辑部件之一。当执行不同的机器指令时，通过激活一系列彼此很不相同的控制信号来实现对指令的解释，其结果使得控制器往往很少有明确的结构而变得杂乱无章。结构上的这种缺陷使得组合逻辑控制器的设计和调试变得非常复杂且代价很大。

组合逻辑控制器的结构框图如图 5-22 所示。逻辑网络的输入信号来源有 3 个：

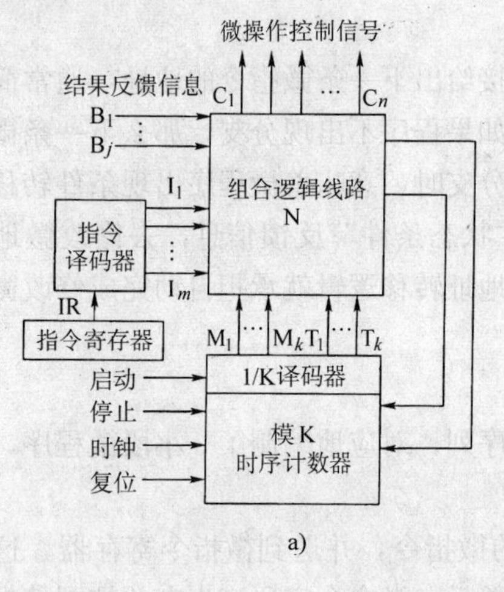

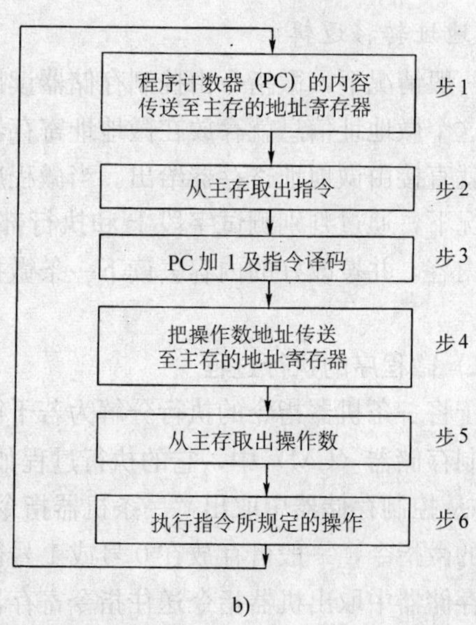

图 5-22　硬布线控制器原理

a）组合逻辑控制器结构框图　b）表示一个指令周期闭合循环的 CPU 性能

1）来自指令操作码译码器的输出 I_m。

2）来自执行部件的反馈信息 B_j。

3）来自时序产生器的时序信号，包括节拍电位信号 M 和节拍脉冲信号 T。

逻辑网络 N 的输出信号就是微操作控制信号，用来对执行部件进行控制。另外有一些信号则根据条件变量来改变时序发生器的计数顺序，以便跳过某些状态，从而可以缩短指令周期。显然，组合逻辑控制器的基本原理，归纳起来可以叙述为：某一微操作控制信号 C 是指令

操作译码器输出 I_m、时序信号（节拍电位 M_i，节拍脉冲 T_k）和状态条件信号 B_j 的函数，即

$$C=f(I_m, M_i, T_k, B_j)$$

这个控制信号是用门电路、触发器等许多器件采用组合逻辑设计方法来实现的。如图 5-22b 所示，是表示一个指令周期的 CPU 性能。这个闭合循环流程含 6 个操作步骤，以描述一台 CPU 的典型动作。每一次循环对一个指令周期。假定每一步操作在适当选择的相位节拍脉冲间隔内执行，那么就可以根据前述来设计组合逻辑控制器。这样，当模 K 计数器启动时，每个时序信号 T_i 可在每个指令周期的第 i 步激活某组控制线，对执行部件实施操作。

与微程序控制相比，组合逻辑控制的速度较快。其原因是微程序控制中每条微指令都要从控存中读取一次，影响了速度，而组合逻辑控制器主要取决于电路延迟。因此，近年来在某些超高速新型计算机结构中，又选用了组合逻辑。

2. 组合逻辑控制器组举例

让我们考虑如图 5-23 所示的简单 CPU 结构，假定要求它执行表 5-3 中所列出的 7 条单地址指令或零地址指令组。

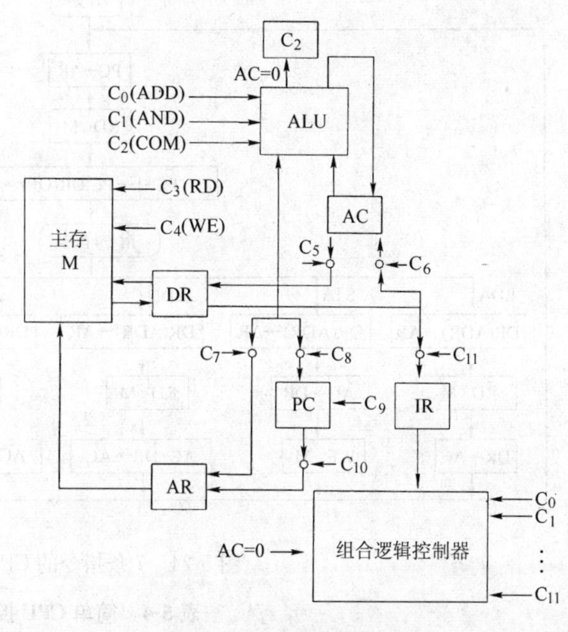

图 5-23　简单 CPU 模型

表 5-3　7 条指令组

指令助记符	操作描述说明
LDA x	（x）→AC；把存储单元 x 的内容送至累加器
STA x	（AC）→（x）；把累加器的内容送至存储单元 x
ADD x	（AC）＋（x）→AC；补码加法
AND x	（AC）∧（x）→AC；逻辑与
JMP x	（x）→PC；无条件转换
JMPZ x	如果 AC=0 则（x）→PC；条件转换
COM	$\overline{(AC)}$ →AC；累加器取反

根据给定的硬件，很容易导出实现每条指令所需的算法。图 5-24 所示是 7 条指令的取指过程和执行过程的流程。由图 5-24 看出，所有指令的取指周期都是相同的，同时也描述了各条指令要有不同的执行周期。在这个流程图中，微操作决定了在 CPU 中所需的控制信号和控制点，而所有的控制信号及相应的控制操作列于表 5-4 中。

CPU 执行的微操作可以看成图 5-22b 所画的一个 6 步的闭合循环，前 3 步组成取指周期，这对所有指令来说都是相同的，而其余的执行步骤随着指令的变化而变化。

我们假定除读主存（RDM）和写主存（WEM）以外，每一个微操作都可以在一个单位时间内执行完毕。并假定 RDM 和 WEM 在两个单位时间内完成。由指令流程可以看出，ADD、AND、STA、LAD 指令需要 8 个单位时间执行完毕，其中取指周期需要 4 个单位时

间，执行周期需要 4 个单位时间；而 JMP、JMPZ、COM 指令只需要 5 个单位时间就可执行完毕，取指周期需要 4 个单位时间，执行周期需要 1 个单位时间。为此，当我们假定 1 个单位时间用一相节拍脉冲的时序信号来体现时，必须用最长执行时间来考虑，因此需要一台模 8 计数器。

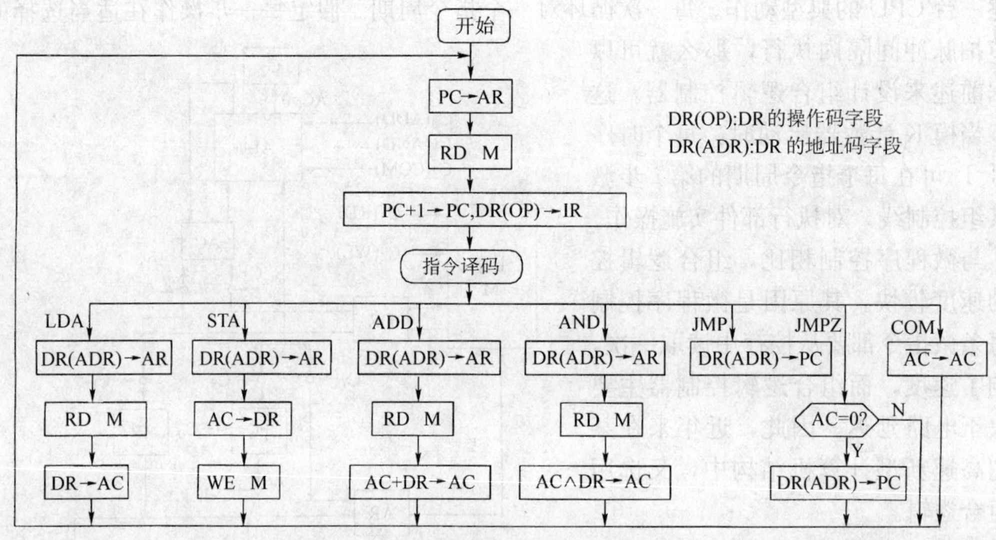

图 5-24　7 条指令的 CPU 操作流程

表 5-4　简单 CPU 控制信号

控制信号	被控制的操作	控制信号	被控制的操作
C_0	AC+DR→AC	C_6	DR→AC
C_1	AC∧DR→AC	C_7	DR（ADR）→AR
C_2	$\overline{AC}$→AC	C_8	DR（ADR）→PC
C_3	M（AR）→AC，（RD M）	C_9	PC+1→PC
C_4	DR→M（AR），（WE M）	C_{10}	PC→AR
C_5	AC→DR	C_{11}	DR（OP）→IR

图 5-25 给出了简单 CPU 的组合逻辑控制器组成框图。显然，从指令流程出发，可以确定在指令周期中各时刻必须激活某一指令的某些操作信号。例如，对引起一次主存读操作的控制信号 C_3 来说，当 $T_2=1$，取指令时被激活；而当 $T_6=1$，3 条指令（LDA，ADD，AND）取操作数时也被激活，此时指令译码器的 LDA、ADD、AND 输出均为 1，因此 C_3 的逻辑表达式可由下式确定：

$$C_3=T_2+T_6(\mathrm{LDA}+\mathrm{ADD}+\mathrm{AND})$$

该表达式有组合逻辑电路来实现。

一般来说，每一个控制信号 C_n 可以由以下形式的逻辑方程来确定：

$$C_n=\sum_i\left(\mathrm{M}_i\mathrm{T}_k\mathrm{B}_j\sum_m\mathrm{I}_m\right)$$

其中，I_m 为指令译码器的输出。

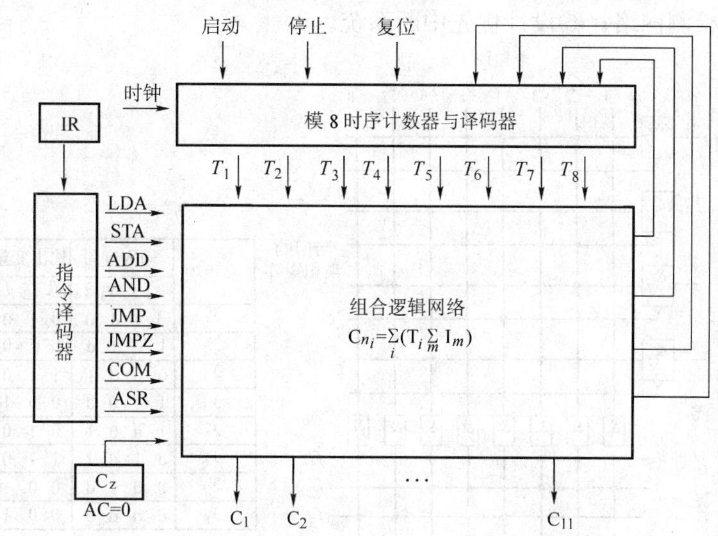

图 5-25　简单 CPU 的组合逻辑器结构

二、门阵列控制器

(一) 通用可编程逻辑器件

通用可编程逻辑器件可分为 3 种：可编程逻辑阵列（PLA）、可编程阵列逻辑（PAL）和通用阵列逻辑（GAL）。其中，PLA 和 PAL 采用熔丝工艺，是一次性编程器件。而 GAL 器件应用了先进的 E^2CMOS 工艺，淘汰了 PLA 和 PAL 采用的熔丝工艺，使得 GAL 可多次改写，快速编程。

使用通用可编程逻辑器件既可以实现组合逻辑，也可以实现时序逻辑。由于通用可编程逻辑器件都是由大量的与门、或门阵列等电路构成的，所以简称为门阵列器件。为了与早期的组合逻辑控制器相区别，用门阵列器件设计的操作控制器，叫做门阵列控制器。

1. 可编程逻辑阵列（PLA）

PLA 在功能上相当于很多“与”门的集合，并且它们可以在任何一个输出端上“或”起来。因此，PLA 实际上是一系列二极管构成的“与”门和晶体管构成的“或”门组成的。一个小型 PLA 的逻辑结构如图 5-26 所示，它有 4 个输入变量 x_1、x_2、x_3、x_4，每个变量有原码和补码两个输出。3 个和项 $f_1 \sim f_3$（“或”逻辑）中每一个可以包含 8 个乘积项 $y_1 \sim y_8$（“与”逻辑）。每一个和项 f（“或”）控制一个输出函数，它可用外接电脉冲来编排程序，直到包括全部的 8 个乘积项。交叉线上的圆点，在矩阵上部相当于“与”门，而在矩阵下部则相当于“或”门。输入变量的每一行可以被地址矩阵的每一列识别为逻辑“1”，“0”或者“任意值”（用 d 表示）。例如，对乘积项 y_2 来说 $x_1=1$、$x_2=0$、$x_3=1$、$x_4=\mathrm{d}$，而输出 $f_1=1$、$f_2=0$、$f_3=0$。显然输出函数 f_1 由 3 个乘积项组成，f_2 由 4 个乘积项组成，f_3 由 3 个乘积项组成。这样，对输出函数 f_1 来说，有

$$f_1 = y_2 + y_3 + y_6 = x_1\overline{x}_2x_3(x_4) + \overline{x}_1\overline{x}_2(x_3)x_4 + (x_1)x_2(x_3)x_4$$

其中，括号表示变量的真值可以为任意值，既可以是“1”，也可以是“0”。

PLA 的主要用途如下：①进行逻辑压缩；②设计操作控制器；③实现存储器的重叠操

作；④组成故障检测网络；⑤设计优先中断系统。

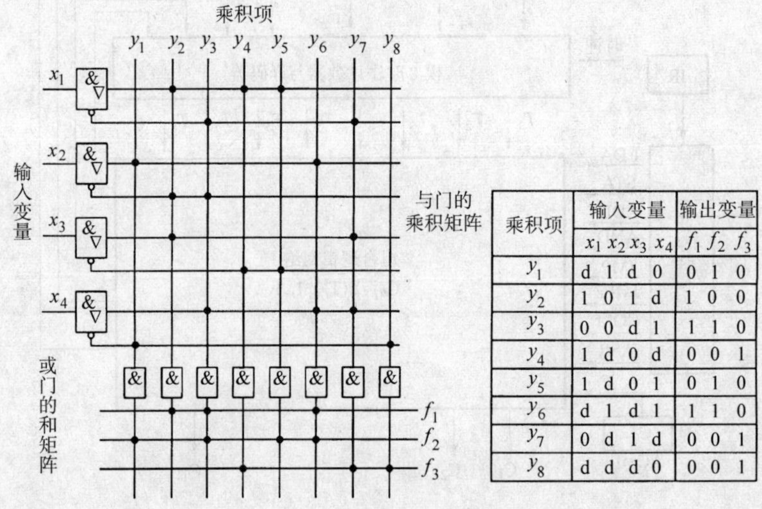

乘积项	输入变量				输出变量		
	x_1	x_2	x_3	x_4	f_1	f_2	f_3
y_1	d	1	d	0	0	1	0
y_2	1	0	1	d	1	0	0
y_3	0	0	d	1	1	1	0
y_4	1	d	0	d	0	0	1
y_5	1	d	0	1	0	1	0
y_6	d	1	d	1	1	1	0
y_7	0	d	1	d	0	0	1
y_8	d	d	d	0	0	0	1

图 5-26　PLA 的逻辑结构

2. 可编程阵列逻辑（PAL）

PLA 的与门阵列和或门阵列都是可编程的。但是 PAL 的与门阵列是可编程的，或门阵列是固定。图 5-27 是 PAL 原理示意图。在集成化的 PAL 器件中往往设置了记忆元件，因此也具有时序电路的特点。

PAL 内部逻辑关系虽然可以用编程方法来确定，但每一种 PAL 芯片的功能有一定的限制。为了设计某种电路，使用者需要按照所需的功能，选择一种合适的 PAL 芯片。这就要求使用者拥有多种 PAL 芯片可供选用。

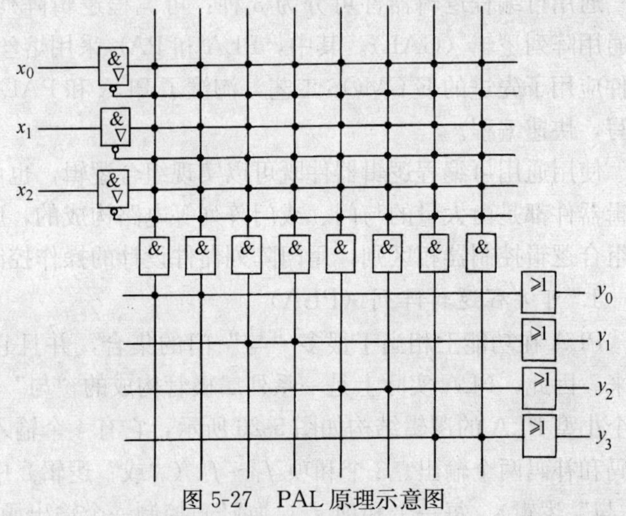

图 5-27　PAL 原理示意图

3. 通用阵列逻辑（GAL）

目前的 GAL 器件分两大类：一类与 PAL 器件类似，与门阵列是可编程的，或门阵列是固定的；另一类是与门阵列和或门阵列均可编程，如 GAL39V18。PAL 和 GAL 都有加密功能，特别是 GAL，由于可多次改写，编程快速，使用方便灵活，已获得广泛应用，特别适用于产品开发阶段和小批量生产的系统。因为使用 GAL 芯片设计的电路，在设计印制电路板时走线比较自由。另外在调试电路时发现原理设计错误，一般只要对 GAL 芯片重新编程即可，不必重新加工印制电路板，从而缩短设计周期，降低产品开发费用。

（二）门阵列控制器

1. 基本思想

当采用门阵列器件来设计控制器时，其基本设计思想与早期的组合逻辑控制器完全一样：先写出每个操作控制信号的逻辑表达式，然后采用某种门阵列芯片，并通过编程来实现这些表达式。

例如，当用 PLA 器件设计微操作控制信号时，通常把指令的操作码、节拍电位、节拍脉冲和反馈状态条件作为 PLA 的输入，而按一定的“与—或”关系编排后的逻辑阵列输出，便是所需要的微操作控制信号。微操作控制信号 C 是操作码 I、节拍电位 M、节拍脉冲 T 和反馈条件 B 的函数：

$$C=f(I,M,T,B)$$

设某一微操作控制信号 C_6 发生在指令 A（设 OP 为 I_1I_2）的节拍电位 M_2、节拍脉冲 T_4 时间，也发生在指令 B（设 OP 为 $\overline{I_1I_2}$）的节拍电位 M_3、节拍脉冲 T_2 时间，且进位触发器 C_y 为“1”，那么 C_6 的逻辑表达式如下：

$$C_6=I_1I_2\cdot M_2\cdot T_4+\overline{I_1I_2}\cdot M_3\cdot T_2\cdot C_y$$

如果将上述输入变量送入 PLA，并进行编排，那么就可产生所需要的微操作控制信号。显然，PLA 控制器也是一种组合逻辑控制器。但是与早期的硬布线组合逻辑控制器不同，它是程序可编的，它不需要把一系列门电路和触发器状态靠硬联线连接来实现。因此，从一定意义上讲，门阵列控制器是组合逻辑技术和存储逻辑技术结合为一的产物。

2. 指令执行流程

由微程序控制器的内容可知，一个机器指令周期对应一个微程序，而一个微指令周期则对应一个节拍电位时间。一条机器指令用多少条微指令来实现，则该条指令的指令周期就包含了多少个节拍电位时间，因而对时间的利用是十分经济的。由于节拍电位是用微指令周期来体现的，因而时序信号比较简单，时序计数器及其译码电路只需产生若干节拍脉冲信号即可。

在用门阵列实现的操作控制器中，通常，时序产生器除了产生节拍脉冲信号外，还应当产生节拍电位信号。这是因为在一个指令周期中要顺序执行一系列微操作，需要设置若干节拍电位来定时。例如，图 5-11 所示的 4 条指令（CLA、ADD 30、STA I 30 和 JMP 21）的指令周期，由 4 条执行节拍 M_1、M_2、M_3 和 M_4 组成，其指令流程可用图 5-28 来表示。

由图 5-28 可知，所有指令的取指阶段放在 M_1 节拍。在此节拍中，操作控制器发出微操作控制信号，完成从内存取出一条机器指令。

指令的执行阶段由 M_2、M_3 和 M_4 3 个节拍来完成。CLA 指令只需要一个节拍（M_2）即可完成。ADD 和 STA 指令在间接访内情况下需要 3 个节拍（M_2、M_3、M_4），而在直接访内情况下需要两个节拍（M_2、M_4）。JMP 指令在直接访内时需要一个节拍（M_2），在间接访内时需要两个节拍（M_2、M_3）。为了简化节拍控制，指令的执行过程可采用同步工作方式，即各条指令的执行阶段均用最长节拍数 M_4 来考虑。这样，对 CLA 指令来讲，在 M_3 和 M_4 节拍中没有什么操作。同样，对 ADD 和 STA 指令来讲，当直接访内时在 M_3 节拍也没有什么操作。对 JMP 指令也有类似的情况。

显然，由于采用同步工作方式，长指令和短指令对节拍时间的利用都是一样的。这对短指令来讲，在时间的利用上是浪费的，因而也降低了 CPU 的指令执行速度，影响到机器的速度指标。为了改变这种情况，在设计短指令流程时可以跳过某些节拍，例如 CLA 指令执行 M_2 节拍后跳过 M_3、M_4 节拍而返回 M_1 节拍。当然在这种情况下，节拍信号发生器的电路相应就要复杂一些。

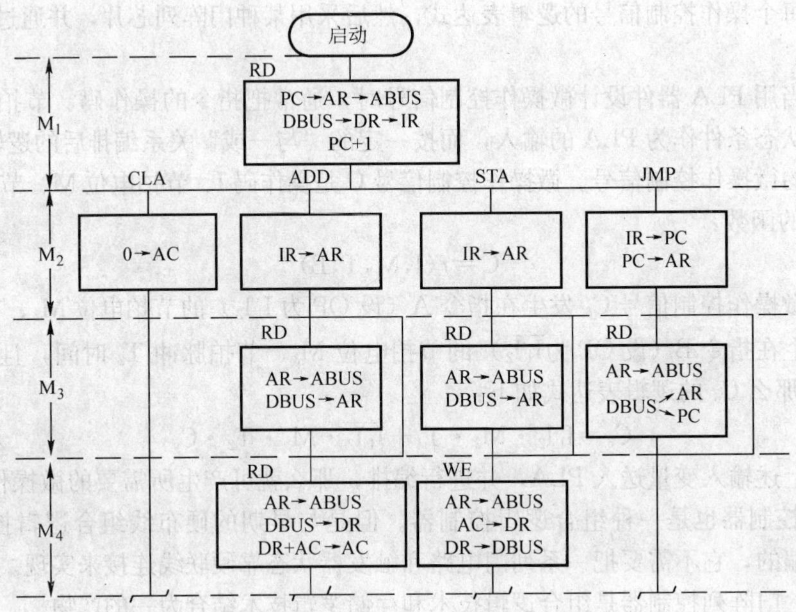

图 5-28　PLA 控制的指令周期流程

节拍电位信号的产生电路与节拍脉冲信号产生电路十分相似，它可以在节拍脉冲信号时序器的基础上产生，运行中以循环方式工作，并与节拍脉冲保持同步。

3. 微操作控制信号的产生

在微程序控制器中，微操作控制信号由微指令产生，并且可以重复使用。在门阵列控制器中，某一微操作控制信号由门阵列器件的某一输出函数产生。

设计微操作控制信号的方法和过程是，根据所有机器指令流程，寻找出产生同一个微操作信号的所有条件，并与适当的节拍电位和节拍脉冲组合，从而写出其逻辑表达式并进行简化，然后在门阵列器件中进行编程。

为了防止遗漏，设计时可按信号在指令流程出现的先后次序来书写，然后进行归纳和简化。要特别注意控制信号是电位有效还是脉冲有效，如果是脉冲有效，必须加入节拍脉冲信号进行相“与”。

第五节　CPU 中的流水线结构

一、流水线的工作原理

计算机的流水处理过程和工厂中的流水装配线类似。把一个重复的任务分割为一系列子任务，使各子任务能在流水线的各个阶段并发地执行。将任务连续不断地输入流水线，从而实现了子任务级的并行。因此，流水处理大幅度地改善了计算机的系统性能，是在计算机上实现时间并行性的一种非常经济的方法。

计算机执行程序是按顺序的方式进行的，即程序中各条机器指令是按顺序串行执行的。如果按 4 个周期完成一条指令来考虑，串行执行的过程如图 5-29a 所示，将一条指令分成 4

段，若每段所需时间为 t，那么一条指令执行时间为 $4t$。如果 4 条指令采用重叠执行方式，如图 5-29b 所示，当第一条指令处理完后，每隔 t 时间就能得到一条指令的处理结果，平均速度提高可达 4 倍，其过程相当于现代工业生产装配线上的流水作业，因此把这种每段处理称为流水线处理。在程序开始执行时，由于流水线未装满，有的功能部件没有工作，速度较低，例如，图 5-29b 中，在开始 $3t$ 时间内得不到指令的处理结果，因此只在流水装满的稳定状态下，才能保证最高处理速率。

取指$_1$	计算地址$_1$	取操作数$_1$	运算并存结果$_1$	取指$_2$	计算地址$_2$	取操作数$_2$	…

a)

取指	计算地址	取操作数	运算并存结果			
	取指	计算地址	取操作数	运算并存结果		
		取指	计算地址	取操作数	运算并存结果	
			取指	计算地址	取操作数	运算并存结果

b)

图 5-29　指令执行情况

a）指令的顺序执行　b）指令的重叠执行

将一条指令的执行过程分成 4 段，每段有各自的功能执行部件时，每个功能部件的执行时间是不可能完全相等的，例如，存储器取指或取数的时间与运算时间可能不一样，而在流水线装满的情况下，各个功能部件同时都在工作，为了保证完成指定的操作，t 值应取 4 段中最长的时间，此时有些功能部件便会在一段时间内处于等待状态，而达不到所有功能段全面忙碌的要求，影响流水线作用的发挥。

为了解决这一问题可采用将几个时间较短的功能段合并成一个功能段或将时间较长的功能段分成几段等方法，其目的是最终使各段的时间相差不大。

除了指令流水线外，还有运算流水线。例如，执行浮点运算，可以分成“对阶”、“尾数加”、“结果规格化”3 段，每一段设置有专门的逻辑电路完成指定操作，并将其输出保存在锁存器中，作为下一段的输入，如图 5-30 所示。浮点加法对阶运算完成后，将结果保存在锁存器，然后就可以进行下一条浮点运算指令的阶码运算，实现流水线操作。

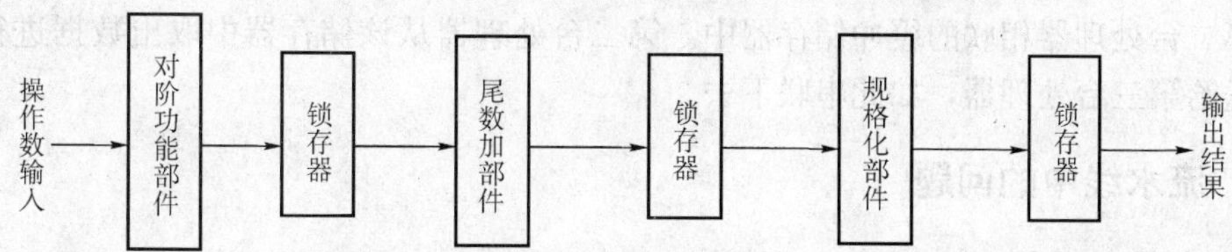

图 5-30　运算流水线

由于流水线相邻两段在执行不同的指令（或操作），因此无论是指令流水线还是运算操作流水线，在相邻两段之间必须设置锁存器或寄存器，以保证在一个周期流水线的输入信号不变。只有当流水线各段工作饱满时，才能发挥最大作用。

在流水线计算机中，指令周期由几个流水周期组成。流水周期可以由指令执行步骤中最慢的一个步骤的时间来决定。流水线中每一级的操作都由统一的时钟来同步。在流水线满负荷时，每一个流水周期可以输出一个结果。而非流水线计算机则要 4 个周期才有一个结果。显然，流水技术的采用，使指令周期缩短了 3/4。

在流水线计算机中，当任务饱满时，任务源源不断地输入流水线，不论有多少级过程段，每隔一个时钟周期都能输出一个任务，从理论上说，一个具有 k 级过程段的流水线处理 n 个任务需要的时钟周期数为 $T_k = k + (n - 1)$。

其中，k 个时钟周期用于处理第一个任务。k 个周期后，流水线被装满，剩余 $n-1$ 个任务，只需 $n-1$ 个周期就完成了。如果用非流水线处理器来处理这 n 个任务，则所需时钟周期数为 $T_1 = n \cdot k$。

我们将 T_1 和 T_k 的比率定义为 k 级线性流水处理器的加速比：

$$C_k = T_1 / T_k = (n \cdot k) / (k + (n - 1))$$

当 $n \gg k$ 时，$C_k \to k$。这就是说，理论上 k 级线性流水线处理器几乎可以提高 k 倍速度。但实际上由于存储器冲突、数据相关、程序分支和中断，这个理想的加速比不一定能达到。

在指令流水线中，流水线计算机特别适合于对同一种运算进行多次重复。如果交替地进行不同运算，则运算部件就会出现断流。因此，流水线计算机对向量处理效率最高。

二、流水线分类

从不同的角度，按不同的观点，可以把流水线控制器分成不同的类型。按并行等级技术分类，可将流水线分为指令流水线、算术流水线和处理机流水线 3 种。

1. 指令流水线

指令流水线是指指令步骤并行。例如，将指令流的处理过程划分为取指、译码、取操作数、执行这几个并行处理的过程段。目前，几乎所有的高性能计算机都采用了指令流水线。

2. 算术流水线

算术流水线是指运算操作步骤并行，如流水线加法器、流水线乘法器、流水线快速傅里叶变换器等。现代计算机中已经广泛采用了流水线的算术运算器。

3. 处理器流水线

处理器流水线又称为宏流水线，是指程序步骤的并行。由一串级联的处理器构成流水线的各个过程段，每台处理器负责某一特定的任务。数据流从第一台处理器输入，经处理后被送入与第二台处理器相联的缓冲储存器中。第二台处理器从该储存器中取出数据进行处理，然后传送给第三台处理器，如此串联下去。

三、流水线中的问题

1. 分支控制问题

程序分支的一种情况是，当正在执行第 I 条指令时，如果出现中断，那么后续的第 $I+1$ 条指令将不应被顺序地执行。中断的概念将在以后的章节中进行讲述。

程序分支的另一种情况是，流水线处理由于条件转移指令的出现而经常发生断流，严重影响流水线的性能。由于执行转移指令时条件码要在流水线的最后一个过程段才产生，因此程序的分支都是在后续几条指令进入流水线后才发生。此时后续指令处理应当作废。

为了有效地处理条件转移指令，通常采用办法是设置两套指令预取缓冲器，即顺序缓冲器（SB）和目标缓冲器（TB）。当译码检出第 I 条指令是条件转移指令时，在条件码未产生之前，第 $I+1$、$I+2$、…条指令被预取到 SB 中，而转移目标的第 P、$P+1$、$P+2$、…条指令同时被预取到 TB 中，即做好两手准备。

1）在条件码未确定之前，第 $I+1$、$I+2$、…条指令依然进入流水线，并进行执行前的准备工作，如译码，取操作数等。但它们不能破坏存储单元（寄存器）的内容，以免转移条件发生时这些指令的处理影响程序的正确运行。

2）一旦转移条件成立，$I+1$、$I+2$、…条指令的处理全部作废，而从 TB 中取出 P、$P+1$、$P+2$、…指令往下处理。TB 的设置避免了重新取指令的过程，加快了处理速度。

指令预取缓冲器还能减少循环程序对流水线的影响。例如在 IBM 某机型中，当监测到少于 8 条指令的短循环程序时，则把整段循环程序全部搬入指令预取缓冲器中。这样，不仅节省了到存储器取指令的时间，而且存储器只需要提供操作数，从而缩短了等待时间。

2. 流水线的拥挤问题

在流水线中，各个过程段的处理速度通常是不完全相同的。当某一段的处理速度很慢时，就会成为流水线的瓶颈。

解决的办法之一是，把瓶颈段进一步分成几个过程段，这样流水线中的拥挤状况就会得到缓解，从而提高流水线的吞吐率。

另一种解决的方法是，设置缓冲器来弥补过程段之间的速度差异。通常，在处理时间不固定的过程段的前后都设置缓冲器。这样，从前面的缓冲器中能够得到源源不断的信息（指令或操作数），处理后的结果也能够及时存入后面的缓冲器中。

3. 数据相关问题

在流水计算机中，指令的处理是重叠进行的，前一条指令还没有结束，第二、三条指令就陆续地开始工作。由于多条指令的重叠处理，于是出现了数据相关问题。在一个程序中，如果必须等前一条指令执行完毕之后，才能执行后一条指令，那么这两条指令就是相关的。例如：

ADD F_0，FLB_1；　　$(F_0)+(FLB_1)\rightarrow F_0$

MUL F_0，FLB_2；　　$(F_0)\times(FLB_2)\rightarrow F_0$

其中，F_0 表示寄存器，FLB_1 和 FLB_2 表示存储器单元。可以看出，必须等加法指令执行完后，才能执行乘法指令，因为乘法指令需要使用加法指令的求和结果 F_0 的数据，否则运算结果会带来错误。这两条指令相关的实质说明了数据相关。

另一方面，寄存器的存取速度比存储器快得多。如果用寄存器操作代替存储器访问，则将大大提高处理速度。为了改善流水线工作情况，避免数据相关，流水线计算机中通常采用内部向前原理：在一系列的取数、运算、存数操作中，采取“短路”技术，用寄存器之间的直接传送代替不必要的存储器存取操作。

其次，一段程序中，各条指令的顺序安排对发挥流水线的效率有很大影响。例如把相关指令和不相关指令恰当地混合，就能更有效地发挥流水线的并行处理特性，这个任务一般可由编译程序来完成。

第六节 CPU 结构举例

在本章的前面各节中，我们对 CPU 的主要组成部分及其工作原理有了一个比较深入的了解。本节主要以 SPARC CPU（RISC）和 8088/8086 CPU（CISC）为例，介绍其结构和基本原理，以加深对前面所讲内容的理解。

一、RISC CPU 举例

1. SPARC 的逻辑结构

SPARC CPU 芯片的逻辑框图如图 5-31 所示，图中的左半部是控制器，右半部是运算器。

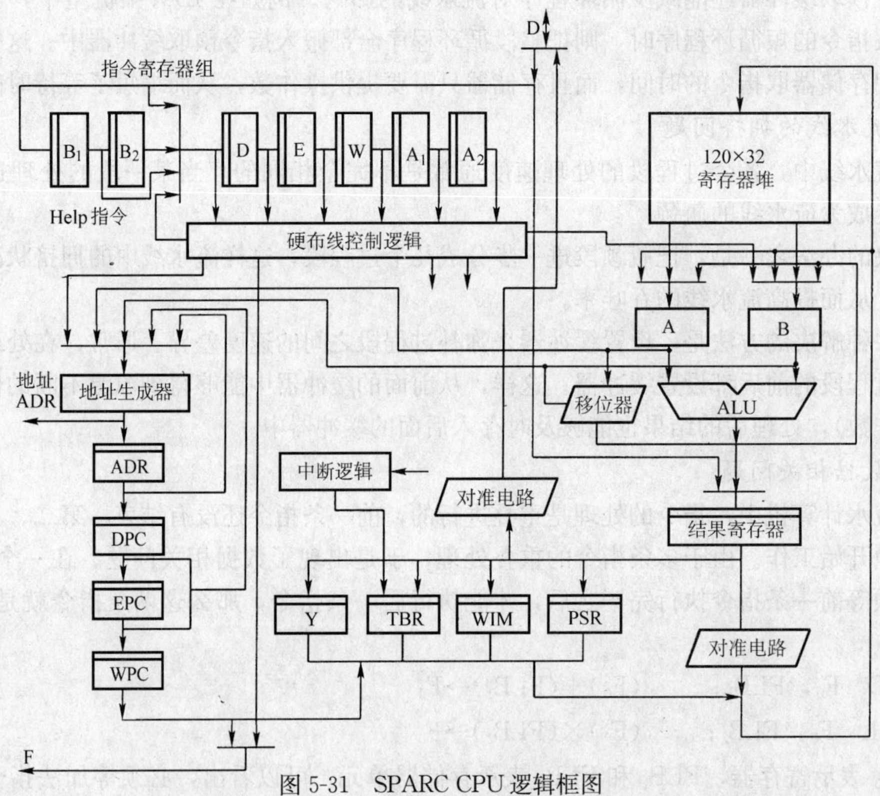

图 5-31 SPARC CPU 逻辑框图

ALU 是 32 位的算术逻辑运算部件。移位器在一个机器周期内可完成 0～31 位任意位的移位操作。寄存器堆的容量为 120×32 位。算术逻辑指令的源操作数来自寄存器堆，运算结果也送往寄存器堆。ALU 和移位器的处理结果先暂存在结果寄存器，然后再送往寄存器堆。另外来自存储器的数据 D 及送往存储器的数据 D 也是经过结果寄存器进行传送。SPARC 支持存取字节与存取半字操作，但是字节与半字的数据存放格式在存储器与在寄存器中有不同的规定，为此通过“对准电路”来调整位置。

指令寄存器组采用流水线组织，以保证几条指令同时执行。地址生成器形成指令地址或数据地址且送往存储器，并将此地址保持在 ADR 寄存器中，如果是指令地址，则送往 DPC。DPC、EPC、WPC 是一组程序计数器，它们保存与指令寄存器相对应的指令地址。

指令寄存器与控制部件产生微操作控制信号，采用硬布线控制技术实现，即控制部件本身是由门电路构成的。

4 个专用寄存器中，Y 寄存器用来配合进行乘法运算，TBR 提供中断程序入口地址高位部分，WIM 是与寄存器堆有关的窗口寄存器编号，PSR 是程序状态寄存器。

在 CISC 中，微处理器芯片中相当一部分面积用来安放微程序的微指令码电路。而在 RISC 中产生控制信号的逻辑电路仅占很小的面积，因此多余下来的面积可安排数量众多的寄存器或其他功能电路。

2. RISC 的流水线组织

SPARC 的大部分指令按 4 级指令流水线工作。从存储器取来的指令一般先送到 D 寄存器译码，然后在下一个机器周期送到 E 寄存器，再下一个机器周期送 W 寄存器（见图 5-31)，通过控制部件分别产生"译码"、"执行"和"写"操作所需要的控制信号。例如执行加法指令时，在"译码"段完成从寄存器取原操作数，在"执行"段（ALU 中）进行加法运算，在"写"段将结果写回寄存器。

由图 5-31 看到，在现行的 CPU 周期中有 4 条指令在同时工作：当 CPU 从存储器取第 $n+3$条指令时，第 $n+2$ 条指令 D 寄存器，第 $n+1$ 条指令在 E 寄存器，第 n 条指令在 W 寄存器。机器周期的选择应该保证每一段流水线都能完成指定的工作。一般来讲，存储器的速度比 CPU 低，故由存储器的读/写周期决定机器周期。在 CPU 内部，"执行"段（ALU 运算）所需要的时间比较长一些。

为了在每一个机器周期中 CPU 能得到一条指令，而又能缩短机器周期，通常采取指令预取或高速缓存（Cache）两种方法。

为了实现指令预取，在 CPU 中设置指令寄存器堆，将指令预先从存储器取到寄存器堆中，只要存储器有空闲和寄存器堆未装满，就不断取出指令。但是出现转移类指令时会改变程序的执行顺序，将使预取的指令失效，以致使流水线处于暂时阻塞或停顿状态。采用 Cache 存储器可以避免上述问题，因此大多数 RISC 机器采用 Cache 方案。

对 SPARC 机器来讲，当执行取数（LOAD）指令时需要多增加一个机器周期。这是因为除"取指"外还要增加从存储器"取数"的操作，这必然影响后面指令的读出。为此当流水线 D 段译出 LOAD 指令时，控制部分硬件自动生成一条"空操作"指令进入流水线；同时将此时已从存储器取出的指令送到缓冲寄存器 B_1 暂存。当以后 LOAD 指令取数据占用总线时，可将缓冲存储器中的指令送 D 寄存器，从时间上看，相当于多执行了一条指令，因此称 LOAD 指令为双周期指令。某些 RISC 机器为了提高速度，采用两个 Cache，即指令 Cache 和数据 Cache，这样取指和取数可同时进行，LOAD 指令也就成为单周期指令了。

当出现数据相关情况或遇到转移指令时，流水线不能连续工作而产生阻塞。假设第 n 条指令与第 $n+1$ 条指令均为加法指令，而且当第 $n+1$ 条指令的源操作数寄存器与第 n 条指令的目的操作数寄存器地址相同，那么当 $n+1$ 条指令取数时，第 n 条指令的结果还没有送入到目的寄存器，产生了所谓"数据相关"。SPARC 解决此问题的办法是在逻辑图上设置专用通路，将第 n 条指令的运算结果直接从 ALU 输出端传送到寄存器 A 或 B，作为第 $n+1$ 条指令的源操作数。

当执行转移指令时，转移地址要经过判断与计算后才能得到，所以下条指令的取指不能与本条指令的执行同时进行，从而使取指操作推迟一个周期实现，损失了一个机器周期，硬件无法弥补这一损失。然而 RISC 机器设计时硬件软件紧密结合，依靠编译优化，在转移指令后面插入一条必执行的指令，可以保持流水线畅通。

3. RISC 的寄存器

据统计，在 RISC 中，当程序运行时访存指令占总数一半以上。显然，在 CPU 中增加通用寄存器数目，就可以减少访问存储器的次数。在 RISC 中对通用寄存器的处理采用两种方案：一是采用数量较大的寄存器堆，组成若干个窗口，并利用重叠寄存器窗口技术来加快程序的运转；二是利用一套分配寄存器的算法以及编译程序的优化处理来充分利用寄存器资源。

SPARC 采用了第一种方法，指令寄存器的地址码字段长 5 位，允许访问 32 个逻辑寄存器。其中 8 个称为全局寄存器（逻辑地址 0～7），它们是所有程序段都能访问的寄存器；其余 24 个寄存器（逻辑地址 8～31）组成一个窗口。SPARC 允许设置若干个窗口，窗口数取决于硬件设计所选定的物理寄存器实际数量。通过窗口指针 CWP，可指出当前程序所访问的窗口号。在一条指令能访问的 32 个寄存器中，R[0]～R[7]为全局寄存器，R[8]～R[31]为一个窗口中的 24 个寄存器，并将后者分为输入 ins(R[24]～R[31])、局部 locals(R[16]～R[23])和输出 outs(R[8]～R[15])3 个部分。

利用重叠寄存器窗口技术可以实现过程的调用和返回，而不用存储器来完成传递参数和保留、恢复现场工作，还省去了寄存器之间传送数据的操作，因此使速度大为加快。图5-32表示了 3 个过程 A、B、C 所占用的寄存器，以及逻辑寄存器和物理寄存器之间的关系。图 5-32中过程 A 调用过程 B，过程 B 调用过程 C，为三层嵌套程序。全局寄存器（物理寄存器R[0]～R[7]）为 3 个过程公用。

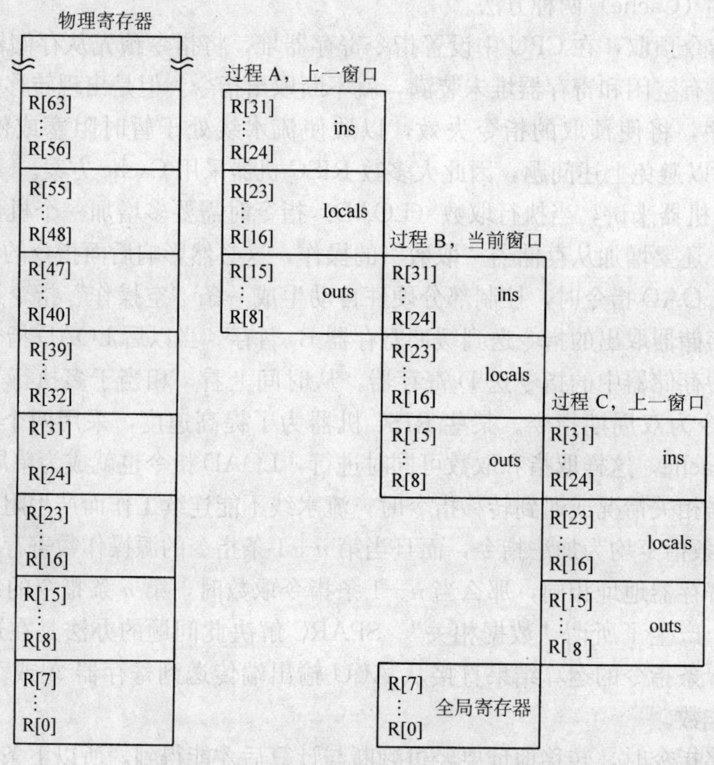

图 5-32 寄存器窗口和过程调用

当过程 A 调用过程 B 时，将要传递的参数预先送入 outs 部分（即逻辑寄存器 R[8]～R[15]，对应物理寄存器 R[40]～R[47]），而过程 A 所用的局部数据（当前程序段所用的数据）仍留在 locals 部分即物理寄存器 R[48]～R[55]。然后调用过程 B。由于过程 A 的 outs 与过程 B 的 ins 的物理寄存器重叠，因此过程 B 可直接从物理寄存器 R[40]～R[47]取得参数，然后使用它自己的局部寄存器 locals（逻辑寄存器 R[16]～R[23]，对应物理寄存器 R[32]～R[39]），由于它所用的物理寄存器与过程 A 不同，所以不必保存现场。同样，当过程 B 调用过程 C 时，将输出参数送到过程 B 的 outs 部分，也就是过程 C 的 ins 部分。

当过程 C 返回到过程 B 时，将返回参数送到过程 C 的 ins。由于寄存器窗口重叠，过程 B 可直接从它本身窗口的 outs 部分得到返回参数。可见用上述方法实现程序嵌套时，Call/Return 指令操作非常简单，无须为传递参数以及保留、恢复现场而访问存储器，因而可用一个机器周期完成指令所规定的操作。嵌套程序的层次受窗口数限制，当超过规定时将产生窗口溢出。此时按先进先出原则将寄存器中保存时间最长的一个窗口内容调到存储器保存起来，WIM 专用寄存器用来指示这一窗口的编号。而当用到该内容时，还需要从存储器读出，予以恢复。

二、CISC CPU 举例

下面选择 Intel 公司的 8088/8086 和 Pentium 处理器作为代表来介绍 CISC CPU。

1. Intel 8086 CPU

Intel 8086 是一种 16 位的 CPU 芯片，内部总线与运算器是 16 位的，外部总线中的数据总线也是 16 位的。8088 则是准 16 位的 CPU 芯片，内部是 16 位的，外部是 8 位的。由于大部分的外部设备以字节为单位进行数据传送，所以 8088 在连接外部设备方面是比较方便的。在内部组成上 8086 与 8088 基本相同，所以下面只介绍 8088。

8088 CPU 的内部结构如图 5-33 所示。8088 CPU 从功能上来说分成总线接口单元（BIU）和执行单元（EU）两大部分。

BIU 负责与存储器和外部设备接口，即 8088 CPU 与存储器和外部设备之间的信息传送，都是由 BIU 进行的。

利用总线接口单元（BIU），CPU 可以分时在 16 位的双向总线上传送地址和数据，从而使 CPU 发出的数据总线与地址总线合二为一，减少了 CPU 的引脚数。

EU 部分负责指令的执行。这样，取指令部分与执行指令部分是并行工作的，于是在一条指令的执行过程中，就可以去取下一条指令，在指令流队列寄存器中排队。在一条指令执行完以后就可以立即执行下一条指令，减少了 CPU 为取指令而等待的时间，提高了 CPU 的利用率，提高了整个系统的运行速度。

8088 的寄存器能处理 16 位数据，也能处理 8 位数据。AX、BX、CX、DX 4 个寄存器是 16 位数据寄存器，其中，AX（AH+AL）为累加器，其他 3 个寄存器用以存放 16 位操作数。这 4 个 16 位数据寄存器也可作为 8 个 8 位寄存器使用，即 AH、AL、BH、BL、CH、CL、DH 和 DL。

堆栈指针（SP）用来指示堆栈操作时堆栈在主存的位置，但是 SP 必须与堆栈段寄存器（SS）一起使用。另外 3 个 16 位寄存器 BP（基数指针）、SI（源变址）、DI（目的变址）用来增加几种寻址方式，从而能更灵活地寻找操作数。

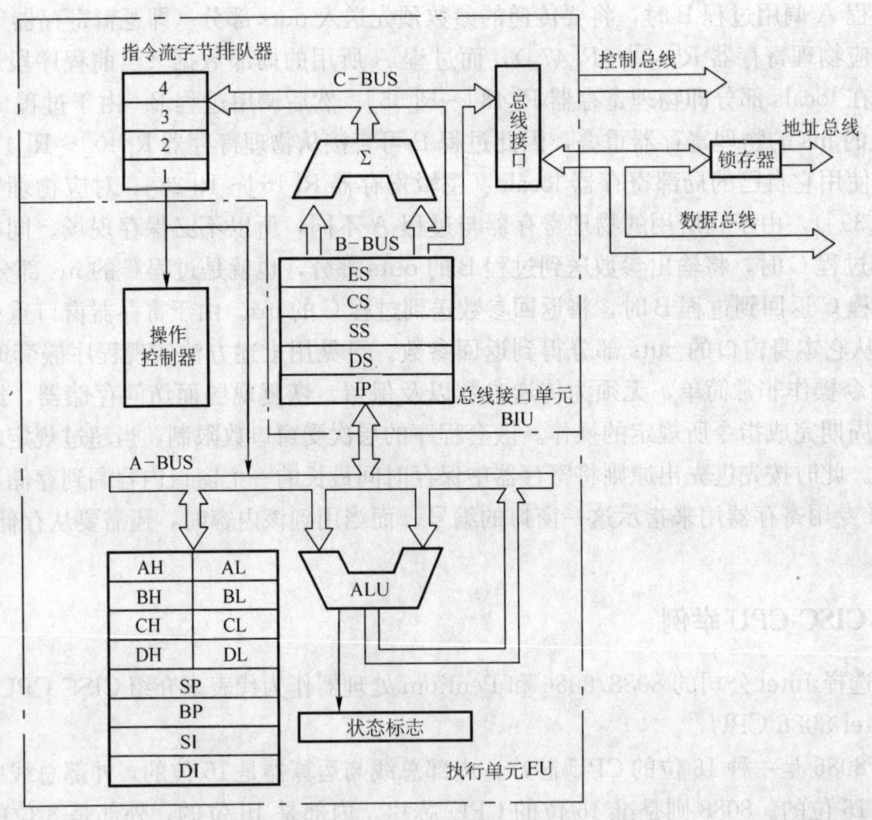

图 5-33　8088 CPU 的内部结构

指令指针（IP）的功能相当于一般机器的程序计数器（PC），但是 IP 要与代码分段寄存器（CS）相配合才能形成真正的物理地址。

状态寄存器 PSW 由 9 个标志位组成，以反映操作结果的状态或机器运行状态。

4 个 16 位的段寄存器，用来存放主存段地址（代码段 CS，数据端 DS，堆栈段 SS，附加段 ES）。通过把某个段寄存器左移 4 位低位补零后与 16 位偏移地址相加的方法可形成 20 位长度的实际地址，从而可使主存具有 1MB（2^{20}）的寻址能力。

每当取指令时，CPU 自动选择代码段寄存器（CS），再加上由 IP 所决定的 16 位位移量，便得到所取指令的 20 位主存物理地址。

每当进行堆栈操作时，CPU 自动选择堆栈段寄存器（SS），再加上 SP 所决定的 16 位偏移量，便得到堆栈操作所需要的 20 位物理地址。

每当涉及一个操作数时，CPU 自动选择数据段寄存器（DS）或附加段寄存器（ES），再加上 16 位偏移量，便得到操作数的 20 位的物理地址。此处的 16 位偏移量，既可以是包含在指令中的直接地址，也可以是某一个 16 位地址寄存器的值，又可以是指令中的偏移量加上 16 位地址寄存器的值等，这要取决于指令的寻址方式。

在不改变段寄存器值的情况下，寻址的最大范围是 64KB。

上述的存储器分段方法，对于要求在程序区、堆栈区和数据区之间进行隔离是十分方便的。

2. Pentium 处理器

Pentium 是 Intel 公司 80X86 系列的第五代微处理器。由于 Pentium 内部的主要寄存器为 32 位宽，所以是一个 32 位微处理器。但连接存储器的外部数据总线宽度为 64 位，故每次可同时传输 8 个字节。Pentium 外部地址总线宽度是 36 位，一般使用 32 位，故物理地址空间为 4GB。

Pentium 采用 U、V 两条指令流水线的超标量结构，内部有分立的 8KB 指令 cache 和 8KB 数据 cache，外部还可接 256～512KB 的二级 cache。它的大多数简单指令是用硬连接技术实现，并在一个时钟周期执行完。即使以微程序实现的指令，其微代码的算法也有重大改进，所需时钟周期大为减少。

Pentium 虽然也有少数 RISC 的特征，但它有多种长度的指令格式和多种寻址方式以及多达 200 多条指令，因此 CISC 特征是主要的，属于 CISC 结构处理器。

Pentium 有以下 4 类寄存器组。

1）基本结构寄存器组：通用寄存器、段寄存器、指令指针、标志寄存器。

2）浮点部件寄存器组：数据寄存器堆、控制寄存器、状态寄存器、标记字、事故寄存器。

3）系统级寄存器组：系统地址寄存器和控制寄存器。

Pentium CPU 结构框图如图 5-34 所示，从图中可以看出，Pentium CPU 有如下 4 个方面的新型体系结构特点。

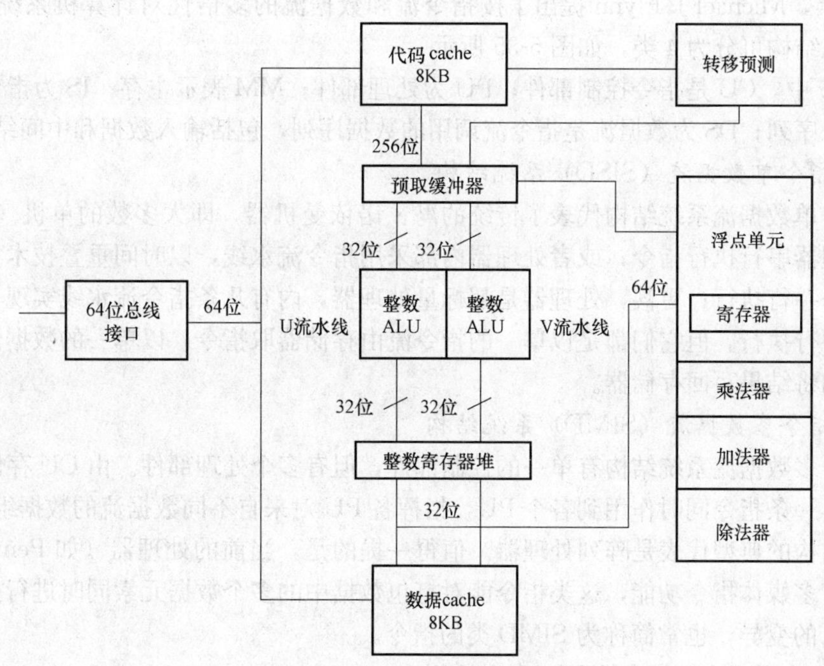

图 5-34　Pentium CPU 结构框图

1）超标量流水线：超标量流水线是 Pentium 系统结构的核心。由 U、V 两条指令流水线构成，每条流水线都有自己的 ALU、地址生成电路和与数据 cache 的接口。因而，允许在一个时钟周期内执行两条整数指令。

2）分设指令 cache 和数据 cache：Pentium 内有分立的 8KB 指令 cache 和 8KB 数据

cache。指令 cache 向指令预取缓冲器提供指令代码。数据 cache 与 U、V 流水线交换数据，它们对 Pentium 的超标量结构提供了强有力的支持。

3）先进的浮点运算部件：Pentium 的浮点运算采用 8 段流水线，前 4 段在 U、V 流水线中完成，后 4 段在浮点运算部件中完成。浮点部件内有专用的加法器、乘法器和除法器，有 8 个 80 位寄存器组成的寄存器堆，内部数据总线为 80 位宽。对于常用的浮点运算指令，如 LOAD、ADD、MUL 等采用了新算法，并用硬件实现。

4）以 BTB（Branch Target Buffer）实现的动态转移预测：Pentium 采用动态转移预测技术，来减小由于过程相关性引起的流水线性能损失。

第七节　多处理器系统

短短 60 多年计算机发展的历史清楚地表明，提高计算机系统性能的主要途径有两条：一是提高构成计算机系统的元器件的运行速度；二是改善计算机系统的体系结构。早期的计算机系统基本上都是单处理器系统。进入 20 世纪 70 年代出现了多处理器系统（Multiprocessor System，MPS），进一步发展成为当今最流行的并行计算机。

一、计算机系统结构的分类

1972 年，Michael J. Flynn 提出了按指令流和数据流的多倍性对计算机系统结构分类。计算机系统结构可分为 4 类，如图 5-35 所示。

图 5-35 中，CU 是指令控制部件；PU 为处理部件；MM 表示主存；IS 为指令流是机器执行的指令序列；DS 为数据流是指令流调用的数据序列，包括输入数据和中间结果。

1. 单指令单数据流（SISD）系统结构

单指令单数据流系统结构代表了传统的冯·诺依曼机器，即大多数的单机（单处理器）系统。处理器串行执行指令；或者处理器内部采用指令流水线，以时间重叠技术实现了一定程序的指令并行执行；更甚，处理器是超标量处理器，内有几条指令流水线实现了更大程度上的指令并行执行。但它们都是以单一的指令流由存储器取指令，以单一的数据流由存储器取操作数和将结果写回存储器。

2. 单指令多数据流（SIMD）系统结构

单指令多数据流系统结构有单一的控制部件，但有多个处理部件。由 CU 存储器取单一的指令流，一条指令同时作用到各个 PU，指挥各 PU 对来自不同数据流的数据组进行操作。这种系统结构的典型代表是阵列处理器。值得一提的是，当前的处理器（如 PentiumⅡ/Ⅲ/Ⅳ）都具有多媒体指令功能，这类指令能对打包数据中的多个数据元素同时进行操作。这是一种 SIMD 的变异，也常简称为 SIMD 类的指令。

3. 多指令单数据流（MISD）系统结构

多指令单数据流系统结构中，有几个处理部件 PU，各配有相应的控制部件 CU。各个 PU 接收不同的指令，对来自同一数据流及其派生数据流（例如中间结果）进行操作，目前还没有这类机器。

4. 多指令多数据流（MIMD）系统结构

多指令多数据流系统结构中，也有几个处理部件 PU 并各配有相应的控制部件 CU。但

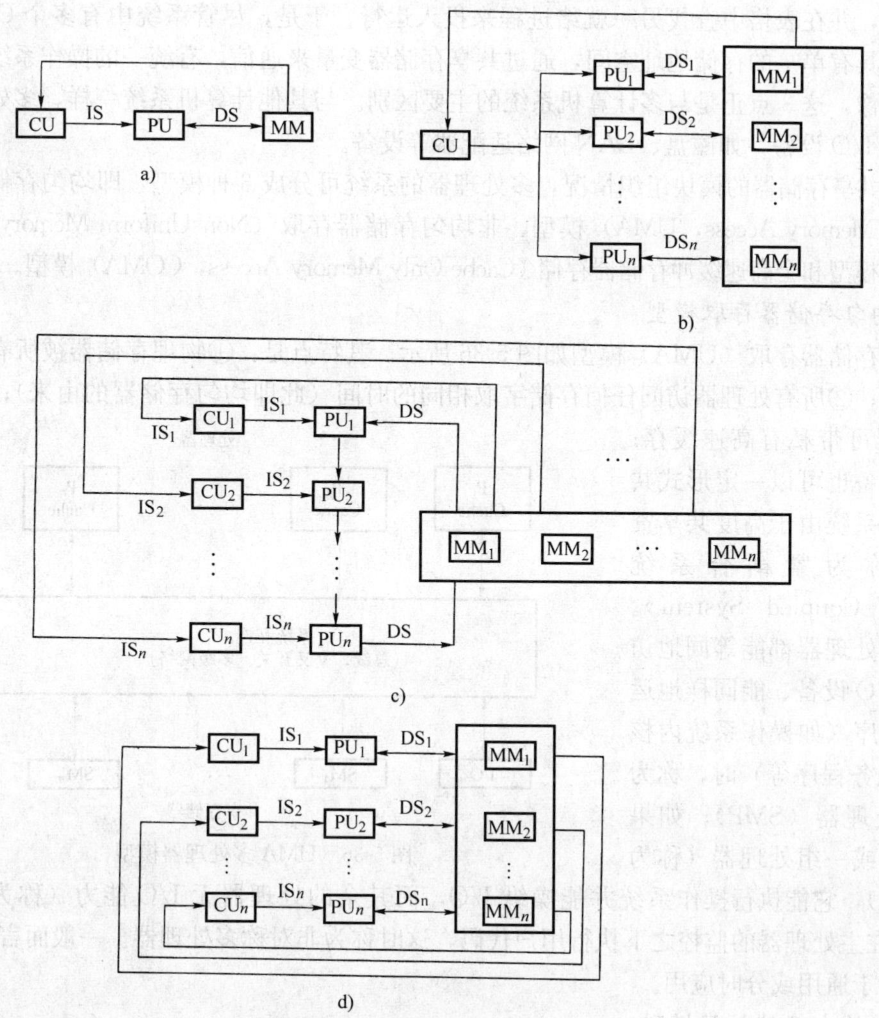

图 5-35　计算机系统结构分类

a) SISD　b) SIMD　c) MISD　d) MIMD

各 PU 接收不同的指令对不同的数据流进行操作，这是可行的。把一个 PU 及相应的 CU 看成是一个处理器（CPU），则这是一个多处理器系统。这类系统的典型代表是多处理器和多计算机系统。如果提供 n 个指令流和 n 个数据流的各存储模块来自（集中或分布的）共享存储器，则是多处理系统。如果各个存储模块各有自己独立的地址空间，那么各处理器为协同操作所需进行的相互通信就只能依据消息传递来进行，而不能依赖共享变量来进行，则是多计算机系统。

二、多处理器系统

多处理器有多个 CPU（CPU 包括控制部件和处理部件）和一个单一的、对所有 CPU 都是可见的存储地址空间。CPU 以及存储模块通过互连网络（Inter Connection Network，ICN）互连在一起，各 CPU 上运行的进程通过共享存储器的公共变量相互通信。多处理器运行在统一的操作系统之下，当一个进程阻塞时，它的 CPU 在操作系统的一些表格中保存进程状态，并在表格中查找另一就绪进程来投入运行。于是，尽管系统中有多个 CPU，但整个系统具有单一的存储地址空间，通过共享存储器变量来通信，有统一的操作系统及单一的系统映像，这 3 点正是与多计算机系统的主要区别。与其他计算机系统一样，多处理器也必须具有 I/O 设备，如磁盘、LAN 网络适配器等设备。

按照共享存储器的模块组织情况，多处理器的系统可分成 3 种模型，即均匀存储器存取（Uniform Memory Access，UMA）模型、非均匀存储器存取（Non Uniform Memory Access，NUMA）模型和全高速缓冲存储器存储（Cache Only Memory Access，COMA）模型。

1. 均匀存储器存取模型

均匀存储器存取（UMA）模型如图 5-36 所示。其特点是：①物理存储器被所有处理器均匀共享；②所有处理器访问任何存储字取相同的时间（此即均匀存储器的由来）；③每台处理机器可带私有高速缓存；④外部设备也可以一定形式共享。这种系统由于高度共享资源，而称为紧耦合系统（Tightly Coupled System）。当所有的处理器都能等同地访问所有 I/O 设备、能同样地运行执行程序（如操作系统内核和 I/O 服务程序等）时，称为对称多处理器（SMP）；如果只有一台或一组处理器（称为主处理器），它能执行操作系统并能操纵 I/O，而其余的处理器无 I/O 能力（称为从处理器），只在主处理器的监控之下执行用户代码，这时称为非对称多处理器。一般而言，UMA 结构适用于通用或分时应用。

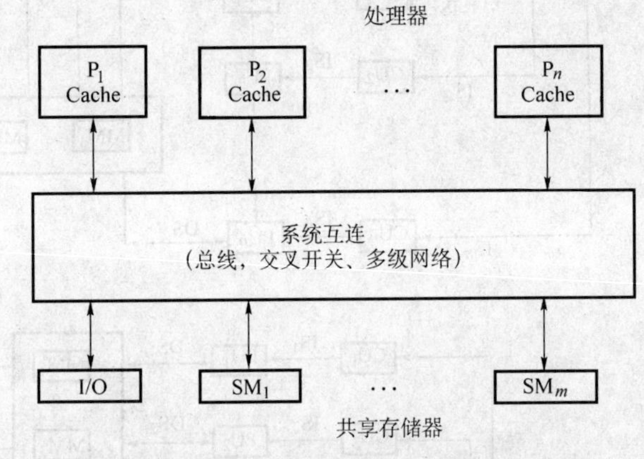

图 5-36　UMA 多处理器模型

2. 非均匀存储访问模型

非均匀存储访问（NUMA）模型如图 5-37 所示，其中，图 5-37a 为共享本地存储器的

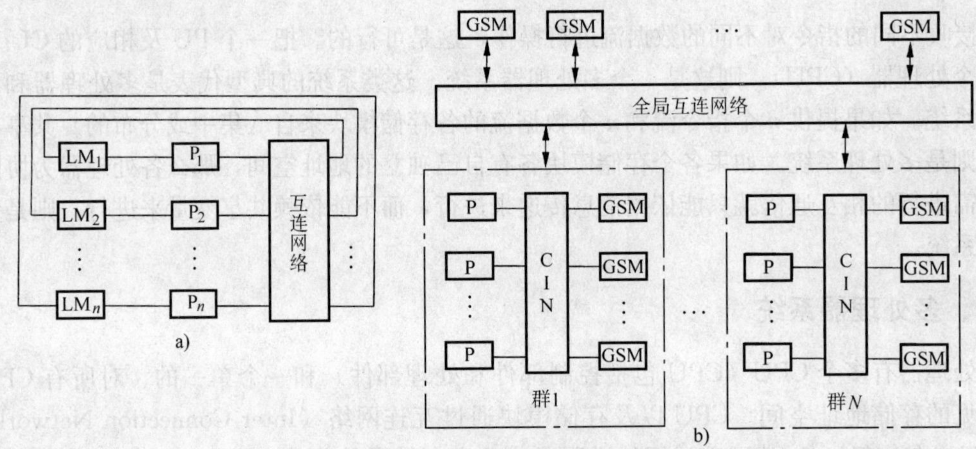

图 5-37　NUMA 多处理器模型

a）共享本地存储器模型　b）层次式机群模型

NUMA；图 5-37b 所示为层次式机群 NUMA。NUMA 的特点是：①被共享的存储器在物理上是分布在所有的处理器中的，其所有本地存储器的集合就组成了全局地址空间；②处理器访问存储器的时间是不一样的；访问本地存储器 LM 或群内共享存储器 CSM 较快，而访问外地的存储器或全局共享存储器（Globe Shared Memory，GSM）较慢（此即非均匀存储器名称的由来）；③每台处理器照例可带私有高速缓存，且外设也可以某种形式共享。

3. 全高速缓存存储器访问模型

全高速缓存存储器访问（COMA）模型如图 5-38 所示，它是 NUMA 的一种特例。其特点是：①各处理器节点中没有存储层次结构，全部高速缓存组成了全局地址空间；②利用分布的高速缓存目录 D 进行远程高速缓存访问；③COMA 中的高速缓存容量一般都有大于二级高速缓存容量；④使用 COMA 时，数据开始时可任意分配，因为在运行时它最终会被迁移到要用到它们的地方。

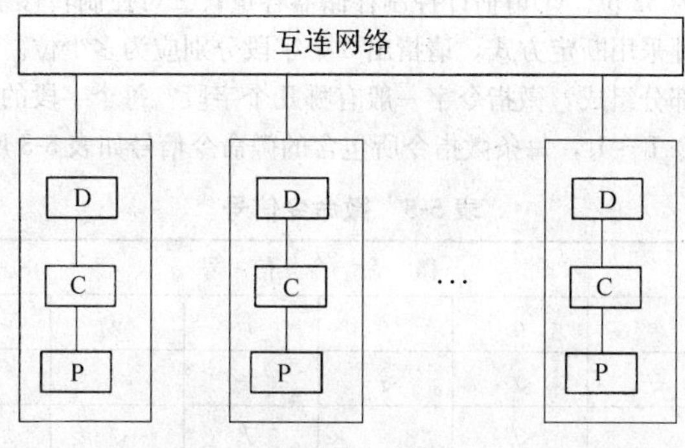

图 5-38　COMA 多处理器模型

在 Flynn 分类法中，MIMD 类还有靠消息传递的多计算机系统，这将在计算机系统结构中进行介绍。

习 题 五

5-1　CPU 主要具有哪些方面的功能？

5-2　CPU 中至少应该有哪些主要的寄存器？各个寄存器的作用是什么？

5-3　名词解释：中央处理器、操作控制器、指令周期、机器周期、微程序控制器、硬布线控制器、门阵列控制器、时钟周期。

5-4　下列各操作可能使用哪些寄存器。

(1) 加法和减法运算　　(2) 乘法和除法运算
(3) 表示运算结果是零　　(4) 表示操作数溢出了机器表示的范围
(5) 循环计数　　(6) 当前正在运行的指令地址
(7) 向堆栈存放数据的地址　　(8) 保存当前正在执行的指令字代码
(9) 识别指令操作码的规定　　(10) 暂时存放参加 ALU 运算操作数据和结果

5-5　控制操作器和时序产生器的作用是什么？

5-6　设计算机有如下部件如图 5-39 所示：ALU，移位寄存器，主存储器 M，主存数据寄存器 MDR，程序计数器 PC，主存地址寄存器 MAR，指令寄存器 IR，通用寄存器 $R_0 \sim R_3$，暂存器 C 和 D。试将各逻辑部件组成一个数据通路，并标明数据流动方向。

5-7 CPU 有哪几种控制方式？各有什么特点？如何实现？

5-8 设 R_1、R_2、R_3、R_4 是 CPU 中的通用寄存器，试用框图语言表示下列操作：

(1) 取数指令 “LDA (R_1)，R_2”；

(2) 存数指令 “STA R_3，(R_4)” 的指令周期流程图。

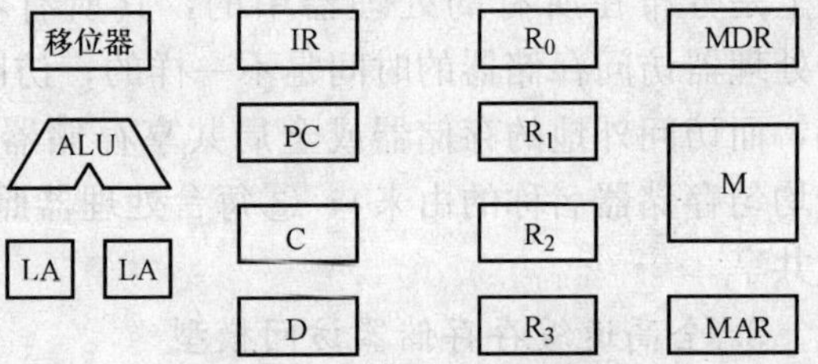

图 5-39 作业 5-6 图

其中：(1) 是将 (R_1) 指示的主存单元内容取到寄存器 R_2 中来；(2) 是将寄存器 R_3 的内容放到 (R_4) 指示的主存单元中去。

5-9 如果在一个 CPU 周期中要产生 3 个节拍脉冲：T_1＝200ns，T_2＝400ns，T_3＝200ns，画出时序产生器逻辑图。

5-10 假设某机器有 80 条指令，平均每条指令由 4 条微指令组成，其中有一条取微指令是所有指令公有的，已知微指令长度为 32 位。①请估计控制存储器容量；②可控制转移条件有 4 个，微指令采用水平型格式，后继微地址采用断定方式，请指出 3 个字段分别应为多少位。

5-11 微程序控制器由哪些部分组成？微指令字一般有哪几个字段？每个字段的作用是什么？

5-12 某计算机有 8 条微指令 $I_1 \sim I_8$，每条微指令所包含的微命令信号如表 5-5 所示：

表 5-5 微命令信号

微指令	微命令信号									
	a	b	c	d	e	f	g	h	i	j
I_1	√	√	√	√	√					
I_2	√			√		√	√			
I_3		√						√		
I_4			√							
I_5			√		√		√		√	
I_6	√							√		√
I_7			√	√				√		
I_8	√	√						√		

其中，a～j 对应于 10 种不同性质的微命令信号，假设一条微指令的控制字段仅限 8 位，试安排微指令的控制字段格式。

5-13 微指令的格式有哪几种？各有什么特点？

5-14 微程序控制器、组合逻辑控制器和门阵列控制器各有什么特点？

5-15 请说明流水线的工作原理、分类和流水线中的问题。

5-16 有四级流水线，分别完成取指、指令译码并取操作数据、运算、送结果等 4 步操作。假设完成各步操作的时间依次为 100ns、100ns、80ns、50ns。请问：

(1) 流水线的操作周期应设计为多少？

(2) 若相邻两条指令发生数据相关，而且在硬件上不采取措施，那么第二条指令要推迟多少时间进行？

(3) 如果在硬件设计上加以改进，至少需推迟多少时间？

5-17 参照图 5-31 和图 5-32 说明 SPARC 的流水线和寄存器的特点。

第六章　系 统 总 线

总线是多个系统部件之间进行数据传送的公共通路。借助总线连接，计算机在各系统部件之间实现传送地址、数据和控制信息的操作。因此，所谓总线就是指能为多个功能部件服务的一组公用信息线，并且能够分时地发送和接收信息。

第一节　总线的基本概念和结构形态

一、总线的特性

总线是一个共享的传输介质，从机械特性上来看，总线就是一组导线，许多导线直接印制在电路板上，既可以在电路板和电路板之间以总线的方式连接，也可以在电路板内以总线方式进行各部件之间的连接。为了确保其电气上的正确连接，必须规定其电气特性；为了确保其机械上的可靠连接，必须规定其机械特性；为了确保其正确连接不同部件，还规定其功能特性和时间特性。

1. 机械特性

机械特性是指总线在机械连接上的特性，包括连线类型、数量、接插件的几何尺寸和形状以及引脚线的排列等。

从连线的类型来看，总线可分为电缆式、主板式和底板式。电缆式总线通常采用扁平电缆连接电路板；主板式总线通常在印制电路板或卡上蚀刻出平行的金属线，这些金属线按照某种排列以一组连接点的方式提供插槽，系统的一些主要部件从这些槽中插入到系统总线。

从连线的数量来看，总线一般分为串行总线和并行总线。在并行传输总线中，按数据线的宽度分 8 位、16 位、32 位、64 位总线等。总线的宽度对实现的成本、可靠性和数据传输率的影响很大。一般串行总线用于长距离的数据传送，并行总线用于短距离的高速数据传送。

2. 电气特性

电气特性是指总线的每一条传送线的信号传递方向和有效电平范围。通常规定由 CPU 发出的信号为输出信号，送入 CPU 的信号为输入信号。地址线一般为输出信号，数据线为双向信号。控制总线有的是输入线，有的是输出线，有的高电平有效，有的低电平有效。

3. 功能特性

功能特性是指总线中每根传输线的功能。例如，地址线用来传输地址信息，每一根地址线都表示一位地址码；数据线用来传输数据信息，每一根数据线都表示一位数据；控制总线用来发送控制信息或接收请求及状态信号，如 CPU 发出的存储器读/写、I/O 读/写信号，也有 I/O 向 CPU 发来的信号，如中断请求、DMA 请求等。

4. 时间特性

时间特性是指总线中任一根传输线在什么时间内有效，以及每根线产生的信号之间的时序关系。时间特性一般可用信号时序图来说明。只有严格按总线特性设计出来的部件或外设接口，才能保证系统的可靠传输和运行。

二、总线的分类

现代计算机系统有多种多样的形式与标准。

1. 按连接部件分类

根据所连接部件的不同，总线通常被分成 3 种类型：内部总线、系统总线和通信总线。

(1) 内部总线（片内总线） 是指芯片内部连接各元件的总线。例如在 CPU 芯片内部，连接各个寄存器、ALU、指令部件等各元件之间的总线。内部总线的结构比较简单、距离短、速度极高。

(2) 系统总线 系统总线通常是指连接 CPU 与主存或 I/O 接口之间的信息传输线，它是连接整机系统的基础。系统总线根据其传输的信息内容，又可分为 3 类：数据总线、地址总线和控制总线。除了 3 种之外还有电源线和地线。另外，在有些系统中，数据总线和地址总线是复用的，即总线在某些时刻出现的信号表示数据，而另一时刻出现的信号表示地址。系统总线的连接距较短、传输速度较快。

(3) 通信总线 通信总线（外部总线）主要用于计算机系统之间，或计算机系统与其他系统（如控制仪表）之间的通信。在进行远距离通信时，它需要用调制解调器一起进行通信。通信总线由于涉及通信距离、传输速度、工作方式、外部工作环境等许多方面的因素，因此差别极大，种类也非常多。

2. 按数据传送方式分类

按数据传送方式分类可分为并行总线和串行总线，将在后面的章节中进行介绍。

3. 按总线的通信定时方式分类

按总线的通信定时方式分类可分同步总线和异步总线，将在后面的章节中进行介绍。

三、总线的性能指标

总线的性能指标主要包括以下几个方面。

1) 总线宽度：数据总线的宽度，是指一次总线操作中通过总线传送的数据位数，一般有 8 位、16 位、32 位和 64 位。

2) 总线周期：指一次总线操作所用的时间。

3) 总线频率：总线的工作频率，单位是 MHz。工作频率越高，总线的工作速度越快，总线带宽越宽。

4) 总线带宽（标准传输速率）：指每单位时间内总线上可传送的数据量，用每秒多少兆字节数（MB/s）来表示。总线带宽＝总线宽度/8×总线工作频率（MB/s）。

例如，PCI 总线为 64 位，时钟频率为 66MHz，那么总线的带度为

$$66 \times 64/8\ \text{bit} = 512\text{MB}$$

5) 信号线类型：指信号线是专用的还是分时复用的。将地址线和数据线单独设置可使写操作的性能发挥更高，因为地址和数据可同时传送出去，采用分时复用可使总线利用率提高。

6) 仲裁方式：指集中式裁决还是分布式裁决。

7）定时方法：指同步方式还是异步方式。

四、总线的连接方式

任何数字计算机的用途很大程度取决于它所能连接外部设备的范围。由于外部设备种类繁多，速度存在差异，不可能简单地把外部设备连接在 CPU 上。因此必须寻找一种方法，以便将外部设备同计算机连接起来，使它们在一起可以正常工作。通常，这项任务用“接口”部件来完成。通过接口可以实现高速机器与低速外设之间工作速度上的匹配和同步，并完成计算机和外设之间的所有数据传送和控制。因此，“接口”又有“适配器”、“设备控制器”等名称。

大多数总线都是以相同的方式构成的，其不同之处仅在于总线中数据线和地址线的数目，以及控制线的多少及其功能。然而，总线的排列布置与其他各类部件的连接方式对计算机系统的性能来说，将起着十分重要的作用。根据连接方式不同，下面介绍总线连接方式的 3 种基本类型。

1. 单总线结构

在许多微小型计算机中，使用一条单一的系统总线来连接 CPU、内存和 I/O 设备，叫做单总线结构，如图 6-1 所示。

在单总线结构中，要求连接到总线上的逻辑部件必须高速运行，以便在某些设备需要使用总线时，能迅速地获得总线控制权；而当不再使用总线时，能迅速放弃总线控制权。否则，由于一条总线多种功能公用，可能导致很长的时间延迟。

2. 双总线结构

单总线系统中，由于所有逻辑部件都挂在同一条总线上，因此总线只能分时工作，即某一时间只能允许一对部件之间传送数据，这就使信息传送的吞吐量受到限制。为此出现了如图 6-2 所示的双总线系统结构。这种结构保持了单总线系统简单、易于扩充的优点，但又在 CPU 和内存之间专门设置了一组高速的存储总线，使 CPU 可通过专用总线与存储器交换信息，并减轻了系统总线的负担，同时内存仍可通过系统总线与外设之间实现 DMA（直接在存储器存取）操作，而不必经过 CPU，当然这种双总线系统以增加硬件为代价。当前高档微型机中广泛采用这种总线结构。

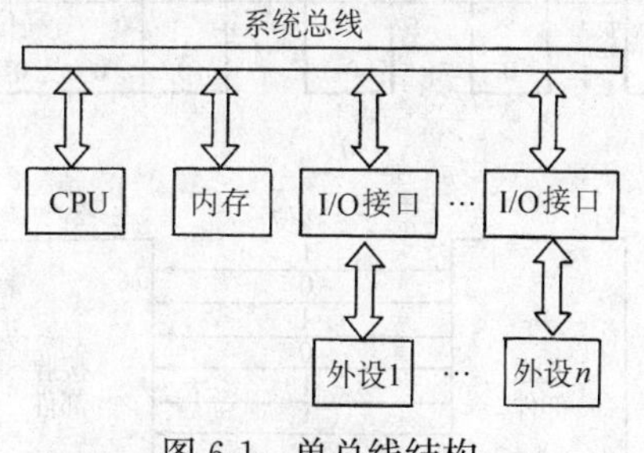

图 6-1　单总线结构

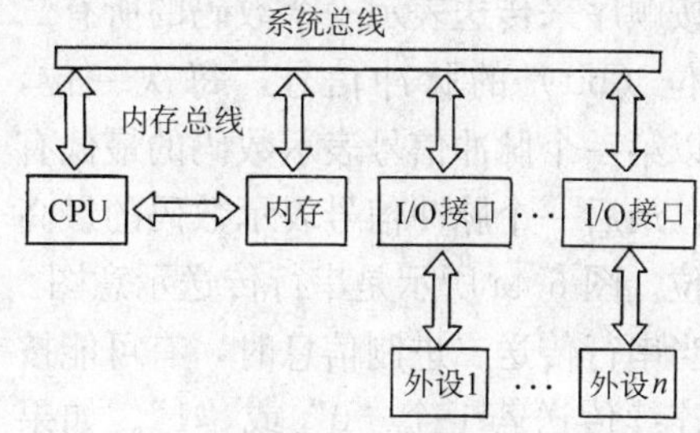

图 6-2　双总线结构

3. 三总线结构

图 6-3 为三总线系统的结构，它是在双总线系统的基础上增加 I/O 总线形成的，其中系统总线是 CPU、内存和通道（IOP）之间进行数据传输的公共通路，而 I/O 总线是多个外部设备与通道之间进行数据传输的公共通路。

由前面叙述可知，在 DMA 方式中，外设与存储器间直接交换数据而不经过 CPU，从而减轻了 CPU 对数据输入/输出的控制，而“通道”方式进一步提高了 CPU 的效率。通道实际是一台具有特殊功能的处理器，又称为 IOP（I/O 处理器），它分担了一部分 CPU 的功能，以实现对外设的统一管理及外设与内存之间的数据传送。显然，由于增加了 IOP，使整个系统的效率大大提高，然而这是以增加更多的硬件为代价换来的。

三总线系统通常用在大、中型计算机中。

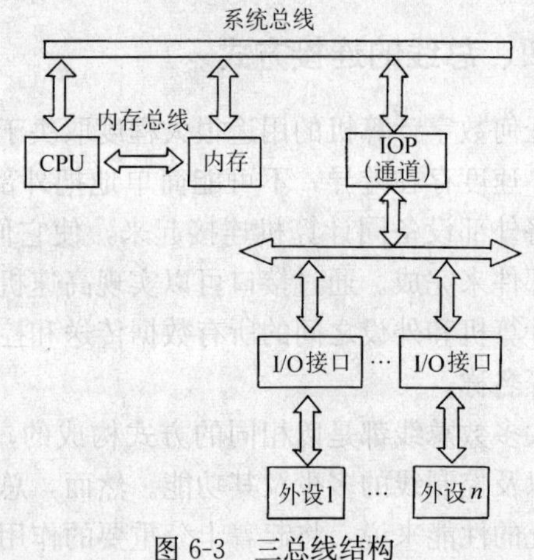

图 6-3　三总线结构

第二节　总 线 接 口

一、信息的传送方式

数字计算机使用二进制数“0”和“1”，它们用电位的高、低，或脉冲的有、无来表示。在前一种情况下，如果电位高时表示数字“1”，那么电位低时则表示数字“0”；后一种情况下，如果有脉冲时表示数字“1”，那么无脉冲时就表示数字“0”。

计算机系统中，传输信息基本有 3 种方式：串行传送、并行传送和分时传送。但是出于速度和效率上的考虑，系统总线上传送的信息通常采用并行传送方式。在计算机与计算机之间的较长距离信息传输中，一般采用串行传送方式。在一些微型计算机中，由于 CPU 引脚数的限制，系统总线传送信息时还采用并串行方式或分时方式，如图 6-4 所示。

1. 串行传送

当信息以串行方式传送时，只有一条传输线，且采用脉冲传送。在串行传送时，按顺序来传送表示一个数码的所有二进制位（bit）的脉冲信号，每次一位，通常以第一个脉冲信号表示数码的最低有效位，最后一个脉冲信号表示数码的最高有效位。图 6-4a 所示是串行传送示意图。

当串行传送二进制信息时，有可能按顺序连续传送若干个“0”或“1”。如果在编码时有脉冲表示二进制数“1”，无脉冲表示二进制数“0”，那么当连续出现几个“0”时，则表示某段时间间隔内传输线上没有脉冲信号。为了要确定传送了多

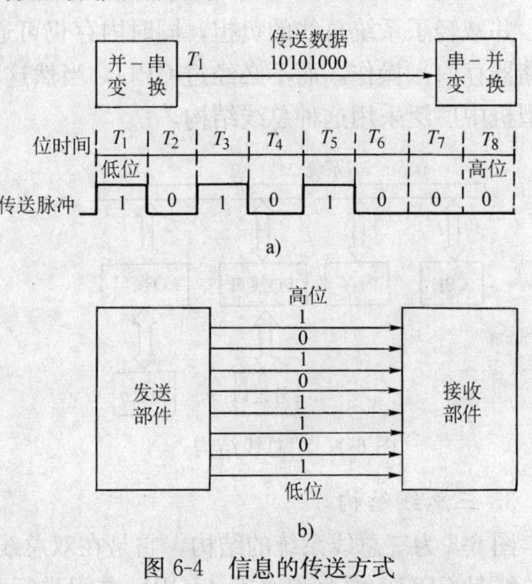

图 6-4　信息的传送方式
a）串行传送　b）并行传送

少个“0”，必须采用某种时序格式，以便使接收设备能加以识别。通常采用的方法是指定“位时间”，即指定一个二进制位在传输线上占用的时间长度。显然，“位时间”是由同步脉冲来体现的。

假定串行数据是由“位时间”组成的，那么传送 8 位需要 8 个位时间。例如，如果接收设备在第 1、3 和 5 个位时间接收到一个脉冲，而其余的 3 个位时间没有收到脉冲，那么就会知道所收到的二进制信息是 00010101。注意，串行传送时低位在前，高位在后。为了检测传输过程中可能发生错误，在串行传送的信息中一般附加一个奇偶校验位。

在串行传送时，被传送的数据需要在发送部件进行并行—串行变换，而在接收部件又需要进行串行—并行变换。

串行传送的主要优点是只需要一条传输线，这一点对长距离传输显得特别重要，不管传送的数据量有多少，只需要一条传输线，成本比较低廉。

2. 并行传送

用并行方式传送二进制信息时，对每个数据位都需要单独一条传输线，信息有多少二进制位组成，就需要多少条传输线，从而使得二进制数“0”或“1”在不同的线上同时进行传送，并行传送的过程如图 6-4b 所示。如果要传送的数据由 8 位二进制位组成（一个字节），那么就使用 8 条线组成的扁平电缆。每一条线分别代表了二进制数的不同位值，例如，最上面的线代表最高有效位，最下面的线代表最低有效位，因而图中正在传送的二进制数是 10101101。

并行传送一般采用电位传送。由于所有的位同时被传送，所以并行数据传送比串行数据传送快得多。例如，使用 16 条单独的数据线，可以从 CPU 的数据寄存器同时传送 16 位数据信息给内存。

3. 分时传送

分时传送有两种概念：一种是在分时传送信息时，总线不明确区分哪些是数据线，哪些是地址线，而是统一用来传送数据或地址信息，由于传输线上既要传送地址信息，又要传送数据信息，因此必须划分时间，以便在不同的时间间隔中完成传送地址和传送数据的任务。例如在有些微机中，利用总线接口部件，分时在 16 位的 I/O 总线上传送数据和地址。另一种概念是共享总线的部件分时使用总线。

二、接口的基本概念

1. 接口的定义

广义地讲，“接口”这一术语是指中央处理器（CPU）和内存、外部设备、两种外部设备间或两种机器之间通过总线进行连接的逻辑部件。接口部件在它所连接的两部件之间起着“转换器”的作用，以便实现彼此之间的信息传送。

2. 接口的组成

图 6-5 所示是一种典型接口组成框图，并详细标明了 CPU、接口和外设之间的连接。I/O接口的硬件电路主要包括 3 个部分。

（1）基本电路　基本电路主要包括寄存器及其控制逻辑。接口寄存器又称为端口，包括命令控制器（控制寄存器、控制口）及译码器、数据寄存器（数据口）、状态寄存器（状态口），分别用以保存 CPU 的命令、数据信息和外设的状态。

接口的控制逻辑则用以执行 CPU 命令、返回状态、传送数据，是接口中的控制核心。它根据 CPU 送来的 I/O 读/写控制信号和端口地址译码电路的译码结果，来确定 CPU 访问的是哪一个寄存器，并控制外设。

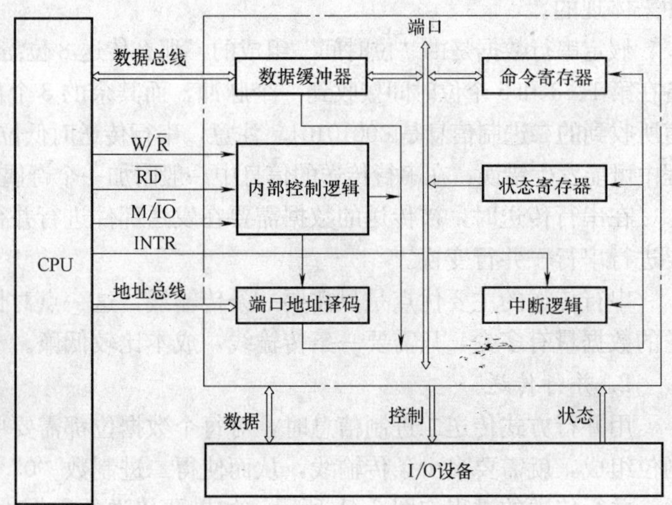

图 6-5　I/O 接口组成框图

视功能的不同，端口可以只读、只写或者可读可写。譬如，一般情况下，控制口只写，状态口只读，数据口可读可写。一个端口可以写入或读出多种信息。例如，写入或读出某端口时，以某些特征位的不同来区分出写入或读出的是什么信息。端口地址是对接口中端口（寄存器）的编码，但是与存储器地址不同，端口的个数与接口中寄存器的个数不一定相等。既可以一个寄存器拥有一个端口地址，也可以若干个寄存器拥有一个端口地址。譬如，只写的端口寄存器 A 和只读的端口寄存器 B 可以共用一个端口地址，读该端口地址就是访问端口地址 B，写该端口地址就是访问端口地址 A。

（2）端口地址译码电路　对地址总线上的外设端口地址进行译码，用以决定是否选中设备自身。若未被选中，则各个寄存器不会进行数据的传送，而接口与外设之间的各种信号（数据、控制、状态信息）也不会有效。

（3）供选电路　由于接口的结构和功能有很大的区别，因此各接口电路中可能选择使用中断控制逻辑、定时器、计数器、移位器等部件。

3. 接口的功能

一般来说，输入/输出接口功能如下。

（1）数据转换　不同类型的数据必须经过转换过程才能被对方识别和接收。例如，模拟信号与数字信号转换；同是数字信号，若传输方式不同，须经过串行与并行之间的转换；编码方式不同，要经过码制转换，以及位的分解与拼装等。

（2）数据缓冲与时序配合　在接口电路中，一般设置几个数据缓冲寄存器，从而使接口具备一定的缓冲存储能力。CPU 送给外设的数据先锁存到接口中，通知外设来读取；外设送给 CPU 的数据也先存入接口的缓冲器等待 CPU 来读取，借助数据缓冲器实现 CPU 与不同速度的外设间的时序配合。

（3）提供外部设备和接口的状态　为了 CPU 更好地控制各种外部设备提供有效的帮助，在接口线路中设置设备和接口状态寄存器，并占用一个或多个 I/O 地址。CPU 可以通过读取其中的内容来了解外部设备和接口线路的工作状态，及时调整对外部设备及数据接口的指令。

（4）实现主机和外部设备之间的通信联络控制　主要通信联络控制工作包括设备的选择、操作时序的控制与协调、中断的请求与批准、主机命令与 I/O 设备状态的交换与传递。因此，每个接口电路都有一个专门的设备选择电路和中断的控制线路。

（5）电平匹配和负载匹配　总线信号电平通常是与 TTL 兼容的，而外设的 I/O 信号有

TTL 电平和其他规格的电平。当电平不同时，需经过接口电路进行电平转换。在信号电平相同的情况下，若总线负载能力不足，需经过接口电路增强总线的驱动能力达到负载匹配，系统才能正常工作。

I/O 接口的这些功能是依靠接口电路（硬件）和接口程序（软件）相互配合实现的。

三、接口的分类

接口的类型取决于 I/O 设备的类型、I/O 设备对接口的特殊要求、CPU 与接口（或I/O 设备）之间信息交换的方式等因素。一般来说，接口部件可按以下几种方式分类。

1. 按数据传输宽度分类

(1) 并行接口　主机与接口、接口与外部设备之间都是对一个字节或几个字节各位同时进行处理的方式完成信息传递工作，即每次传送一个字节或几个字节的全部代码。因此并行接口的数据通路是按字或字节设置的。一般当 I/O 设备本身是按照并行方式工作，并且主机与外部设备之间距离较近时，选用并行接口。

(2) 串行接口　接口与主机之间完全按照并行的方式传递数据。但接口与 I/O 设备之间有时是按照每次传送一位的方式实现数据传递的，即每个字节是按位依次传送的。因此要求串行接口必须设置具有移位功能的数据缓冲器，以实现数据格式的串—并转换。同时还要求接口中有同步定时脉冲信号来控制信息的传递速率，以保证信号能够在接口与外部设备之间实现同步串行传送。一般的低速 I/O 设备、计算机网络的远程终端设备以及通信系统的终端采用串行接口。

2. 按操作的节拍分类

(1) 同步接口　同步接口的数据传送是按照 CPU 的控制节拍进行。无论是 CPU 与接口之间，还是接口与外部设备之间的数据交换都由 CPU 控制节拍的协调，与 CPU 的节拍同步。这种接口的控制简单，但其操作时间必须与 CPU 的时钟同步。

(2) 异步接口　异步接口不由 CPU 的时钟控制。CPU 与 I/O 设备之间的信息交换采用应答方式。连接在总线上的任何两个设备均可以交换信息，在交换信息的两个设备中，负责控制和支配总线控制权的设备叫做主设备，和主设备交换信息的设备叫做从设备。例如将 CPU 看做主设备，将 I/O 设备看做从设备。在信息交换时，主设备发出交换信息的“请求”信号，经过接口传送给从设备，从设备完成主设备指定的操作后向主设备发出“回答”信号。按这种一问一答的方式分步完成信息的交换。其中从“请求”到“回答”之间的时间是由完成操作所需的实际工作时间决定的，与 CPU 的时钟节拍无关。

3. 按信息传送的控制方式分类

根据接口对信息传送的控制方式，可以将接口分为有程序控制的输入/输出接口、程序中断输入/输出接口和直接存储器存取（DMA）接口 3 种。

第三节　总线的控制与通信

一、总线控制

从总线结构知道总线是多个部件所共享的。为了正确地实现多个部件之间的通信，必须有一个总线控制结构，它对总线的使用进行合理的分配和管理。

因为总线是公共的，所以总线上的一个部件要与另一个部件进行通信时，首先应该发出请求信号。在同一时刻，可能有多个部件要求使用总线，总线控制部件根据一定的判决原则，即按一定的优先次序，来决定首先同意哪个部件使用总线。只有获得总线使用权的部件，才能开始进行数据传送。

根据总线控制部件的位置，控制方式可以分成集中式和分散式两类。总线控制逻辑基本集中在一处的，称为集中式总线控制。总线控制逻辑分散在总线各个部件中的，称为分散式总线控制。集中式控制是三总线、双总线和单总线结构机器中主要采用的方式。下面主要介绍 3 种集中式总线控制方式。

（一）链式查询方式

链式查询方式如图 6-6a 所示。图 6-6a 中的总线控制部件在单总线和双总线系统中常常是 CPU 的一部分。在三总线系统的 I/O 总线中，它是通道的一部分。

链式查询方式，除了一般的数据总线和地址总线外，主要有 3 根控制线。

- BS（忙）：该线有效时，表示总线正被某外设使用。
- BR（总线请求）：该线有效时，表示至少有一个外设要求使用总线。
- BG（总线同意）：该线有效时，表示总线控制部件响应总线请求（BR）。

链式查询方式的主要特征是总线同意信号 BG 的传送方式：串行地从一个 I/O 接口送到下一个 I/O 接口。假如 BG 到达的接口无总线请求，则继续往下传；假如 BG 到达的接口有总线请求，BG 信号便不再往下传。这就意味着 I/O 接口获得了总线使用权。

显然，在查询链中离总线控制器最近的设备具有最高优先权，离总线控制器越远，优先权越低。因此，链式查询是通过接口的优先权排队电路来实现的。

链式查询方式的优点是只用很少几根线就能按一定优先次序实现总线控制，并且这种链式结构很容易扩充设备。

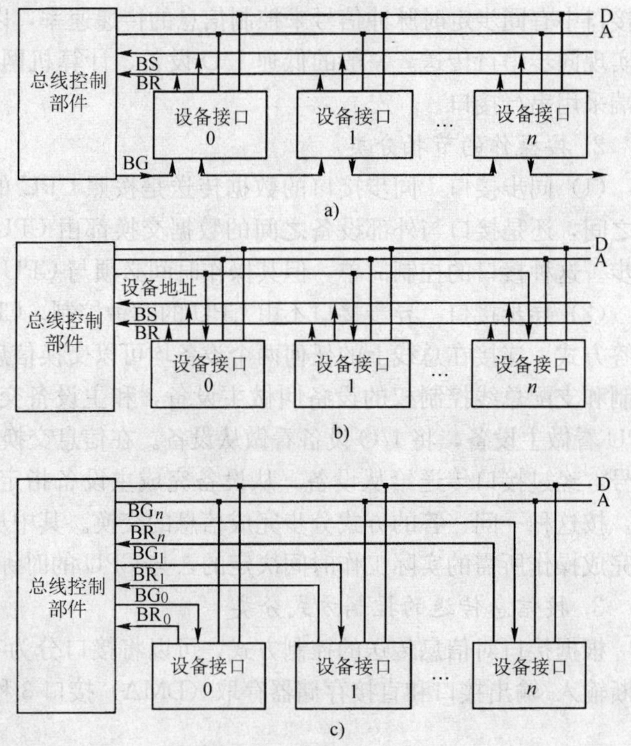

图 6-6 集中式总线控制

a）链式查询方式 b）计数器定时查询方式

c）独立请求方式

链式查询方式的缺点是对询问链的电路故障很敏感，如果第 i 个设备的接口中有关链的电路有故障，那么第 i 个以后的设备不能进行工作。另外查询链的优先级是固定的。如果优先级高的设备出现频繁的请求时，那么优先级低的设备可能长期不能使用总线。

（二）计数器定时查询方式

计数器定时查询方式原理如图 6-6b 所示。总线上的任一设备要求使用总线时，通过 BR 线发出总线请求。总线控制器接到请求信号以后，在 BS 线为“0”的情况下让计数器开始计数，计数值通过一组地址线发向各设备。每个设备接口都有一个设备地址判别电路，当地址线上的计数值与请求总线的设备地址相一致时，该设备 BS 线置“1”，获得了总线使用权，此时中止计数查询。

每次计数可以从“0”开始，也可以从中止点开始。如果从“0”开始，各设备的优先次序与链式查询法相同，优先级的次序是固定的。如果从中止点开始，则每个设备使用总线的优先级相等。这种方式对于用终端控制器来控制各个显示终端设备是非常合适的。这是因为，终端显示属于同一类设备，应该具有相等的总线使用权，计数器的初值也可用程序来设置，这样就可以灵活地根据需要来改变优先次序。

（三）独立请求方式

独立请求方式原理如图 6-6c 所示。在独立请求方式中，每一个共享总线的设备均有一对总线请求线 BR_i 和总线同意线 BG_i。当设备要求使用总线时，便发出该设备的请求信号。总线控制器部件中一般有一个判优排队电路，因而根据一定的优先次序决定首先响应哪个设备的请求，给设备以同意信号 BG_i。

独立请求方式的优点是响应时间快，不需要一个设备接一个设备地查询，然而这是以增加控制线为代价的。若有 n 个外部设备，在链式查询中仅用两根线确定总线使用权属于哪个设备，在计数器查询方式中大致用 $\log_2 n$ 根线，而独立请求方式需采用 $2n$ 根线。

独立请求方式对优先次序的控制也是相当灵活的。它可以预先固定，假如 BR_0 优先级最高，BR_1 次之，BR_n 最低；也可以通过程序来改变优先级；还可以用屏蔽某个请求的办法，不响应来自无效设备的请求。

二、总线通信

上面介绍了共享总线的部件如何获得总线的使用权即控制权，现在来讲解共享总线的各部件之间如何进行通信，即如何实现信息传输。

总线上的通信方式是实现总线控制和信息传送的手段，通常有同步方式和异步方式两种。

（一）同步通信

总线上的部件通过总线进行信息传送时，用一个公共的时钟信号进行同步，这种方式称为同步通信。这个公共的时钟信号可以由 CPU 总线控制部件发送到每一个部件（设备），也可以让每个部件有各自的时钟发生器，然而它们都必须由总线控制部件发出的时钟信号进行同步。

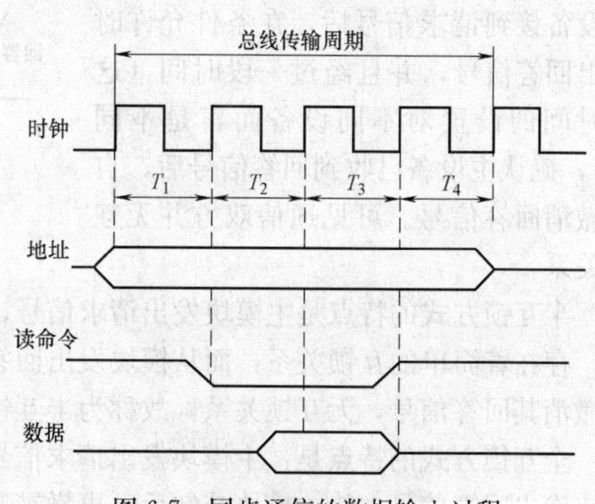

图 6-7 同步通信的数据输入过程

某个输入设备向 CPU 传输数据的同步通信过程如图 6-7 所示，图 6-7 中总线传输周期是总线上两个部件完成一次完整而可靠的传输所用的时间，它包含 4 个时钟周期 $T_1 \sim T_4$ 。

CPU 在第一个时钟周期 T_1 的上升沿发出地址信息，在第二个时钟周期 T_2 的上升沿发出读命令。输入设备必须在第三个时钟周期 T_3 的上升沿到来之前将 CPU 所需的数据送到数据总线上，而 CPU 在第三个时钟周期 T_3 内可以从数据线上获取信息并送到其内部寄存器中，在第四个时钟周期 T_4 的上升沿撤销读命令，输入设备撤销数据。

这种通信的优点是规定明确、统一，模块间的配合简单一致。其缺点是主从模块时间配合属强制性“同步”，必须在限定时间内完成规定的要求，并且对所有从模块都用同一限时，这就势必造成对各个相同速度的部件而言，必须按最慢速度部件来设计公共时钟，严重影响总线的工作效率，也给设计带来了局限性，缺乏灵活性。

同步通信一般用于总线长度较短，各部件存取时间比较一致的场合。

例 6-1 假设总线的时钟频率为 100MHz，总线的传输周期为 4 个时钟周期，总线的宽度为 32bit，试求总线的数据传输率。若想提高一倍数据传输率，可采取什么措施？

解： 根据总线时钟频率为 100MHz，得到 1 个时钟周期为 1/(100MHz)＝0.01μs

总线传输周期为 0.01μs×4＝0.04μs，由于总线的宽度为 32bit＝4B

故总线的数据传输速率为 4B/(0.04μs)＝100MB/s

若想提高一倍数据传输速率，可以在不改变总线时钟频率的前提下，将数据线的宽度改为 64bit，也可以保持数据线的宽度为 32bit，但使总线的时钟频率增加到 200MHz。

(二) 异步通信

异步通信克服了同步通信的缺点，允许总线上的各部件有各自的时钟，允许各模块速度的不一致性，给设计者充分的灵活性和选择余地。它没有公共的时钟标准；不要求所有部件严格的统一动作时间，而是采用应答方式（又称为握手方式），即当主模块发出请求（Request）信号时，一直等待从模块反馈回来“响应”（Acknowledge）信号后，才开始通信。当然，这就要求主从模块之间增加两条应答线（即握手交互信号线 Handshaking）。

异步通信方式可分为不互锁、半互锁和全互锁 3 种类型，如图 6-8 所示。

不互锁方式的特点是主模块发出请求信号后，不等待接到从模块的回答信号，而是经过一段时间。确认从模块已收到请求信号后，便撤消其请求信号。从设备接到请求信号后，在条件允许时发出回答信号，并且经过一段时间（这段时间的设置对不同设备而言是不同的），确认主设备已收到回答信号后，自动撤消回答信号。可见通信双方并无互锁关系。

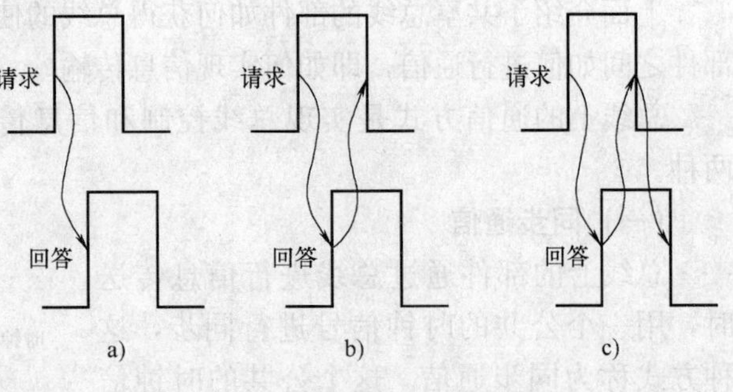

图 6-8 异步通信方式

a) 不互锁方式 b) 半互锁方式 c) 全互锁方式

半互锁方式的特点是主模块发出请求信号，待接到从模块的回答信号后再撤消其请求信号，存在着简单的互锁关系：而从模块发出回答信号后，不等待主模块回答，在一段时间后便撤消其回答信号，无互锁关系，故称为半互锁方式。

全互锁方式的特点是：主模块发出请求信号，等待从模块回答后再撤销其请求信号；从模块发出回答信号，待主模块获知后，再撤销其回答信号。故称全互锁方式。

第四节　常 用 总 线

一、常用总线简介

PC的总线发展经历了从XT机的8位ISA总线到32/64位PCI的过程。常用的PC总线有ISA工业标准体系结构、EISA增强型工业标准体系结构、PCI外部部件互连局部总线和PCI-Express等。

（一）ISA/EISA/VESA总线

ISA（Industry Standard Architecture）总线是IBM为了采用全16位的CPU而推出的，又称为AT总线，它使用采用独立于CPU的总线时钟，因此CPU可用采用比总线频率更高的时钟，有利于CPU性能的提高。由于ISA总线没有支持总线仲裁的硬件逻辑，它不能支持多台主设备（具有申请总线控制权的设备）系统，而且ISA上的所有数据的传送必须通过CPU或DMA（直接存储器存取）接口来管理，因此使CPU花费了大量时间来控制与外部设备交换数据。ISA总线时钟频率为8MHz，最大数据传输速率为16Mbit/s，数据线为16位，地址线为24位。

EISA（Extended Industry Standard Architecture）总线是在ISA总线基础上扩充的开放总线标准，与ISA总线完全兼容，它从CPU中分离出了总线控制权，是一种具有智能化的总线，能支持多个总线主控器的突发传送方式（总线上可进行成块的数据传送）的传输。EISA总线的时钟频率为8.33MHz，最大数据传输率为33Mbit/s。数据线宽度为32位，地址线为32位，因此寻址空间达到4GB。

VESA（Video Electronics Standards Association）是VESA组织（由IBM、Compaq等发起，有120多家公司参加）按局部总线标准设计的一种开放性总线，它的推出为微机系统总线体系结构的革新奠定了基础。但成本较高，只是适用于486的一种过渡标准，目前已经淘汰。

（二）PCI总线

PCI（Peripheral Component Interconnect，外部设备互连）总线是一种由Intel公司提出的局部总线标准，用来连接高速外设接口，如硬盘控制器、高速网卡和图形显示卡等。

PCI设备既可以是主设备，也可以是从设备。挂接在PCI总线上的设备能与CPU并发工作。PCI桥使得PCI总线独立于CPU，并且提供了数据缓冲功能。

PCI总线的主要性能如下：①总线频率为33.33/66.66MHz，与CPU时钟频率无关；②数据线宽度为32/64位，数据最大传输速率为132～533Mbit/s；地址线宽度为32/64位；③采用同步传送方式和集中式仲裁策略，并具有自动配置能力；④地址线和数据线分时复用，支持无限猝发式数据传输。在该模式下，PCI能在极短的时间内发送大量的数据。

PCI总线支持即插即用技术，当配置PCI适配器时，配置带有即插即用功能的BIOS，即可由软件自动识别插卡。

（三）PCI-Express总线

PCI-Express（简称PCI-E）是最新的总线和接口标准，它原来的名称为“3GIO”，由英特尔公司提出。后交由PCI-SIG认证发布后才改名为“PCI-Express”。这个新标准的目标是全面取代现行的总线标准，最终实现总线标准的统一。它的主要优势是数据传输速率高，可达 10Gbit/s 以上，而且还有相当大的发展潜力。

PCI-Express 和 PCI 不同的是实现了传输方式从并行到串行的转变。PCI-Express 是采用点对点的串行连接方式，这和以前的并行通道大为不同，它允许和每个设备建立独立的数据传输通道。不用再向整个系统请求带宽，这样可以轻松实现其他接口设备可望而不可及的高带宽。

PCI-Express 接口根据总线接口对位宽的要求不同而有所差异，分为 PCI-Express 1X、2X、4X、8X、16X，甚至 32X。由此 PCI-Express 的接口长短也不同。1X 最小，往上则越大。同时 PCI-Express 不同接口还可以向下兼容其他 PCI-Express 小接口的产品，即 PCI-Express 4X 的设备可以插在 PCI-Express 8X 或 16X 上进行工作。

另外 PCI-Express 16X 图形接口将包括两条通道，一条可由显示卡单独到北桥，而另一条则可由北桥单独到显示卡，每条单独的通道均将拥有 4Gbit/s 的数据带宽，可充分避免因带宽所带来的性能瓶颈问题。

二、标准接口类型

计算机的外部设备，如磁盘驱动器、CD-ROM、鼠标、键盘、显示器等，都是独立的物理设备。这些设备与主机相连时，必须按照规定的物理互连特性、电气特性等通过接口进行连接。下面对常用的一些外设接口类型进行介绍。

（一）IDE 和 EIDE 接口

IDE（Integrated Drive Electronics）是从 IBM PC/AT 上使用的 ATA 接口发展而来的，经过数年的发展变得很成熟、廉价、稳定，是流行的硬盘接口和光存储类的主要接口。IDE 通过 40 芯扁平电缆将主机和磁盘子系统或光盘子系统相连，采用数据并行传送方式，体积小，数据传输快。1 个 IDE 接口最多连接两个设备，为此，当时大多数微机系统中设置了两个 IDE 接口，可连接 4 个设备。

增强型 IDE（EIDE 后来称为 ATA-2）是对 IDE 的改进，是 Pentium 以上主板必备的标准接口。EIDE 的数据传送宽度可由 IDE 接口的 8 位扩展到 32 位。为了充分发挥 EIDE 的效率，应选用较大容量的 Cache 磁盘，提高 EIDE 的性能。EIDE 还提供对硬盘驱动器的快速访问，支持内存直接访问（DMA）。

（二）从 Ultra ATA 33 到 Ultra ATA 133 接口

Ultra ATA 的第一个标准是 Ultra DMA33（简称 UDMA33），也称为 ATA33。首次在 ATA 接口中采用了 Double Data Rate（双倍数据传输）技术，让接口在一个时钟周期内传输数据两次，时钟上升和下降期各有一次数据传输，这样数据传输率从 16Mbit/s 提升至 33Mbit/s。Ultra DMA33 还引入了一种新技术——循环冗余校验（CRC）。该技术的设计方针是系统与硬盘在进行传输的过程中，随数据发送循环的冗余校验码，对方在收取的时候也对该校验码进行检验，只有在完全核对正确的情况下才接收并处理得到的数据，这对于高速传输数据的安全性有着极有力的保障。

Ultra ATA 的第二个标准是 Ultra DMA66，它是建立在 Ultra DMA33 硬盘接口的基础上，同样采用了双倍数据传输技术，让主机接收/发送数据速率达到 66. 6 Mbit/s 是 ATA 33 的两倍，同时保留了上代 ATA33 的核心技术，即循环冗余校验。为保障数据传输的准确性，防止电磁干扰，Ultra DMA66 接口开始使用 40 针脚 80 芯的电缆。40 针脚是为了兼容以往的 ATA 插槽，减小成本的增加。80 芯中新增的都是地线，与原有的数据线一一对应。

这种设计可以降低相邻信号线之间的电磁干扰。

ATA100 接口和数据线与 ATA66 一样，也是使用 40 针 80 芯的数据传输电缆，并且 ATA100 接口完全向下兼容，支持 ATA33、ATA66 接口的设备完全可以继续在 ATA100 接口中使用。ATA100 可以让硬盘的外部传输速率达到 100Mbit/s，它提高了硬盘数据的完整性与数据传输率，对桌面系统的磁盘子系统性能有较大的提升作用，而冗余校验技术则更有效地提高了高速传输中数据的完整性和可靠性。

ATA133 是 ATA 接口的最后一个版本，ATA133 接口支持 133Mbit/s 数据传输速度。但只有很小的公司推出采用 ATA133 标准的硬盘。

（三）SATA 接口

在 ATA 接口发展到 ATA100 的时候，受限于 IDE 接口的技术规范，出现了很大的技术瓶颈，支持的最高数据传输率也有限。新型的硬盘接口标准 SATA（Serial Advanced Technology Attachment）突破了这些瓶颈。SATA 改用线路相互之间干扰较小的串行线路进行信号传输，相比原来的并行总线，SATA 的工作频率得到大大提升。虽然总线位宽较小，但 SATA1.0 标准仍可达到 150Mbit/s，SATA2.0/3.0 更可提升到 300～600Mbit/s。SATA 具有更简洁、方便的布局连线方式，在有限的机箱内，更有利于散热，采用简洁的连接方式，使内部电磁干扰降低很多，SATA 支持热插拔功能。SATAII 和 SATA 只是传输速度有不同，SATA 是 150Mbit/s，SATAII 是 300Mbit/s。

eSATA 的全称是 External Serial ATA（外部串行 ATA），它是 SATAII 接口的外部扩展规范。换言之，eSATA 就是“外置”版的 SATAII，它支持热插拔，是用来连接外部而非内部 SATA 设备。例如拥有 eSATA 接口，就可以轻松地将 SATA 硬盘与主板的 eSATA 接口连接，而不用打开机箱更换 SATA 硬盘。

（四）SCSI 接口

小型计算机系统接口（Small Computer System Interface，SCSI）是当前最流行的用于小型机和微型机的外部设备接口标准。该总线从 1984 年开始广泛使用在 Macintosh 机上，目前已非常普通地用于 IBM PC 兼容系统和许多工作站。1986 年之后，SCSI 标准又经过多次修订、扩充，有 SCSI-2、SCSI-3、Ultra 2 SCSI、Ultra 3 SCSI，与原有的 SCSI 标准兼容。SCSI 总线的数据线由 8 位扩展到 16/32 位，并提高了数据传输速率，扩充了功能和设备命令集。SCSI 总线主要用于计算机和智能设备之间（如硬盘、软驱、光驱、打印机、扫描仪等）系统级接口的独立处理器标准。SCSI 总线是一种直接连接外设的并行 I/O 总线，挂接在 SCSI 总线上的设备以菊花链的方式相连。每个 SCSI 设备有两个连接器，一个用于输入，一个用于输出。若干设备连接在一起，一端用一个终端器连接，另一端通过一块 SCSI 卡连到主机上。SCSI 设备的配置如图 6-9 所示。

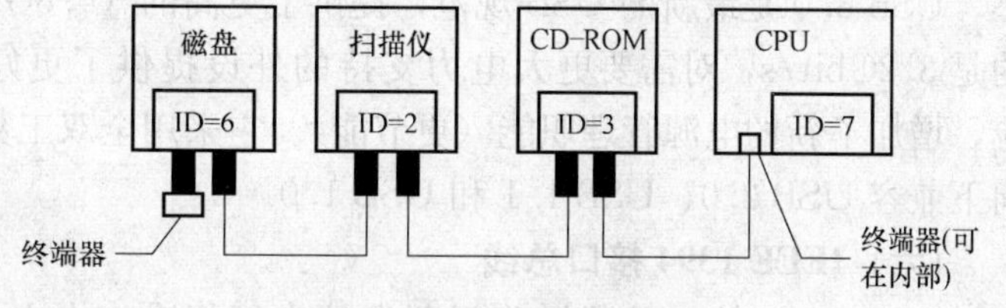

图 6-9　SCSI 设备的配置

SCSI 接口有很多优点：优秀的多重任务特性和稳定的传输速率；可连接多台设备且互不影响；相对独立的高级命令系统；高速的传输速率，Ultra 3 SCSI 的传输速率可达到 320Mbit/s。

SAS（Serial Attached SCSI）即串行连接 SCSI，是新一代的 SCSI 技术，和现在流行的

Serial ATA（SATA）硬盘相同，都是采用串行技术以获得更高的传输速度，并通过缩短连接线改善内部空间等。SAS 是并行 SCSI 接口之后开发出的全新接口。此接口的设计是为了改善存储系统的效能、可用性和扩充性，并且提供与 SATA 硬盘的兼容性。

（五）USB（通用串行总线）**接口**

通用串行总线（Universal Serial Bus，USB）是由 Intel、Compag、Digital、IBM、Microsoft、NEC、Northern Telecom 等 7 家世界著名的计算机和通信公司共同推出的一种新型接口标准。它基于通用连接技术，实现外设的简单快速连接，达到方便用户、降低成本、扩展 PC 连接外设范围的目的。普通的串、并口设备需要单独的供电系统，而 USB 总线接口可以为外设提供电源。另外，快速是 USB 技术的突出特点之一，USB 1.1 的最高传输率可达 12Mbit/s（由于速度慢而逐渐被淘汰），主流的 USB 2.0 的最大传输速率是 480 Mbit/s，USB 3.0 标准已经由 Intel 公司提出，其传输速率在 5Gbit/s 以上。而且 USB 还能支持多媒体。

USB 设备被大量应用，主要具有以下优点：

（1）具有热插拔功能　这就让用户在使用外接设备时，随时可以将 USB 电缆插上使用。

（2）携带方便　USB 设备大多以“小、轻、薄”见长，对用户来说，同样 100GB 的硬盘，USB 硬盘比 IDE 硬盘要轻一半的重量。

（3）标准统一　大家常见的是 IDE 接口的硬盘，串口的鼠标和键盘，并口的打印机和扫描仪，可是有了 USB 之后，这些应用外设统统可以用同样的标准与 PC 连接，这时就有了 USB 硬盘、USB 鼠标、USB 打印机等。

（4）可以连接多个设备　USB 在 PC 上往往具有多个接口，可以同时连接几个设备，如果接上一个有 4 个端口的 USB HUB 时，就可以再连上 4 个 USB 设备，以此类推，最高可连续至 127 个设备。

USB 支持下列 4 种基本数据传输模式：①控制传输，一般用于对设备简单的命令和状态反馈，如外设的控制命令；②等时传输，尽可能按规定速度传输，但可能有数据丢失，如实时音频、视频传输；③中断传输，用于必须保证尽快反应的设备，如鼠标、键盘等；④批量传输，使用余下带宽大量地传送数据，如普通的文件传输。

USB 2.0 规范是由 USB 1.1 规范演变而来的。它的传输速率达到了 480Mbit/s，即 60MB/s，足以满足大多数外设的速率要求。USB 2.0 定义了一个与 USB 1.1 相兼容的架构。它可以用 USB 2.0 的驱动程序驱动 USB 1.1 设备。也就是说，所有支持 USB 1.1 的设备都可以直接在 USB 2.0 的接口上使用而不必担心兼容性问题，而且像 USB 线、插头等附件也都可以直接使用。

USB 3.0 是最新的 USB 规范，提供了更高的（4.8Gbit/s）传输速度，实际传输速率大约是 3.2Gbit/s，对需要更大电力支持的外设提供了更好的支撑，最大化了总线的电力供应，增加了新的电源管理职能（更节能）。它采用全双工数据通信，提供了更快的传输速度，向下兼容 USB 2.0、USB 1.1 和 USB 1.0。

（六）IEEE 1394 接口总线

IEEE 1394 接口是苹果公司开发的串行标准，中文译名为火线接口（Fire Wire）。同 USB 一样，IEEE 1394 也支持外设热插拔功能，可为外设提供电源，省去了外设自带的电源，能连接多个不同设备，支持同步数据传输。

IEEE 1394 分为两种传输方式：Backplane 模式和 Cable 模式。Backplane 模式最小的速率也比 USB 1.1 最高速率要高，分别为 12.5Mbit/s、25Mbit/s、50Mbit/s，可以用于多数的高带宽应用。Cable 模式是速度非常快的模式，分为 100Mbit/s、200Mbit/s 和 400Mbit/s 几种，在 200Mbit/s 下可以传输不经压缩的高质量数据电影。

1394b 是 IEEE 1394 技术的第二个版本，是仅有的专门针对多媒体视频、音频、控制及计算机而设计的家庭网络标准。IEEE 1394b 是 IEEE 1394 技术的向下兼容性扩展，并且能提供 800Mbit/s 或更高的传输速度。

相比于 USB 接口，在 USB 1.1 时代，IEEE 1394 接口在速度上占据了很大的优势，但自 USB 2.0 推出后，IEEE 1394 接口在速度上的优势不再那么明显。同时现在绝对多数主流的计算机并没有配置 IEEE 1394 接口，要使用必须购买相关的接口卡。

（七）AGP（加速图形）**接口**

随着显示芯片的发展，PCI 总线日益无法满足其需求。英特尔于 1996 年 7 月正式推出了 AGP（Accelerate Graphical Port，加速图形接口），把主存和显存直接连接起来，是一种显示卡专用的局部总线。AGP 标准在使用 32 位总线时，有 66MHz 和 133MHz 两种工作频率，最高数据传输率为 266Mbit/s 和 533Mbit/s。AGP 接口的发展经历了 AGP 1.0（AGP1X、AGP2X）、AGP 2.0（AGP Pro、AGP4X）、AGP 3.0（AGP8X）等阶段，其传输速度也从最早的 AGP1X 的 266Mbit/s 的带宽发展到了 AGP8X 的 2.1Gbit/s。由于 AGP 带宽小，现在已经被 PCI-Express 所替代。

（八）PCMCIA 接口

PCMCIA（Personal Computer Memory Card International Association）是专门用在笔记本或 PDA、数码相机等便携设备上的一种接口规范。PCMCIA 总线分为两类，一类为 16 位的 PCMCIA，另一类为 32 位的 CardBus。CardBus 是一种用于笔记本计算机的新的高性能 PC 卡总线接口标准，主要目的是将 PCMCIA 总线扩展到更高的速度，以便连接功能更强的设备，并提供对 32 位 I/O 及内存数据通道的支持。

PCMCIA 插槽是笔记本电脑上最重要的设备扩展接口，一般留在机箱的旁侧位置，不用打开机箱就可接插网卡、小型硬盘、存储卡、电视卡、调制解调器等。大多数笔记本电脑可提供Ⅰ型、Ⅱ型、Ⅲ型插槽，这些插槽的区别在它们的厚度不同。长和宽均为 86.6mm×54mm，卡的引出端均为 68 针。Ⅰ型、Ⅱ型、Ⅲ型卡插槽厚度分别为 3.3mm、5.0mm、10.2mm。PCMCIA 接口具有即插即用功能，兼容性好，低版本的卡可以使用在高版本的 PCMCIA 插槽上。

习 题 六

6-1　什么是总线？计算机系统有哪几种总线结构？各有何特点？

6-2　集中式总线控制有哪 3 种方式？各有什么优缺点？

6-3　什么是同步通信和异步通信？试比较两者的优缺点。

6-4　比较串行传送与并行传送的特点。

6-5　什么是接口？它有哪些作用？接口是如何进行分类的？

6-6　试说明主机与外部设备之间是如何连接的。

6-7　在计算机发展过程中有哪些常用总线？并比较它们的异同。

6-8　连接计算机外设有哪些标准接口类型？试阐述它们的特点。

第七章 输入/输出系统

计算机系统的一个重要特点，就是实现计算机同外界的信息交换。完成输入/输出(I/O)操作的设备称为输入/输出设备（I/O设备）或外部设备，简称外设。外部设备通过接口部件与主机相连，在主机的控制下执行输入/输出操作。因此，我们把外部设备、接口部件以及相应的管理软件定义为计算机的输入/输出系统，简称I/O系统。

第一节 输入/输出系统概述

一、输入/输出设备的特性

现代的外部设备品种繁多，性能、结构的差异很大，它们输入/输出的方式也不一样。人们对输入/输出的要求也不尽相同，有同批交换数据，有现场实时交换，有计算机与几个外设分时交换，还有多个计算机之间的通信等。面对这些复杂的情况，只有找出输入/输出的共同特性，才能更好地分析、使用和设计接口。输入/输出特性归纳起来有以下3个方面。

1. 异步性

1）外设工作速度与CPU速度的差异性：外设的工作速度与CPU相差很大。CPU的速度非常快，外设的速度参差不齐，比CPU的速度慢几个数量级，即使是高速磁盘机，也因其输入/输出的速度受电动机转速的限制，与CPU速度仍相差很远。这说明外设的操作在很大程度上要独立于CPU，不能使用统一的工作节拍。

2）外设与CPU交换数据的随机性：外设要与主机交换数据。外设什么时候准备好数据，什么时候请求传送，对CPU来说是随机的。为了能使主机和外设充分提高工作效率，则要求输入/输出操作异步于CPU。

2. 实时性

在计算机用于现场控制或测试的场合，信号的出现是即时的，若不及时接收和处理，就有丢失或造成巨大损失。例如，计算机用于控制炼钢，一旦出现异常的情况，就必须及时处理，否则后果难以预料。还有一种普遍情况，即计算机与多台设备连接，输入/输出的实时要求也相当重要。例如，计算机连接了键盘、显示器和硬盘，这些设备的信息传送速度相差悬殊，传送方式各异。CPU既要进行单字节的传送，又要进行若干字节的信息块的传送；既要保证与高速设备传送信息的完整性，又要兼顾低速设备的信息传送。为此，输入/输出的操作必须按各设备的实际工作速度，控制信息流量和信息交换的时刻，这就是输入/输出的实时性。

3. 独立性

各式各样的外设发送和接收信息的方法各不相同，且其数据格式及物理参数也极不相同。而主机与它们之间的控制和状态信号是有限的，主机接收和发送数据的格式是固定的。主机的输入/输出不可能针对某一个设备来设计，应该按统一的规则制定输入/输出。也就是说，输入/输出与具体设备无关，具有独立性，只有这样才能摆脱各种设备的不同要求。

二、输入/输出设备的编址方式

I/O 编址就是给 I/O 设备分配地址，通常有两种不同的编址方法。

1. 存储器映像编址（统一编址）

此方式把 I/O 操作和存储器的读/写一视同仁，在内存空间中划出一部分区域用做 I/O 地址，即对 I/O 设备中的控制寄存器、状态寄存器、数据寄存器等一切可交换的数据寄存器都和存储器中的每一个单元一样，进行统一编址，也就是 I/O 设备被映像到内存空间中，这样就可用通过访内指令去访问 I/O 设备的某个寄存器。因此不需要专门的 I/O 指令组，使得 I/O 程序设计十分灵活。另外处理器与外部设备连接灵活，不受外部设备台数的限制，同时也不受外部设备中交换数据种类的限制。但由于 I/O 设备占据了部分内存地址，I/O 设备需用与内存单元一样的“长地址”，使 I/O 译码电路复杂；由于内存的读/写速度较高，也要求 I/O 设备的数据缓冲寄存器与内存具有相同的读/写速度。

2. I/O 独立编址

此方式给 I/O 设备开辟了一个独立的地址空间，给 I/O 设备分配专用的 I/O 端口地址，把 I/O 操作与存储器的读/写截然分开。它的特点是需用专门的 I/O 指令进行输入/输出操作，使 CPU 的指令系统变得复杂。但由于 I/O 设备不占用内存空间，I/O 设备数量又较少，故使得 I/O 指令字节数少，I/O 译码电路也简单；I/O指令的工作节拍通常比访内指令慢，因此不要求 I/O 设备的数据缓冲寄存器与主存储器具有相同的读/写速度；但需要专门的 I/O 控制信号，使 CPU 的引线信号略有增加。

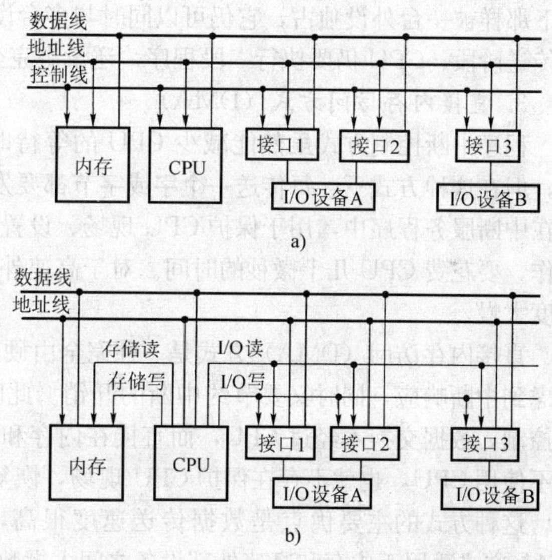

图 7-1 I/O 设备的统一编址与单独编址
a) 可统一编址的单总线结构 b) 单独编址的单总线结构

图 7-1a 是统一编址的单总线结构，其中所有的 I/O 设备、内存和 CPU 共用同一条总线，其中地址总线传送的是 CPU 要访问的内存地址或 I/O 设备地址；数据总线传送的是数据、指令和各种状态信息；控制总线传送的是定时信号和各种控制信号。在图 7-1b 中是单独编址，内存地址和设备地址分开编址。CPU 需要访问内存时，由内存读写控制线路控制；CPU 需要访问 I/O 设备时，由 I/O 的读/写控制线路控制。

上述两种编址方式在各种结构的计算机中都得到了应用。一般而言，存储器映像方式在大、中型计算机中采用较多，I/O 独立编址方式在微型机中采用较多。原则上讲，存储器映像编址方式是一种通用方式，即使采用了 I/O 独立编址的计算机，仍可以用存储器映像编址方式实现 I/O 操作。

三、输入/输出数据的控制方式

主机与外部设备之间的信息交换应随着设备性质的不同而采用不同的控制方式。随着计算机技术的发展，控制方式也经历了由简单到复杂，由低效到高效，由 CPU 集中控制到各部件分散控制的发展过程，这个过程表现在以下几种控制方式中。

1. 程序直接控制方式

程序直接控制方式是指信息交换的控制完全由主机执行程序实现。当主机执行某条指令时，发出询问信号，读取设备状态，并根据设备的状态，决定下一步操作究竟是进行数据传送还是等待。在这种控制方式下，接口设计简单，设备量少，但是 CPU 在信息传送过程中，要花费很多时间用于查询和等待，效率大大降低。这种控制方式用于早期的计算机。现在，除了在微处理器或微型机的特殊应用场合，为了求得简单而采用外，一般不采用了。

2. 程序中断控制方式

在程序中断控制中，外设在完成了数据传送的准备工作后，主动向 CPU 提出传送请求，CPU 暂停主程序的执行，转向信息交换服务。在这种方式下，提高了 CPU 的效率，这是因为在数据传送的准备阶段，CPU 仍在执行主程序；此外，CPU 不再像程序直接控制方式下那样被一台外设独占，它仍可以同时与多台设备进行数据传送。这种方式的缺点是在信息传送阶段，CPU 仍要执行一段程序，还没有完全摆脱对 I/O 操作的具体管理。

3. 直接内存访问方式（DMA）

程序中断控制方式虽然能减少 CPU 的等待时间，使外设和主机在一定程度上并行工作，但在这种方式下，每传送一个字或字节都要发生一次中断，去执行一次中断服务程序。而在中断服务程序中，用于保护 CPU 现场、设置有关状态触发器、恢复现场及返回断点等操作，要花费 CPU 几十微秒的时间。对于高速外设，以及成组交换数据的情况，仍然显得速度太慢。

直接内存访问（DMA）方式是一种完全由硬件执行 I/O 交换的工作方式。这种方式既考虑到中断响应，同时又要节约中断的开销。此时，DMA 控制器从 CPU 完全接管对总线的控制，数据交换不经过 CPU，而直接在内存和外部设备之间进行。由于在数据传送过程中不使用 CPU，也就不存在保护 CPU 现场，恢复 CPU 现场等繁琐工作，数据传送速度很高。这种方式的主要优点是数据传送速度很高，传送速率仅受到内存访问时间的限制。DMA 方式适用于内存和高速外部设备之间大批数据交换的场合。

4. 通道方式

通道方式利用了 DMA 技术，再加上软件，形成一种新的控制方式。通道是一种简单的处理器，它有指令系统，能执行程序。它的独立工作能力比 DMA 强，能对多台不同类型的设备统一管理，对多个设备同时传送信息。

5. I/O 处理器方式

I/O 处理器方式又称为外围处理器方式，它的结构更接近于一般的处理器，或者使用一般小型通用计算机。它既可以完成 I/O 通道所要完成的 I/O 控制，又可以完成码制变换、格式处理、数据块的检错、纠错等操作。它基本独立于主机工作。在许多系统中，设置了多台外围处理器，实际上已经成为一个多机系统，在系统结构上已由功能集中式演变成为功能分散的分布式系统。

上述 5 种控制方式可用图 7-2 来表示。

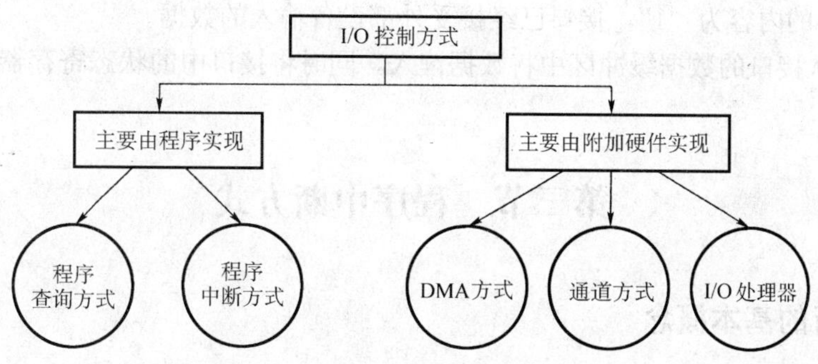

图 7-2 外部设备的输入/输出方式

程序查询方式和程序中断方式适用于数据传输率比较低的外部设备，而 DMA 方式、通道方式和 I/O 处理器方式适用于数据传输率比较高的外部设备。目前，单片机和微型机中多采用程序查询方式、程序中断方式和 DMA 方式。通道方式和 I/O 处理器方式大都应用在中、大型计算机中。

第二节 程序直接控制方式

程序直接控制方式又称为程序查询方式。在这种方式中，完全由计算机程序控制数据在 CPU 和外部设备之间的传输，即由 CPU 主动控制完成。

通常的方法是在用户的程序中安排一段由输入/输出指令和其他指令组成的程序段（也称为 I/O 服务程序）直接控制 I/O 设备的工作。在数据的输入/输出过程中，CPU 根据主程序的控制，专门执行相应的 I/O 服务程序，根据 I/O 服务程序中的指令直接控制数据的传送。

程序直接控制方式的接口一般由设备选择电路、数据缓冲寄存器和设备状态标志 3 部分组成，如图 7-3 所示。

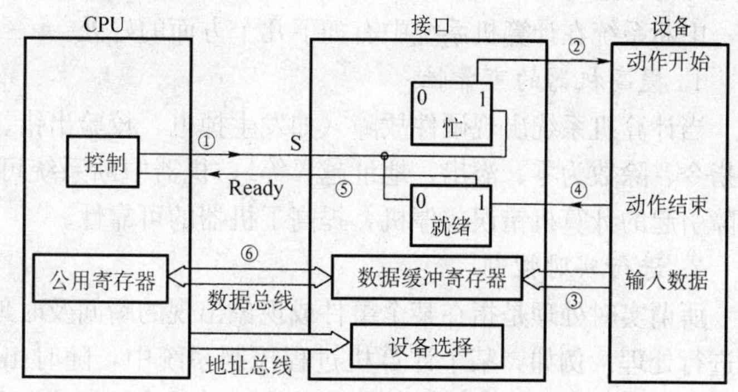

图 7-3 程序查询方式接口示意图

程序直接控制方式是利用程序的直接控制实现 CPU 与外部设备之间的数据交换。下面对照图 7-3 以输入为例说明其工作原理。

1）CPU 利用数据总线向接口输出命令字，请求启动外部设备输入数据，同时将接口中标志设备工作状态的“忙”置为“1”，“就绪”触发器置为“0”。

2）接口收到命令后，启动外部设备，开始数据输入。

3）外部设备启动后将要输入的数据送入接口中的数据寄存器。

4）外部设备输入数据后，通知接口数据输入完毕，将“就绪”触发器设置为“1”。

5）CPU 在发出启动外部设备的指令后，一直循环检测“就绪”触发器的内容，直至“就绪”触发器的内容为“1”，接口已经接受外部设备输入的数据。

6）CPU 从接口的数据缓冲区中将数据读入，同时将接口中的状态寄存器“忙”复位设置为“0”。

第三节　程序中断方式

一、中断的基本概念

在 CPU 执行程序过程中，由于某种事件发生，CPU 暂时中止现行程序的执行，转去执行为某个随机事件服务的中断处理程序，处理完毕后又回到发生中止的地方，自动恢复原程序的执行，这个过程称为中断。

“中断”概念的出现，是计算机系统结构设计中的一个重大变革。在程序中断方式中，某一外设的数据准备就绪后，它“主动”向 CPU 发出请求中断的信号，请求 CPU 暂时中断目前的工作而进行数据交换。当 CPU 响应这个中断时，便暂停运行正在执行的程序，并自动转移到该设备的中断服务程序。当中断服务程序结束以后，CPU 又回到原来的程序。这种原理和调用子程序相仿，不过，这里要求转移到中断服务子程序的请求是由外部设备发出的。中断方式特别适合于随机出现的服务。

中断处理示意图如图 7-4 所示。主程序只是在设备 A、B、C 数据准备就绪时，才去处理 A、B、C，进行数据交换。在速度较慢的外部设备准备自己的数据时，CPU 照常执行自己的主程序。在这个意义上说，CPU 和外部设备的一些操作是并行地进行的，因而同程序直接控制方式相比，计算机系统的效率大大提高了。

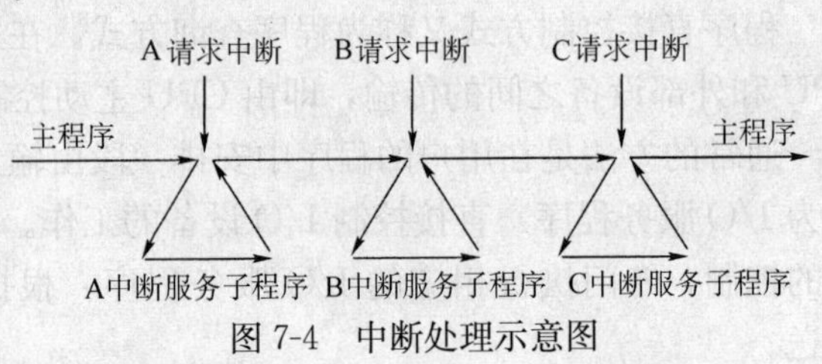

图 7-4　中断处理示意图

中断系统在计算机系统中有如下几个方面的好处。

1. 提高机器的可靠性

当计算机系统出现硬件故障（如发生掉电、校验出错、运算出错等）或程序故障（如非法指令、除数为零、溢出、地址越界等），机器中断系统可以自动进行处理。避免某些偶然故障引起的计算机错误或停机，提高了机器的可靠性。

2. 进行实时控制

所谓实时处理是指在某个事件或现象出现的瞬间及时地进行处理，而不是积压起来再成批进行处理。例如，某个计算机过程控制系统中，随时出现的温度过高、压力过大等情况时，必须及时地将这些情况传送给计算机，并快速地进行处理。这些事件的出现是随机的，而且要求计算机立即响应而不允许延时，这就要求使用中断技术。

3. 实现主机和外设的并行工作

利用中断技术使主机与 I/O 设备实现一定程度的并行工作，从而提高 CPU 的工作效率。

假设某打印机打印一个字符需要 10ms，而计算机把一个字符的信息送至打印机，大约十几微秒。如果用简单的直接程序传送方式传送字符，主机每传送一个字符给打印机后，要等待约 10ms 才能传送下一个字符，这样，计算机的使用效率很低。采用中断技术后，可以实现 CPU 和打印机并行工作，只有当打印机打完一个字符后，才向 CPU 发出中断请求信号。此时，CPU 暂停执行主程序，转而执行为打印机服务的中断服务程序，送完字符后，又返回被中断了的主程序继续执行。这样，主机与打印机在相当长的时间内可以并行工作。

4. 便于实现人机联系

在计算机工作过程中，人要随机地干预机器，如抽查计算的中间结果、了解机器的工作状态、给机器下达临时性的命令等。在没有中断系统的机器里，这些功能几乎是无法实现的。利用中断系统实现人机对话是很方便、很有效的。

5. 实现分时操作

中断系统是变更程序执行流程的有效手段，在多道程序工作的计算机系统中，CPU 执行的程序可以通过定时中断在各道程序之间切换，实现分时操作。对多道程序的分时操作的选择，没有中断系统是不可能的。

总之，在响应时间比事件发生之间的平均时间短得多的情况下，采用中断技术可以大大提高主机的工作效率。

二、中断源和中断类型

引起中断的事件及发生中断请求的来源称为中断源。

中断的类型可按照中断的处理方法、中断源的种类和是否提供向量地址等来分类。

1. 按中断处理方法分类

按中断处理方法来分，中断可分为程序中断和简单中断两种。

程序中断就是前面提到的中断，主机在响应中断请求后，通过执行一段中断程序来处理更紧迫的任务。它须占用一定的 CPU 时间。程序中断一般适合于中、慢速 I/O 设备的数据传送，以及要求复杂处理的场合。

简单中断就是外部设备与主存间直接进行信息交换的方法，即 DMA 方式。这种中断不执行中断服务程序，故不破坏现行的程序的状态。主机发现有简单中断（DMA）请求时，让出一个或几个主存的存取周期供外部设备与主存交换信息，然后继续执行程序。

2. 按中断源的种类分类

按中断源的种类来分，中断可分为强迫中断和自愿中断。

强迫中断是随机产生的中断，不是程序中事先安排好的。当这种中断产生后，由中断系统强迫计算机中止现行程序并转入中断服务程序。

产生强迫中断的中断源有 3 个方面：

（1）由硬件故障引起的中断　由硬件故障引起的中断，如电源掉电、主存储器读/写校验错、寻址错、超时错、数据通路校验错等。

（2）I/O 设备中断　由系统配置的外部设备引起的中断，如慢速设备的缓冲寄存器准备好接收和发送的数据后，要求 CPU 参与 I/O 操作；各种定时器中断等。

（3）由正在执行的现行程序引起中断　由运算异常引起的中断请求，如除数为零、上溢、下溢等；由程序故障所引起的中断，如执行非法指令（包括非法执行管态指令和特权指令）、页面失效等；另外如现行程序要求系统分配硬件资源（如磁盘、打印机等），因此向系统提出中断请求，并等待资源的获得。

自愿中断又称为程序自中断，它不是随机产生的中断，而是在程序中事先安排的有关指令，这些指令可以使机器进入中断处理过程，如指令系统中的软中断指令 INT n。

3. 按中断源是否提供向量地址分类

按中断源是否提供向量地址来分，中断可分为向量中断和非向量中断。

向量中断是指那些中断服务程序的入口地址由中断事件自己提供的中断。中断事件在提出中断请求的同时，通过硬件向主机提供中断服务程序的入口地址，即向量地址。

非向量中断的中断事件不能直接提供中断服务程序的入口地址，而要采用软件查询措施最后找到服务程序入口地址，然后再转入相应的中断服务程序。

4. 按 CPU 是否禁止中断的进入分类

按 CPU 是否禁止中断的进入来分，中断可分为可屏蔽中断和不可屏蔽中断。

可屏蔽中断：当有中断源请求时，由于某种情况的存在，CPU 不能中止现行程序的执行，称为禁止中断。为了保护 CPU 免受中断信号的干扰，在 CPU 内部设一个“中断屏蔽触发器”，当触发器为“0”时，表示 CPU 处于开放状态，即允许中断；当该触发器为“1”时，表示 CPU 处于关闭状态，即不响应任何中断请求。中断屏蔽触发器可以通过开中断或关中断指令来置位和复位。如果一个中断请求，它受到 CPU 内部的“中断屏蔽触发器”状态的制约，由此来确定 CPU 的现行程序是否可以被中断，这种中断称为可屏蔽中断。

不可屏蔽中断：如果中断请求不受 CPU 内部的“中断屏蔽触发器”状态的制约，就是说无论中断允许触发器为“0”还是“1”，它都能使 CPU 中止现行程序的执行，转入服务程序，这种中断称为不可屏蔽中断。

前面所述的硬件故障引起的中断往往为不可屏蔽中断，而 I/O 设备的中断一般为可屏蔽中断。

三、中断处理

不同计算机对中断的处理各有特色，就多数而论中断处理过程大致过程分 4 个阶段，如图 7-5 所示。

1. 中断请求

对于外中断，外部设备或其他中断源通过 CPU 的中断请求引脚向 CPU 发送中断请求信号，CPU 在每条指令执行完后，监测是否有中断请求，若有则转入中断响应阶段。对于内中断，则无需中断请求，可根据中断类型号直接转入相应的中断服务程序。

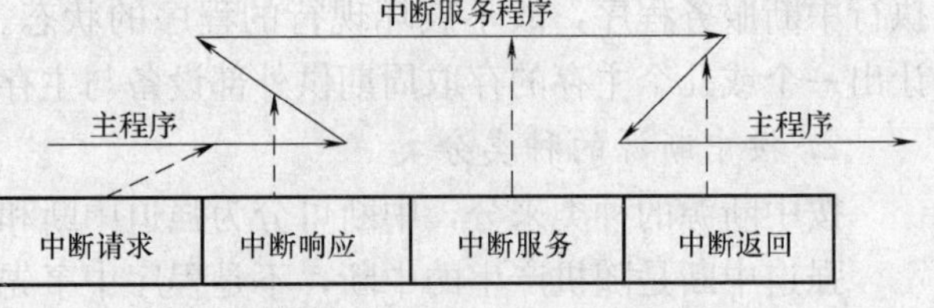

图 7-5　中断处理示意图

在从中断源产生中断信号到 CPU 接收中断请求并准备中断响应的过程中，中断系统必须解决如下的主要问题：

1）中断屏蔽：对那些 CPU 目前不准备响应的中断源，CPU 如何禁止它们产生中断请求？

2）中断请求信号的传递：当系统中有多个中断源时，各中断源如何向 CPU 提出中断请求？

3）CPU 对中断请求信号的监测：CPU 如何监测到有中断请求？

2. 中断响应

CPU 首先通过硬件保存程序断点（PC）及标志寄存器，以便中断返回，由于该过程对软件设计者是透明的，因此又称 CPU 执行了中断隐指令。然后进入中断响应周期，通过向量方式，或者通过软件查询方式得到中断中断服务程序的入口地址，并将其置入 PC。

在中断响应的过程中，中断系统必须解决如下的主要问题：

1）中断优先级的判别：如果同一时刻有多个中断源向 CPU 申请请求，CPU 首先响应哪个中断源？

2）中断源的识别：CPU 如何知道当前响应的是哪个中断源？即转向哪个中断源的中断服务程序。

3. 中断服务

CPU 转入中断服务程序并执行，进行外部设备所需的数据交换。中断服务程序执行过程中，首先要保护现场，将有关寄存器的内容压入堆栈中，然后进行 I/O 操作，实现数据传送。最后，恢复现场，并执行中断返回指令。

在中断服务程序的过程中，中断系统必须解决中断嵌套，即如果 CPU 在执行某个中断服务程序的过程中，又出现新的中断请求，那么 CPU 如何处理？

4. 中断返回

中断返回即恢复断点及标志。中断返回指令的功能是：将中断隐指令保存的程序断点和标志读出并送入程序计数器和标志寄存器，从而返回到 CPU 中断前的断点处继续执行。中断返回是用一条 IRET 指令实现的。

四、程序中断方式的基本接口

程序中断方式的基本接口示意图如图 7-6 所示。

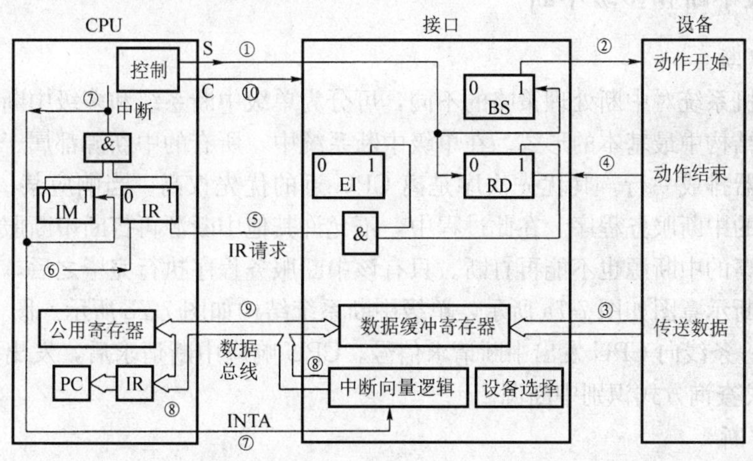

图 7-6 程序中断方式基本接口示意图

程序中断由外部设备接口的状态和 CPU 两方面来控制。在接口方面，有决定是否向 CPU 发出中断请求的机构，主要是接口中的“准备就绪”标志（RD）和“允许中断”标志（EI）两个触发器。在 CPU 方面，有决定是否受理中断请求的机构，主要是“中断请求”

标志（IR）和“中断屏蔽”标志（IM）两个触发器。上述4个标志触发器的具体功能如下。

1）准备就绪的标志（RD）：一旦设备准备好要进行一次数据的接收或发送，便发出一个设备动作完毕信号，使RD标志为“1”。在中断方式中，该标志用做中断源触发器，简称中断触发器。

2）允许中断触发器（EI）：可以用程序指令来置位。EI为“1”时，某设备可以向CPU发出中断请求；EI为“0”时，不能向CPU发出中断请求。设置EI标志的目的，就是通过程序来控制是否允许某设备发出中断请求。

3）中断请求触发器（IR）：它暂存中断请求线上由设备发出的中断请求信号。当IR标志位“1”时，表示设备发出了中断请求。

4）中断屏蔽触发器（IM）：IM标志为“0”时，CPU可以受理外界的中断请求；IM标志为“1”时，CPU不受理外界的中断。

图7-6中，标号①～⑧表示由某一外部设备输入数据的过程。①表示由程序启动外部设备，将该外部设备接口的“忙”标志BS置“1”，“准备就绪”标志RD清“零”；②表示接口向外部设备发出启动信号；③表示数据由外部设备传送到接口的缓冲寄存器；④表示当设备动作结束或缓冲寄存器数据填满时，设备向接口送出一个控制信号，将“数据准备就绪”标志RD置“1”；⑤表示允许中断标志EI为“1”，接口向CPU发出中断请求信号；⑥表示在一条指令执行末尾CPU检查中断请求线，将中断请求线的请求信号接收到“中断请求”标志IR中；⑦表示如果“中断屏蔽”标志IM为“0”时，CPU在一条指令执行结束后受理外部设备的中断请求，向外部设备发出响应中断信号并关闭中断。⑧表示转向该设备的中断服务程序入口；⑨表示在中断服务程序中通过输入指令把接口中数据缓冲寄存器的数据读至CPU中的累加器或寄存器；⑩表示CPU发出控制信号C将接口中的BS和RD标志复位。

五、单级中断和多级中断

1. 单级中断

根据计算机系统对中断处理策略的不同，可分为单级中断系统和多级中断系统。单级中断系统是中断结构中最基本的形式。在单级中断系统中，所有的中断源都属于同一级，所有的中断源触发器排成一行，其优先次序是离CPU近的优先权高。当响应某一中断请求时，执行该中断源的中断服务程序。在此过程中，不允许其他中断源再打断中断服务程序，即使是优先级比它高的中断源也不能再打断。只有该中断服务程序执行完毕之后，才能响应其他中断。单级中断示意图如图7-7a所示，单级中断系统结构如图7-7b所示。图7-7b中所有的I/O设备通过一条线向CPU发出中断请求信号。CPU响应中断请求后，发出中断响应信号INTA，以链式查询方式识别中断源。

2. 多级中断

多级中断系统是指计算机系统中有相当多的中断源，根据各中断事件的轻重缓急程度不同而分成若干级别，每一中断级别分配一个优先权。一般说来，优先权高的中断可以打断优先权低的中断服务程序，以程序嵌套方式进行工作。如图7-8a所示，3级中断优先权高于2级，而2级中断优先权又高于1级。

根据系统的配置不同，多级中断又可分为一维多级中断和二维多级中断，如图7-8b所

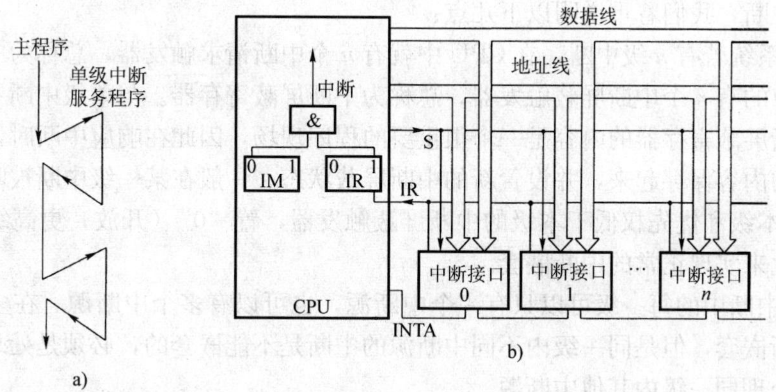

图 7-7　单级中断

a）单级中断示意图　b）单级中断结构

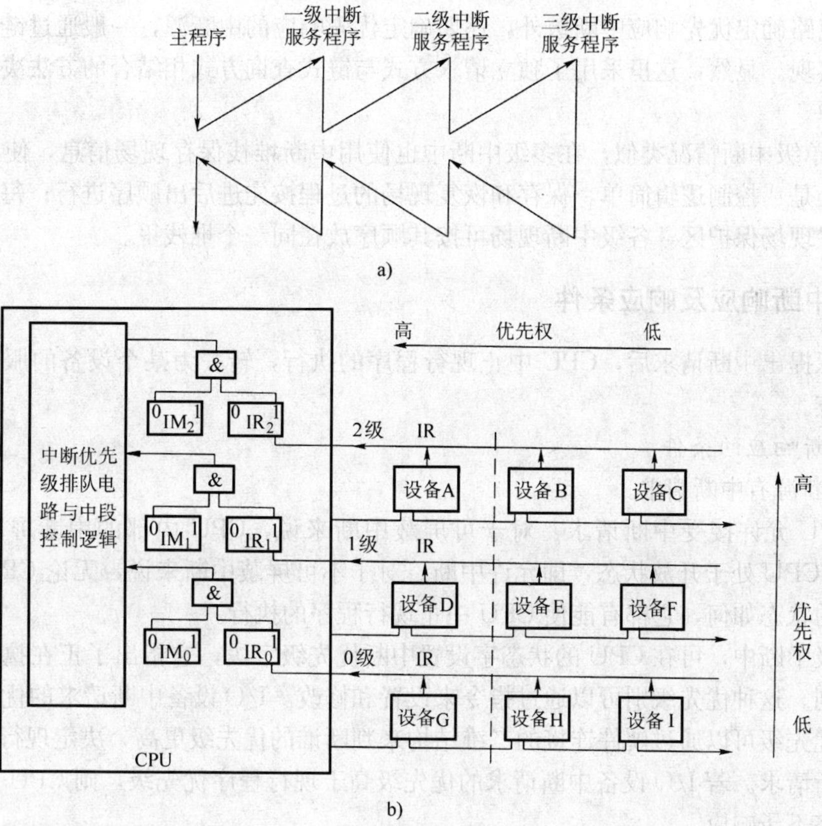

图 7-8　多级中断

a）多级中断示意图　b）一维、二维多级中断结构

示。一维多级中断是指每一级中断里只有一个中断源，而二维多级中断是指每一级中断里有多个中断源。图 7-8b 中虚线左边结构为一维多级中断，如果去掉虚线，则成为二维多级中断结构。

对多级中断，我们着重说明以下几点：

1）一个系统若有 n 级中断，在 CPU 中就有 n 个中断请求触发器，总称为中断请求寄存器；与之对应的有 n 个中断屏蔽触发器，总称为中断屏蔽寄存器。与单级中断不同，在多级中断中，中断屏蔽寄存器的内容是一个很重要的程序现场，因此在响应中断时，需要把中断屏蔽寄存器的内容保存起来，并设置新的中断屏蔽状态。一般在某一级中断被响应后，要置“1”（关闭）本级和优先权低于本级的中断屏蔽触发器，置“0”（开放）更高级的中断屏蔽触发器，以此来实现正常的中断嵌套。

2）多级中断中的每一级可以只有一个中断源，也可以有多个中断源。在多级中断之间可以实现中断嵌套，但是同一级内不同中断源的中断是不能嵌套的，必须是处理完一个中断后再响应和处理同一级内其他中断源。

3）设置多级中断的系统一般都希望有较快的中断响应时间，因此首先响应哪一级中断和哪一个中断源，都是由硬件逻辑实现，而不是用程序实现。图 7-8b 中的中断优先级排队电路，就是用于决定优先响应中断级的硬件逻辑。另外，在二维中断结构中，除了有中断优先级排队电路确定优先响应中断级外，还要确定优先响应的中断源，一般通过链式查询的硬件逻辑来实现。显然，这里采用了独立请求方式与链式查询方式相结合的方法决定首先响应哪个中断源。

4）和单级中断情况类似，在多级中断中也使用中断堆栈保存现场信息，使用堆栈保存现场的好处是：控制逻辑简单，保存和恢复现场的过程按先进后出顺序进行；每一级中断不必单独设置现场保护区，各级中断现场可按其顺序放在同一个堆栈里。

六、中断响应及响应条件

中断源提出中断请求后，CPU 中止现行程序的执行，转去为某个设备的服务过程，称为中断响应。

1. 中断响应的条件

1）中断源有中断请求。

2）CPU 允许接受中断请求：对于可屏蔽中断来说，CPU 内部的中断屏蔽触发器为“0”，表示 CPU 处于开放状态，即允许中断；对于不可屏蔽中断来说，无论 CPU 的中断屏蔽触发器的状态如何，它都有能使 CPU 中止现行程序的执行。

在多级中断中，可在 CPU 的状态字设置中断优先级字段，它指出了正在执行程序的某种优先级别。这种优先级别可以通过指令来设置和修改。I/O 设备中断请求的优先级和现行程序中断优先级可以通过硬件连接的二维结构来判断谁的优先级更高，决定现行程序是否需要响应中断请求。若 I/O 设备中断请求的优先级高于现行程序优先级，则 CPU 响应 I/O 请求，否则将不予响应。

3）CPU 响应中断的时间：当中断响应条件满足时，CPU 应等到一条指令执行完毕以后，并且当前执行的不是停机指令，又没有优先级更高的请求，CPU 则进入中断周期状态，进行中断响应。

2. 中断响应

一旦 CPU 中断响应条件得到满足，CPU 则进入中断周期状态，并开始响应中断。CPU 响应中断意味着处理器从一个程序切换到另一个程序。为了进行程序切换，应解决好以下几个问题。

1）关键性硬件状态的保存。

2）中断请求设备的识别，确认哪个设备得到优先处理。

3）提高响应速度。

七、向量中断

近代开关理论中把若干个布尔量排成的序列定义为布尔向量。由于存储器的地址码是一串布尔量的序列，因此常常把地址码称为向量地址。

当 CPU 响应中断时，由硬件直接产生一个固定的地址（即向量地址），由向量地址指出每个中断源设备的中断服务程序入口，这种方法通常称为向量中断。

向量中断又分为单向量中断和多向量中断。

单向量中断在响应中断时只产生一个向量地址，即一个固定地址，通过查询程序确定中断源，然后转入与之对应的中断服务程序。

多向量中断要求有多个中断源，由硬件产生多个向量地址（当然一次只产生其中一个向量地址），多向量中断不需要软件查询。在响应中断后，根据中断源与之对应的向量地址，可以很快地转入与之对应的中断服务程序。因此多向量中断比单向量中断快，而且使用广泛。

每个中断源对应着一个中断向量地址，该地址中存放着与该中断源对应的中断服务程序的起始地址，也就是新程序计数器（新 PC）的值。另一单元存放新程序状态字（PSW）。CPU 响应中断时将程序计数器（PC）的值压入堆栈，根据向量地址得到新的程序状态字（PSW）和新的 PC，即中断程序的入口地址。

图 7-9 是计算机中广泛使用的另一种向量中断方案。每个中断请求信号保存在“中断请求”触发器中，经“中断屏蔽”触发器控制后，可能有若干个中断请求信号 IR_i' 进入点画线框所示的排队电路。排队电路在若干中断源中决定首先响应哪个中断源，并在其对应的输出线 IR_i 上给出“1”信号，而其他各线为“0”信号。之后，编码电路根据排上队的中断源输出信号 IR_i，产生一个预定的地址码，转向中断服务程序入口地址。

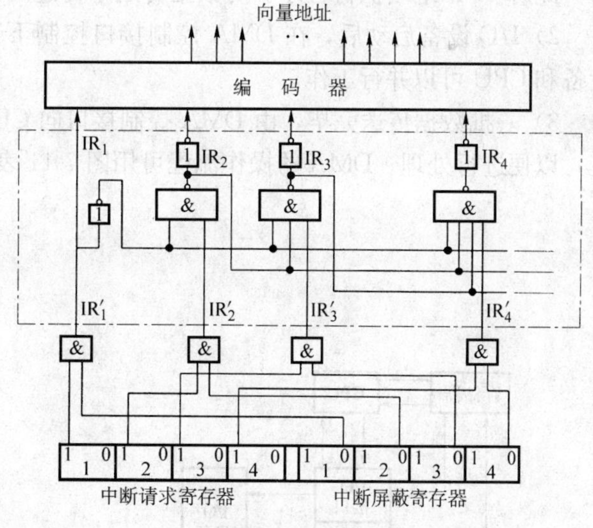

图 7-9　中断向量

向量中断的一个关键问题是向量地址的产生，其产生方法有以下几种：

1）在响应中断时由硬件直接产生与之对应的向量地址。

2）由硬件产生的不是直接地址，而是一个位移量，这个位移量加上 CPU 某寄存器里存放的基地址，最后得到中断处理程序的入口地址。

3）用向量转移的办法产生向量地址，假设有 8 个中断源，由优先级编码电路产生 8 个对应的固定地址码，这 8 个单元地址中存放的是转移指令，通过转移指令可转入设备各自的中断服务程序入口。这种方法允许中断处理程序放在内存中的任何地方，非常灵活。

采用向量中断的最大优点是可以免去程序查询过程，这样节约了执行一串指令的时间，所以采用向量中断的响应时间快，是中、小型计算机中广泛使用的一种方法。

第四节　DMA 方式

前面讲解的两种 I/O 方式实质上都是程序控制的 I/O 方式，它们的特点是每一个数据的传送都要经过 CPU，由 CPU 处理，这种方式数据传输率低，而且经常打断 CPU 的现行程序，所以影响机器效率的发挥。

一、什么是 DMA 方式

I/O 设备直接与内存进行数据传送而不经过 CPU，称为直接存储器存取，简称 DMA，在输入/输出系统中就称为 DMA 方式。所以 DMA 方式的特点就是在 I/O 设备和内存之间建立直接的通路，I/O 设备除了程序接口外还必须有 DMA 接口或控制电路。系统的数据通路如图 7-10 所示。

一个完整的 DMA 操作包含了启动和结束处理，其整个过程如下：

1）DMA 开始前由 CPU 通过 I/O 指令给 DMA 接口传送若干参数，如数据在内存的起始地址，要求传送的个数，数据在 I/O 设备的地址，然后给 I/O 设备发操作命令和启动信号，此后 CPU 继续执行程序，对数据传送不再过问。

2）I/O 设备启动后，在 DMA 控制接口控制下直接与存储器进行数据传送。此时 I/O 设备和 CPU 可以并行工作。

3）一批数据传送完毕，由 DMA 控制接口向 CPU 发出中断信号，报告一项传送任务结束，以便进行处理。DMA 的操作流程可用图 7-11 表示。

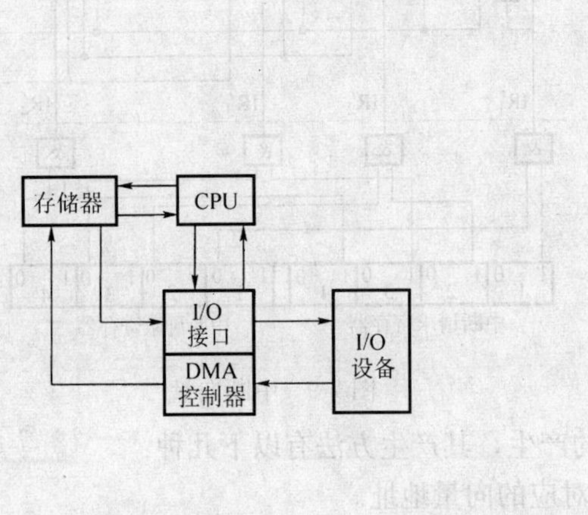

图 7-10　DMA 方式数据路径

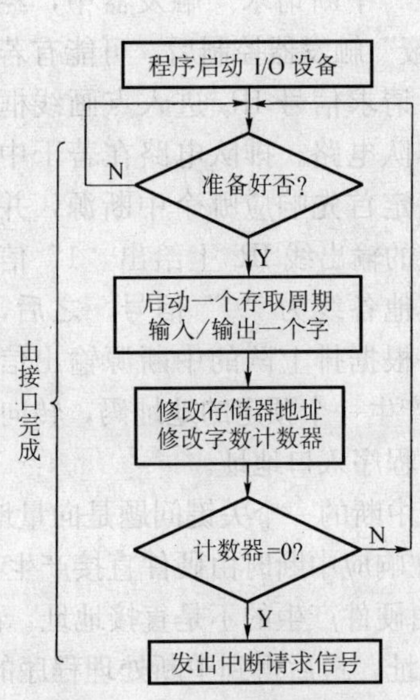

图 7-11　DMA 数据传送流程

很清楚，用 DMA 方式传送数据比中断方式要快得多，有直接的数据传送路径，省去了数据经过 CPU 的转移以及中断方式中的保护、恢复现场之类的工作。所以它既满足高速 I/O设备的要求，又有利于 CPU 效率的发挥，在微处理机中、小型机中获得了广泛的应用，特别是现在有专门的 DMA 芯片，使用起来非常方便。

二、DMA 的数据传送方式

根据 DMA 控制器与 CPU 分时访问主存储器的方式不同，DMA 的传送方式有 3 种方法。

1. 停止 CPU 访问存储器

当 I/O 设备要求传送一批数据时，由 DMA 控制接口发一个请求信号给 CPU，使 CPU 放弃对总线的控制，而让 DMA 控制接口获得总线控制权进行数据传送。在一批数据传送完毕后，DMA 控制接口交回总线控制权给 CPU，让 CPU 可以使用存储器。因此，DMA 传送过程中 CPU 基本上处于停止状态。

这种传送方式的优点是控制简单，它适用于数据传输率很高的设备进行成组传送。其缺点是在 DMA 控制访内阶段存储器的效能没有充分发挥，相当一部分内存工作周期是空闲的，这是因为 I/O 设备传送两个数据之间的间隔一般总是大于存储周期，即使高速 I/O 设备也是这样。

2. 周期挪用

所谓周期挪用是指在 I/O 设备没有 DMA 请求时，CPU 按程序要求访问内存，当 I/O 设备有 DMA 请求时，则由 I/O 设备挪用一个或若干个内存周期。由于此时可能遇到 CPU 不需要访内或者也要求访内。前一种情形 I/O 设备挪用 1、2 个周期一般没有什么影响，而后者则会发生冲突，在这种情况下首先让 I/O 设备先访内，CPU 则延缓指令的执行。以上就是周期挪用也称为周期窃取的工作原理。

周期挪用的 DMA 方式，既实现了 I/O 传送，又较好地发挥了内存和 CPU 的效率，是一种广泛采用的方式。由于此种方式传送数据时有一个总线控制权的申请、建立和归还的问题，所以一般适用于 I/O 设备读/写周期大于存储周期的情况。

有人把周期挪用方式也称为“简单中断”，这种中断的特点仅要求 CPU 暂时停止几个周期的工作，而不需要 CPU 腾出现场，所以没有保护、恢复现场等问题。

3. DMA 与 CPU 的交替访内

这种方式也称为存储器分时法，一般是系统中 CPU 的工作周期比内存存取周期长很多，此时可分成两个存取时间片：一个专供 DMA 控制接口访内，另一个专供 CPU 访内，DMA 与 CPU 交替地访问内存。

由于分时间片访内，这种传递数据方式不需要总线使用权的申请、建立和归还过程，所以对 DMA 传送来讲效率是很高的。但这种 DMA 方式硬件逻辑比较复杂，而且要求有高速的存储器。

三、DMA 控制接口的基本结构

一个 DMA 控制器，实际上是采用 DMA 方式的外部设备与系统总线之间的接口电路。这个接口电路是在中断接口的基础上再加上 DMA 机构组成。习惯上将 DMA 方式的接口电路称为 DMA 控制器。

1. DMA 控制器的基本组成

一个简单的 DMA 控制器组成示意图如图 7-12 所示。它由以下逻辑部件组成。

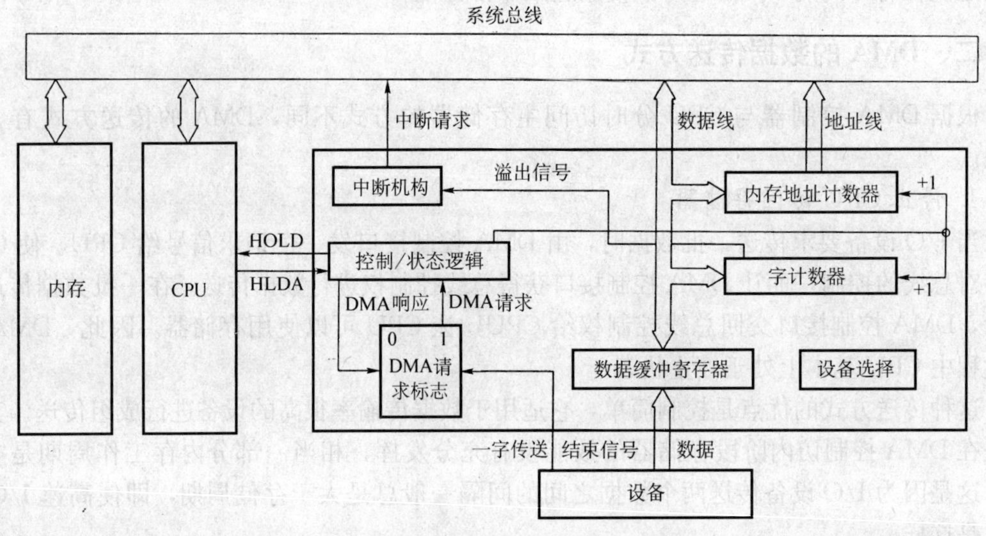

图 7-12　简单的 DMA 控制器组成

1）内存地址计数器：用于存放内存中要交换的数据的地址。在 DMA 传送前，必须通过程序将数据在内存中的起始位置送到内存地址计数器。而当 DMA 传送时，每交换一次数据，都要将地址计数器加“1”，从而以增量方式给出内存中要交换的一批数据的地址。

2）字计数器：用于记录传送数据块的长度（多少字数）。其内容也是在数据传送之前由程序预置，交换的字数通常以补码形式表示。在 DMA 传送时，每传送一个字，字计数器就加“1”，当计数器溢出即最高位产生进位时，表示这批数据传送完毕，于是 DMA 控制器向 CPU 发中断信号。

3）数据缓冲寄存器：用于暂存每次传送的数据（一个字）。当输入时，由设备送往数据缓冲寄存器，再由缓冲寄存器通过数据总线送到内存。反之，输出时，由内存通过数据总线送到数据缓冲寄存器，然后再送到设备。

4）“DMA 请求”标志：每当设备准备好一个数据字后给出一个控制信号，使“DMA 请求”标志置“1”。该标志置位后向“控制/状态”逻辑发出 DMA 请求，后者又向 CPU 发出总线使用权的请求（HOLD），CPU 响应此请求后发回响应信号（HLDA），“控制/状态”逻辑接受此信号后发出 DMA 响应信号，使“DMA 请求”标志复位，为交换下一个字做好准备。

5）“控制/状态”逻辑：它由控制和时序电路以及状态标志等组成，用于修改内存地址计数器和字计数器，指定传送类型（输入或输出），并对“DMA 请求”信号和 CPU 响应信号进行协调和同步。

6）中断机构：当字计数器溢出时（全“0”），意味着一组数据交换完毕，由溢出信号触发中断机构，向 CPU 提出中断请求。

2. DMA 控制器和系统的连接

DMA 控制器与系统的连接有两种方式：一种是公用的 DMA 请求方式，另一种是独立的 DMA 请求方式，这与中断方式类似。

公用的 DMA 请求方式是若干个 DMA 控制器通过一条公用的 DMA 请求线向 CPU 申请总线控制权。CPU 发出的同意 DMA 请求信号以链式查询方法通过某个 DMA 控制器，其方法与前面介绍过的相同，首先选中的设备获得总线控制权，可以与内存直接进行数据传送。

独立的 DMA 请求方式是每一个 DMA 控制器有一对独立的 DMA 请求线和 DMA 同意线，由 CPU 的优先权判别电路确定首先同意哪个请求，并在相应的线上给出同意信号。得到同意信号的 DMA 控制器便获得总线控制权，可以与内存直接进行数据传送。

3. DMA 的数据传送过程

DMA 的数据传送过程可分为传送前预处理、DMA 传送和传送后处理 3 个阶段。第一阶段 CPU 通过程序的 I/O 方式给 DMA 寄存器预置初值，布置这次传送的任务。第二阶段由 DMA 控制器主动进行。DMA 控制接口先启动 I/O 设备，在准备好一个数据传送时向 CPU 发出 DMA 请求。当获得总线控制权以后便与内存进行一个数据的传送，如此反复直到这批数据传输完成。这一阶段只有 CPU 的总线控制部件参与管理，CPU 的主体仍在执行自己的程序，所以 CPU 主程序运行与 DMA 数据传送在访内不冲突的情况下是可以并行工作的。第三阶段是这一数据块传送完毕，DMA 控制器向 CPU 发中断请求信号，由相应的中断服务程序进行传送结束的处理，这一阶段 CPU 要参与管理。

第五节　通 道 方 式

一、通道的功能

1. 通道的功能

DMA 控制器的出现已经减轻了 CPU 对数据的输入/输出的控制，使得 CPU 效率有了显著的提高。而通道的出现则进一步提高了 CPU 的效率。这是因为通道是一个特殊功能的处理器，它有自己的指令和程序专门负责数据输入/输出的传输控制，而 CPU 将“传输控制”的功能下放给通道后只负责“数据处理”功能。这样，通道与 CPU 分时使用内存，实现了 CPU 内部运算与 I/O 设备的平行工作。

图 7-13 是典型的具有通道的计算机系统结构。这种结构具有两种类型的总线。一种是存储总线，它承担通道与内存、CPU 与内存之间的数据传输任务。另一种是通道总线，即 I/O 总线，它承担外部设备与通道之间的数据传送任务。这两类总线可以分别按照各自的时序同时进行工作。

一条通道总线可以接若干个设备控制器，一个设备控制器可以接一个或多个设备。因此，从逻辑结构上讲，I/O 系统一般具有 4 级连接：CPU、内存↔通道↔设备控制器↔外部设备。为了便于通道对各设备的统一管理，对同一系列的机器，通道与设备控制器之间都有统一的标准接口，设备控制器与设备之间则根据设备要求不同而采用专用接口。

具有通道的机器一般是大、中型计算机，数据流通量很大。如果所有的 I/O 设备都接在一个通道上，那么通道将成为限制系统效能的瓶颈，因此大、中型计算机的 I/O 系统一

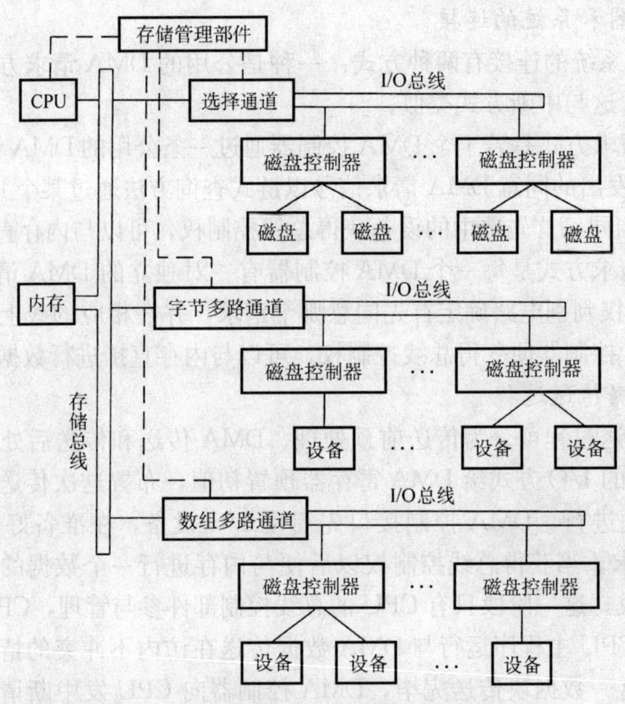

图7-13　IBM 4300系统的I/O结构

般接有多个通道。当然，设立多个通道的另一个好处是，对不同类型的I/O设备可以进行分类管理。

存储管理部件是内存的控制部件，它的主要任务是根据事先确定的优先次序，决定下一周期由哪个部件使用存储总线访问内存。由于大多数I/O设备是旋转性的设备，读/写信号具有实时性，不及时处理会丢失数据，所以通道与CPU同时要求访内时，通道优先权高于CPU。在多个通道有访内请求时，选择通道和数组多路通道的优先权高于字节多路通道，因为前者一般连接高速设备。

通道的基本功能是执行通道指令、组织外部设备和内存进行数据传输，按I/O指令要求启动外部设备，向CPU报告中断等，具体有以下5项任务：

1）接受CPU的I/O指令，按指令要求与指定的外部设备进行通信。

2）从内存选取属于该通道程序的通道指令，经译码后向设备控制器和设备发送各种命令。

3）组织外部设备和内存之间进行数据传送，并根据需要提供数据缓存的空间，以及提供数据存入内存的地址和传送的数据量。

4）从外部设备得到设备的状态信息，形成并保存通道本身的状态信息，根据要求将这些状态信息送到内存的指定单元，供CPU使用。

5）将外部设备的中断请求和通道本身的中断请求，按次序及时报告CPU。

2. CPU对通道的管理

CPU是通过执行I/O指令以及处理来自通道的中断，实现对通道的管理。来自通道的中断有两种，一种是数据传送结束中断，另一种是故障中断。

通常把 CPU 运行操作系统的管理程序的状态称为管态，而把 CPU 执行目的程序时的状态称为目态。大、中型计算机的 I/O 指令都是管态指令，只有当 CPU 处于管态时，才能运行 I/O 指令，目态时不能运行 I/O 指令。这是因为大、中型计算机的软、硬件资源为多个用户所共享，而不是分给某个用户专用。

3. 通道对设备控制器的管理

通道通过使用通道指令控制设备控制器进行数据传送操作，并以通道状态字接收设备控制器反映外部设备的状态。因此，设备控制器是通道对 I/O 设备实现传输控制的执行机构。设备控制器的具体任务如下：

1）从通道接收通道命令，控制外部设备完成所要求的操作。

2）向通道反映外部设备的状态。

3）将各种外部设备的不同信号转换成通道能够识别的标准信号。

二、通道的类型

根据通道的工作方式，通道可分为选择通道、数组多路通道和字节多路通道 3 种类型。一个系统可以兼有 3 种类型的通道，也可以只有其中一、二种。

1. 选择通道

选择通道又称为高速通道，在物理上它可以连接多个设备，但是这些设备不能同时工作，在某一段时间内通道只能选择一个设备进行工作。选择通道很像一个单道程序的处理器，在一段时间内只允许执行一个设备的通道程序，只有当这个设备的通道程序全部执行完毕后，才能执行其他设备的通道程序。

选择通道主要用于连接高速外部设备，信息以成组方式高速传输。由于数据传输率很高，通道在传送两个字节之间已经很少空闲，所以在数据传送期间只为一台设备服务是合理的。但是这类设备的辅助操作时间很长，在此期间通道处于等待状态，因此整个通道的利用率不是很高。

2. 数组多路通道

数组多路通道是对选择通道的一种改进，它的基本思想是当某设备进行数据传送时，通道只为该设备服务；当设备在执行寻址等控制性动作时，通道暂时断开与这个设备的连接，挂起该设备的通道程序，去为其他设备服务。所以数组多路通道很像一个多道程序的处理器。

由于数组多路通道既保留了选择通道高速传送数据的优点，又充分利用了控制性操作的时间间隔为其他设备服务，使通道效率得到充分的发挥，因此数组多路通道在实际系统中得到较多应用。

3. 字节多路通道

字节多路通道主要用于连接大量的低速设备。这些设备的数据传输率很低，因此通道在传送两个字节之间有很多空闲时间，字节多路通道正是利用这个空闲时间为其他设备服务。

字节多路通道和数组多路通道有共同之处，即它们都是多路通道，在一段时间内能交替执行多个设备的通道程序，使这些设备同时工作。

字节多路通道和数组多路通道也有不同之处，主要是：

1）数组多路通道允许多个设备同时工作，但只允许一个设备进行传输型操作，其他设备进行控制型操作。而字节多路通道不仅允许多个设备同时操作，而且也允许它们同时进行传输型操作。

2）数组多路通道与设备之间数据传送的基本单位是数据块，通道必须为一个设备传送完一个数据块以后，才能为别的设备传送数据块。而字节多路通道与设备之间数据传送的基本单位是字节，通道为一个设备传送一个字节后，又可以为另一个设备传送一个字节，因此各设备与通道之间的数据传送是以字节为单位交替进行的。

三、通道结构的发展

通道结构的进一步发展，出现了两种计算机 I/O 系统结构。

一种是通道结构的 I/O 处理器，通常称为输入/输出处理器（IOP）。IOP 可以和 CPU 并行工作，提供高速的 DMA 处理能力，实现数据的高速传送。但是它不是独立于 CPU 工作的，而是主机的一个部件。有些 IOP 还提供数据的变换、搜索以及字装配/拆卸能力，这类 IOP 广泛应用于中、小型及微型计算机中。

另一种是外围处理器（PPU）。PPU 基本上是独立于主机工作的，它有自己的指令系统，完成算术/逻辑运算，读/写主存储器，与外设交换信息等。有的外围处理器干脆就选用已有的通用机。外围处理器 I/O 方式一般应用于大型高效率的计算机系统中。

第六节　几种 I/O 方式的比较

1. 程序直接控制方式

程序直接控制方式比较简单，控制接口硬件设备少，一般计算机都具备这种功能。但由于这种传送方式存在以下缺点，使得在计算机系统中不能大量使用这种数据输入/输出控制方式。

1）CPU 与外部设备只能串行工作，CPU 在大量的时间内只能处于空闲等待状态，大大降低了系统的工作效率。

2）CPU 在一段时间内只能与一台外部设备交换信息，无法与其他外部设备同时工作。

3）无法发现、处理预先估计不到的随机的错误和异常。

因此，程序直接控制方式大多用于 CPU 速度不高、外设种类不多的情况。

2. 程序中断方式

在程序中断方式中，由于 CPU 在系统启动外部设备后到数据准备完成这段时间内一直可以执行原有程序，CPU 没有处于单纯等待的状态，仅仅是在外部设备交换数据的准备工作完成后才利用响应中断的方式进行数据传送，因此在一定程度上实现了 CPU 与外部设备的并行工作。此外，在多台外部设备依次启动后，可以同时进行数据交换的准备工作。若在某一时刻有几台外部设备同时发出中断请求，CPU 可以根据事先确定的优先次序，按轻重缓急处理它们的数据传送。利用程序中断控制方式可以大大提高计算机系统的工作效率。

但是对于一些工作频率高的外部设备，它们与 CPU 之间的数据交换是成批的，相邻两个数据之间的时间间隔较短，如果也采用程序中断方式，将引起 CPU 频繁的响应中断请求，将较多的时间花费在频繁的断点保护、现场保护、现场恢复、断点恢复，降低了 CPU 的工作效率，同时也可能引起数据丢失。因此程序中断方式不适宜用于大批量的数据传送。

3. DMA 方式

DMA 方式的基本思想是在外部设备和内存之间开辟直接的数据交换通道。无论哪种

DMA 传送方式，总线在正常工作时所有的工作周期由 CPU 占用。只有当外部设备需要与内存进行数据交换时，DMA 控制器才从正常的工作周期中挪用一个或几个周期，以便外部设备能够顺利和内存交换数据。这些周期过后，CPU 又可以继续执行原有程序。

DMA 方式在输入/输出系统中通过增加专用处理部件 DMA 控制器来代替 CPU 的工作，使成批的数据可以直接和内存交换。除传送开始和结束后需要 CPU 的介入外，整个传送过程不需要 CPU 的频繁干预。DMA 方式克服了程序中断方式因需要 CPU 的频繁干预而导致 CPU 效率降低的问题，减少了 CPU 响应中断、处理现场和断点的时间，提高了系统的运行效率。

DMA 方式的出现对计算机组织产生了重要的影响，使内存代替 CPU 成为了计算机系统的中心，为 CPU 和输入/输出系统所共享。

但是 DMA 方式也存在着局限性。DMA 方式对外部设备的管理和某些操作的控制仍需要 CPU 的干预。在大型计算机系统中，由于系统所配备的外部设备种类多、数量大，对外部设备的管理和控制越来越复杂。随着大容量外存的使用，特别是虚拟存储器技术的大量使用，使得内存与外存之间的数据交换极为频繁，数据流量大幅度增加，这就要求能够同时使用多个 DMA 控制器，从而增加了访问内存的冲突，影响了系统整体效率的进一步提高。

4. 通道方式

通道方式既能控制低速外部设备，又能控制高速外部设备，兼有程序控制输入/输出功能和 DMA 控制器的高速数据传送功能。数据块的 DMA 传送可以在存储器与存储器之间、存储器与外部设备之间、外部设备与外部设备之间进行，提高了 CPU 与外部设备之间并行操作的能力，减少了 CPU 的等待时间，提高了 CPU 资源的利用率，因此提高了计算机输入/输出系统的效率，从而整体上提高了计算机系统的运行效率。这种方式的缺点是增加了设备控制的复杂性。

习　题　七

7-1　什么是输入/输出系统？它有哪些特点？

7-2　输入/输出系统有哪几种编址方式？各有什么特点？

7-3　输入/输出系统的数据传输方式有几种？各有什么特点？

7-4　什么是中断？它有何作用？

7-5　外部设备采用程序中断方式传送数据时分哪些步骤？采用程序中断方式传送的接口应由哪些部件构成？请画出其框图。

7-6　向量中断与中断向量有什么区别？

7-7　DMA 方式传送数据的特点是什么？它与程序中断方式有什么区别？

7-8　什么是通道？通道有哪 3 种类型？

7-9　中断服务程序和子程序有什么区别？

第八章　外部设备

外部设备是计算机系统中不可缺少的重要组成部分，本章将介绍常用的输入/输出设备和外存储设备的结构及工作原理。

第一节　外部设备概述

计算机的主机由中央处理器（CPU）和主存储器（MM）构成。除主机以外，而又围绕着主机而配置的各种硬件装置叫做外部设备（或外围设备），它们主要用来完成数据的输入、输出以及成批存储信息的任务。

一、外部设备的特点

外部设备是计算机和外界联系的纽带、接口和界面。如果没有外部设备，计算机将无法工作。随着超大规模集成电路技术的不断发展，在计算机系统中主机价格所占的比例越来越低，而外部设备的价格所占的比例越来越高。计算机系统所配置的外部设备，由几台迅速增至几十至上百台。因此，外部设备在计算机系统中占据的地位变得越来越重要了。

外部设备在计算机系统中的作用可以分为 4 个方面。

1. 实现人机交互

无论是大型、中型、小型计算机系统，还是微型计算机系统，要把程序、命令、数据送入计算机，或要把计算机的计算结果、运行状态及各种信息显示出来，都要通过外部设备来实现。因此，外部设备成为人机对话的通道。

2. 完成数据格式的变换

人们习惯用字符、数字、图形、声音、图像等来表达信息的含义，而计算机内部工作却是以电信号表示的二进制代码。因此，在人机对话交换信息时，首先需要将各种信息变成计算机能识别的二进制代码形式输入计算机；同样计算机处理的结果也必须变换成人们所熟悉的表示方式，这两种变换只能通过外部设备来实现。

3. 存储信息资源

随着计算机技术的发展，系统软件、应用软件、数据库和待处理的信息量越来越大，不可能全部存放在主存中，绝大部分必须存入辅助存储器里。因此，以硬磁盘存储器和光盘存储器为代表的辅助存储器已成为系统软件、应用软件、数据库及各种信息的驻在地。

4. 促进计算机应用领域的拓展

随着计算机应用范围的扩大，从早期的数值计算已扩展到文字、图形、图像、语音、多媒体、动画及控制等非数值信息的处理。为了适应这种处理，各种新型的外部设备陆续制造出来。由此可见，要使计算机在某个部门获得广泛的应用，必须配置了相应的外部设备。例如，要计算机应用于控制过程，必须配置 A/D 和 D/A 设备。

二、外部设备的分类

1. 输入/输出设备

从计算机的角度出发，向计算机输入信息的外部设备称为输入设备；接受计算机输出信息的外部设备称为输出设备。

常见的输入设备有键盘、鼠标、数字化仪、条码扫描器、扫描仪、数码相机、语音输入设备、卡片输入机及数据站等。常见的输出设备有显示设备、打印输出设备、卡片穿孔机、语言输出设备等。

2. 辅助存储器

辅助存储器又称为外存储器，它是指主机以外的存储设备。随着计算机系统性能的不断加强和处理速度的不断提高，对存储系统的容量要求越来越高，在主存容量不可能无限增加的情况下，辅助存储器就成为一种必不可少的设备。辅助存储器与主机信息的交换方式与其他输入/输出设备相同。

目前，常见的辅助存储器有硬磁盘存储器、软磁盘存储器、磁带存储器、光盘存储器及优盘等。

3. 终端设备

终端设备由输入设备、输出设备和终端控制器组成，通常通过通信线路与主机相连。终端设备具有向计算机输入和接收计算机输出信息的能力，具有与通信线路连接的通信控制能力，有些还具有一定的数据处理能力。

4. A/D、D/A 设备

A/D（模/数）、D/A（数/模）转换设备一般用于过程控制设备或多媒体计算机中。用它实现温度、压力、视频、音频等模拟量与数字量的转换。

第二节　输入设备

输入设备是指向主机输入程序、数据和操作命令等信息的设备。这些能记录在载体上的信息，可以是数字、符号，甚至是图形、图像及声音，输入设备将其变换成主机能识别的二进制代码，并负责送到主机。

一、键盘

键盘是计算机系统不可缺少的输入设备之一，也是人们最熟悉的输入设备之一。它是通过键盘上的按键直接向计算机输入信息的。

键盘是一组排列成阵列形式的按键组成。目前常用的键盘有 104 个按键，它除了提供通用的 ASCII 字符之外，还有多个功能键、光标控制键和编辑键等。键盘输入信息可分为 3 个步骤：①查出按下的是哪个键；②将该键翻译成能被主机接收的编码；③将编码送给主机。

键盘有编码键盘和非编码键盘两种。

1）编码键盘：编码键盘采用硬件线路来实现键盘编码。

2）非编码键盘：它利用简单的硬件和专用软件识别按键的位置，提供位置码，再由处理器执行查表程序，将位置转换成 ASCII 码。

通常使用的 IBM 标准键盘是一种行列扫描法的非编码键盘。这种方法把键盘按键开关排列成二维矩阵，分别对行线和列线进行扫视。先在每条列线依次加步进信号，计数一次，步进一列，根据行线信息依次检查哪一列上有键闭合；然后在每条行线上加步进信号，依次检查哪一行上有键闭合，根据行、列检查的结果，确定键的位置。

编码键盘的原理框图如图 8-1 所示，它由时钟发生器、环形计数器、行和列译码器、锁定脉冲产生电路、ROM 及接口电路组成。

若键盘未按下时，扫描将随计数器的循环计数反复地进行。若扫描到已按下的键，键盘立即通过锁定脉冲产生电路产生一个脉冲，该脉冲关闭时钟信号通往计数器的门电路，使计数器停止工作。这时计数器的值即是按下键的位置码，并用做 ROM 的低位输入地址，换挡控制输出 ROM 的高位地址，两者结合就能从 ROM 相应单元读出其内容（即所按键的 ASCII 码）。另一方面，该脉冲作为消抖电路的触发信号，从而保证在按键稳定的时间内将键盘编码送往主机。

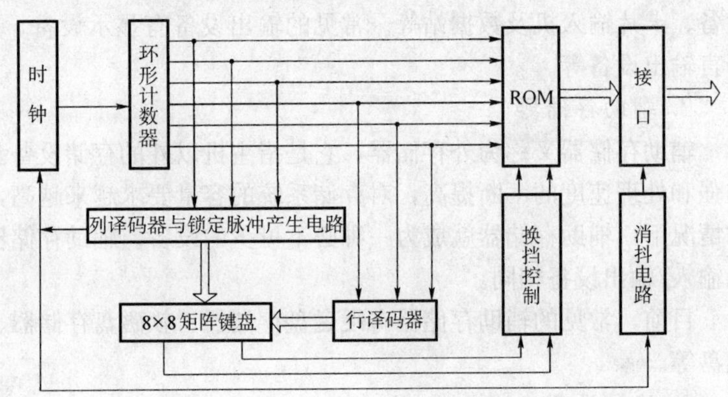

图 8-1　编码键盘的原理框图

二、图形图像输入设备

目前，计算机系统常用的图形图像输入设备有光笔、鼠标、数字化仪、数码相机、扫描仪和条码扫描仪。键盘和条码扫描仪输入的是字符和数字信息；光笔、鼠标和数字化仪主要输入矢量信息和坐标数据；扫描仪和数码相机主要输入图形图像信息。

1. 光笔

光笔的外形与钢笔相似，头部有一个透镜系统，能把进入的光汇聚为一个光点。在光笔头部附有开关，当按下光笔开关时，进入光的检测，光笔就可拾取 CRT 屏幕上的坐标。光笔与屏幕上光标的配合，可使光标跟踪光笔移动，在屏幕上画线或修改图形，这个过程与人用钢笔画图的过程类似。

2. 鼠标

鼠标是控制显示器光标移动的输入设备。由于它能在屏幕上实现快速的光标定位，常被用于屏幕编辑、选择菜单和屏幕作图。随着 Windows 环境越来越普及，鼠标几乎成为计算机系统中必不可少的输入设备。

鼠标按测量部件的不同可分为机械式、光机式和光电式 3 类。尽管结构不同，但从控制光标移动的原理上讲三者基本相同，都是把鼠标的移动距离和方向变为脉冲信号传送给计算机，计算机再把脉冲信号转换成显示器光标的坐标数据，从而达到指示位置的目的。

随着便携式计算机的出现，上述 3 种鼠标已不能适应新的要求，故出现了跟踪球或操作杆作为控制显示器光标的工具。跟踪球的工作原理与光机式鼠标完全相同，都是得到相对位移量。用相对坐标定位，它们必须和 CRT 显示的光标配合。计算机先要给定光标的初始位置，然后用读取的相对位移移动光标。鼠标、跟踪球和操纵杆操作容易，制作简单而且价格低，但定位精度都不太高。

3. 扫描仪

扫描仪是一种图形、图像输入设备，它可以迅速地将外界图片、文稿转换为能在计算机上显示、编辑、存储及输出图形资料的一种设备。因而，成为图像处理、模式识别、图文通信、出版系统等方面的重要输入设备。

扫描仪主要由光学成像部分、机械传动部分和转换电路部件组成。其原理是：用一线状光源投射原稿，然后用光学透镜将被照射区域的反射光传送到感光区（如电荷耦合器件）成像并产生相应的电信号，再通过信号拾取与处理电路将信号输入计算机。通过线状光源与原稿的相对移动（扫描）便可将整幅图形或图像输入到计算机。扫描仪的核心是完成光电转换的光电转换部件，目前大多数扫描仪采用的光电转换部件是电荷耦合器件（CCD)。它可以将反射在其上的光信号转换为对应的电信号。

扫描仪种类很多，按不同的标准可分为不同的类型。按扫描原理，扫描仪可分为以 CCD 为核心的平板扫描仪、手持式扫描仪和以光电倍增管（PMT）为核心的滚筒式扫描仪。按待扫描的材料可分为反射式（纸材料）、透射式（胶片）扫描仪以及既可扫反射稿又可扫透射稿的多用途扫描仪。按扫描图像的类型可分为黑白扫描仪和彩色扫描仪。按用途可将扫描仪分为用于各种图稿输入的通用型扫描仪和专门用于特殊图像输入的专用型扫描仪，如条形读入器、卡片阅读机等。

扫描仪的技术指标是衡量扫描仪性能和功能的重要参数，是人们选择扫描仪时的基本依据。扫描仪的性能指标很多，以下介绍几个主要性能指标。

(1) 光学分辨率　所谓光学分辨率是指 CCD 的精度。初期的扫描仪分辨率仅为 150dot/in（每 in 扫描点数，1in = 2.54cm)、300dot/in，现在已达到 600dot/in，800dot/in，2000dot/in 甚至更高。

(2) 扫描速度　扫描速度依赖于每行的感光时间，一般为 3～30ms，与被扫描对象、所采用的光源和距离以及感光的次数等有关。对于彩色扫描仪，扫描彩色图像所花的时间是扫描单色图像的 3 倍。

(3) 色彩精度　扫描仪的色彩精度是指对扫描进来的每一个彩色像素点的位数（bit)，它是采用 R、G、B 三通道的数据来表达的。这就是常见的 24 位、30 位、36 位彩色扫描仪的由来，每通道的量化值分别为 8 位、10 位、12 位，表示 R、G、B 每个通道内有 256、1 024和 2 096 阶层次的信息。

(4) 扫描仪的扫描尺寸　扫描仪可接受的最大原稿尺寸，决定了该设备的成像面积。一般扫描仪的成像面积从 A4 幅面（8.5in×11in）到 A3 幅面（11in×17in)。

(5) 自动拼接功能　手持式扫描仪一般应有自动拼接功能，当操作过快时，能进行提示或自动补线修正扫描精度。例如，手持式扫描仪宽度仅有 105mm，较大的图形需要多次扫描拼接而成，扫描过程中，人手很难做到数次扫描结果一致，如果没有自动拼接功能，要实现准确的拼接就非常困难。

4. 数码相机

数码相机又称为数字相机，是近几年得到迅速发展的一种新兴图像输入设备。它与扫描仪一样，其核心部件是电荷耦合器件（CCD）。扫描仪中使用的是线状 CCD 感光器件，而数码相机中使用的是阵列式 CCD 感光器件。数码相机的像素分辨率有 640×480、1 024×768、1 280×1 024 点阵等。最高可达 3 060×2 036 点阵，即在一块 CCD 感光器上含有 600 万像素点。

数码相机与传统的胶片相机在操作和外观上无太大区别，传统相机实质上是将景象透过光学镜头记录在胶片上，而数码相机则是将景象由 CCD 感光器转化为数字信号后存储到存储器中，因此，它们的转化原理和基本元件都有本质区别。数码相机、胶片相机的光学镜头系统，电子快门系统，电子测光及操作基本是相同的，但感光器件（CCD）、模数转换器（A/D）、图像处理器（DSP）、图像存储器、液晶显示屏（LCD）以及输出控制单元（连接端口）等器件是数码相机特有的。

数码相机由光学镜头、光电传感器（CCD 或 CMOS）、模/数转换器（A/D）、图像处理器（DSP）、图像数据压缩器、图像存储器、液晶显示器（LCD）、输出控制单元、电源及闪光灯、主控程序芯片（MCU）等组成。其结构如图 8-2 所示。

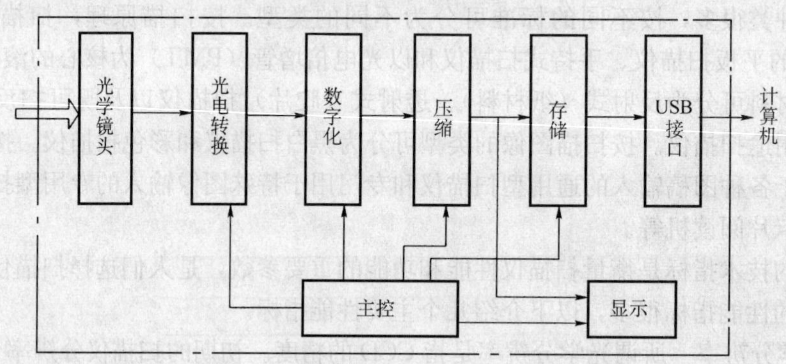

图 8-2　数码相机的结构

数码相机的主要技术指标有分辨率、色彩位数、镜头焦距、感光芯片尺寸、拍摄间隔时间和连拍速度、存储设备的存储能力等。

三、其他输入设备

1. 条码、磁卡、IC 卡阅读器

条形码（简称为条码）是利用黑白相间宽窄不同的条形组成的编码。条码阅读器采用光电技术扫描条码，将条码记录的信息直接输入到计算机中。磁卡是利用卡中的磁条存放一定的信息，利用磁卡阅读器读出其中的内容。IC 卡实际是将集成电路芯片封存在卡中。使用时首先利用特殊设备将所需信息写入到 IC 卡中，然后可以利用 IC 卡阅读器读出其中的信息，也可以根据需要向 IC 卡中写入信息。

目前条码、磁卡和 IC 卡广泛应用于商场、图书馆、银行及安全部门。IC 卡的安全保密性能已经远远超过前两者，随着计算机技术的发展，IC 卡将进入日常生活的各个领域。

2. 触摸屏

触摸屏是用户直接用手在屏幕移动从而实现定位操作的一种设备。在使用计算机的键盘并不方便的地方代替键盘。其原理是：用红外 LED 和光传感器在屏幕显示区域形成一个不

可见的光束阵列，当用户的手指触摸屏幕时，会有一个或两个水平和铅垂光束被切断，从而可以标识手指的位置，如果有两束光被切断，手指位于两束光中心；如果只有一束光被切断，手指正好位于光束上。

3. 光学字符识别（OCR）设备

光学字符识别（OCR）技术是在扫描技术的基础上实现的自动识别。在得到纸面上反光信号后，由OCR内部电路识别出字符，并将字符代码输入到计算机中。目前OCR常用的扫描方法有光栅扫描法、笔画跟踪法和人工视网膜法等，如用一种光学扫描机构对纸面上的字符进行光栅扫描。将字符的字形变为点阵式光电信号，然后分别经过预处理、特征抽取和判决过程得到识别结果后变为相应的代码输入到计算机中。

目前OCR技术在识别数字、英文字符及印刷体汉字方面已经取得成功，并投入了应用。但在识别手写汉字方面还需有突破性的进展。

4. 声音识别器

声音识别是一种最有发展前途的输入设备之一，它可以将人的声音转变为计算机能够接收的信息，并将这些信息送入计算机中。计算机处理的结果也可通过声音合成器变成能够听懂的声音，实现真正意义上的“人机对话”。通常可以将声音识别器和声音合成器组合构成声音输入/输出设备。

第三节　显示输出设备

显示设备是采用显示技术，将电信号转换成能直接观察到的光信号。在计算机系统中，显示设备被用做输出设备和人机对话的重要工具。与打印机等硬复制输出设备不同，显示器输出的内容不能长期保存，当显示器关机或显示其他内容时，原有内容就消失了，所以显示设备是一种软复制输出设备。

一、显示设备的分类及有关术语

显示设备种类繁多。按显示设备所用的器件来分，有阴极射线管（CRT）显示器、液晶显示器（LCD）、等离子显示器（PD）等。按所显示的信息内容来分，有字符显示器、图形显示器和图像显示器3大类。

在CRT显示设备中，按扫描方式的不同，分为光栅扫描和随机扫描两种显示器；以分辨率的不同，可分成高分辨率显示器和低分辨率显示器；以字符的颜色来分，有单色（黑白）显示器和彩色显示器；以CRT荧光屏对角线长度来分，有14in、15in、17in、19in、21in等多种。

1. 阴极射线管（CRT）

CRT显示器的主体是CRT显像管，它是一种电子真空器件，由电子枪、聚焦系统、偏转系统和荧光屏组成，如图8-3所示。

电子枪中的灯丝通电后发热并加热阴极，阴极受热后能发射电子，经加速、聚焦后形成极细的高速电子束，经偏转控制，电子束射向荧光屏，由荧光屏上的荧光粉将电子束的动能转换成光能显示出一个光点。

通过电子束的强度来控制光点的明暗程度，由垂直和水平方向的偏转线圈来控制电子束打在荧光屏上的位置。

在彩色显像管中，有 3 条电子束，分别射出红、绿、蓝 3 种颜色的荧光粉使其发出带颜色的光。

CRT 荧光屏的尺寸以对角线长度并以 in 为单位来表示，目前较多的有 19in 和 22in 显像管。

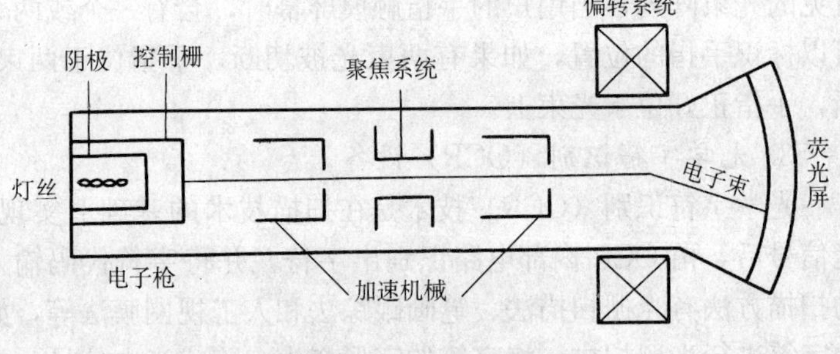

图 8-3 CRT 显像管结构

2. 分辨率和灰度级

分辨率是指显示设备所能表示的像素个数。像素越密，分辨率越高，图像越清晰。显示器的分辨率取决于显示管荧光粉的粒度、荧光屏尺寸和 CRT 的电子束聚焦能力。刷新存储器要有与显示像素相应的存储空间，用来存储每个像素的信息。例如，12in 彩色 CRT 的分辨率为 640×480 个像素。每个像素的间距为 0.31mm，水平方向的 640 个像素的占显示长度为 198.4mm，垂直方向 480 个像素是按 4∶3 的长宽比例分配（640×3/4＝480）。按这个分辨率表示的图像具有较好的水平线性和垂直线性，否则看起来会失真变形。同样，17in 的 CRT 显示 1 024×768 个像素也满足 4∶3 的比例。某些专用的方形 CRT 的显示分辨率为 1 024×1 024 个像素，甚至更多。

灰度级是指黑白显示器中所显示的像素点的明暗差别，在彩色显示器中则表现为色彩属性。明暗的程度称为灰度，明暗变化的数量称为灰度级。在早期的单色显示器中，仅有灰度级指标。彩色图像是由多种颜色构成的，不同的深浅也可算作不同的彩色，所以在彩色显示器中能显示的彩色种类称为彩色数。如果彩色数较少，不足以逼真地显示图像，则称伪彩色显示。如果颜色数多，显示逼真，则称为真彩色显示。目前常用的微机至少有 24 位真彩色，即能显示 2^{24}＝16M（1 677 万）种颜色的能力。

3. 刷新和刷新存储器

CRT 的发光是由电子束打在荧光粉上引起的。电子束扫过之后其发光亮度只能维持几十毫秒便消失。为了使人眼能看到稳定的图像显示，必须使电子束不断地重复扫描整个屏幕，这个过程叫做刷新。按人的视觉生理，刷新频率大于 30 次/s 时才不会感到闪烁。显示设备中通常选用电视中的标准，每秒刷新 50 帧图像。

为了不断提供刷新图像的信号，必须把一帧图像信息存储在刷新存储器（也叫做视频存储器）中，其存储容量由图像分辨率和灰度级决定。分辨率越高，灰度级越多，刷新存储器容量越大。例如，分辨率为 1 024×1 024，256 级灰度的图像，存储容量为 1 024×1 024×8bit＝1MB。刷新存储器的存取周期必须满足刷新频率的要求。容量和存取周期是刷新存储器的重要技术指标。

4. 随机扫描和光栅扫描

随机扫描是控制电子束在 CRT 屏幕上随机地运动，从而产生图形和字符。电子束只在需要做图的地方扫描，而不必扫描全屏幕，因此这种扫描方式使得画图速度快，图像清晰。高质量的图形显示器（如 4 096×4 096）采用随机扫描方式。由于这种扫描方式的偏转系统与电视标准不一致，驱动系统较复杂，价格较高。

光栅扫描是电视机采用的扫描方法。在电视机中图像充满整个画面，因此要求电子束扫描整个屏幕。光栅扫描是从上至下顺序扫描，采用逐行扫描和隔行扫描两种方式。逐行扫描就是从屏幕顶部开始一行接一行，一直到底，再从头开始。电视系统采用隔行扫描，它把一帧图像分为奇数场（行 1，3，5，…）和偶数场（行 0，2，4，…）。光栅扫描的缺点是冗余时间多，分辨率比随机扫描方式差，但由于电视技术已成熟，计算机系统中除高质量图形显示器外，大部分字符、图形、图像显示器都采用光栅扫描技术。

二、字符显示器

1. 字符显示原理

字符显示常采用光栅扫描法，它是以点阵为基础，通常将显示屏幕划分成许多方块，每个方块称为字符窗口，字符窗口是由 $m\times n$ 个点组成的矩阵，应包括字符本身所占点阵和字符之间的间隔所占点阵。显然，每个字符窗口所占点阵越多，显示的字符就越清晰，显示质量就越高。一般的字符显示屏幕上可显示 80 列×25 行，共 2 000 个字符，即有 2 000 个字符窗口。在单色字符显示器中，常用的字符窗口为 9×14 点阵，字符本身只占 7×9 点阵，同一字符行中字符横向间隔 2 个点，不同字符行间的间隔为 5 个点。“A”在字符窗口中的位置如图 8-4 所示。

从图 8-4 中可看出，每个字符窗口包含 14×8 个点组成的点阵字符，对于任何字符来说，各自的点阵字节是固定不变的，它们事先被存放在只读的字符发生器中。每个字符在字符发生器中占用 14 个字节，字符发生器的结构如图 8-5 所示。例如，“A”字符存放在字符发生器中的 14 个点阵字节为：10H，28H，44H，82H，82H，82H，FEH，82H，82H，00H，00H，00H，00H，00H。它们存放在字符发生器中的地址这样来确定：其高位地址为该字符的 ASCII 码，低位地址为 0000～1101，即字符点阵的行号。对于字符“A”来说，它的 ASCII 码为 41H，它的点阵字节应存放在字符发生器中从“410H”地址开始的 14 个连续地址中。

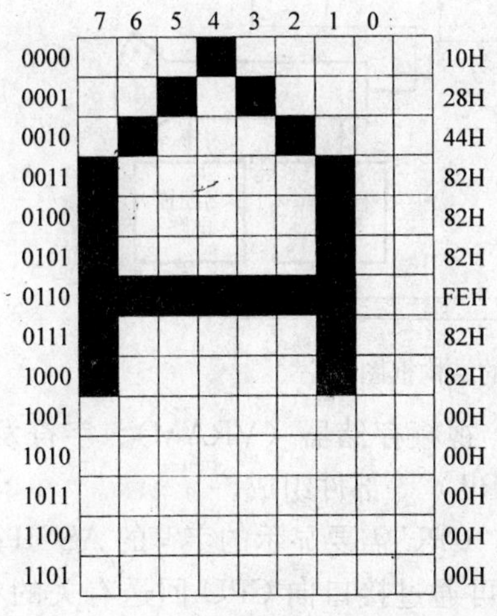

图 8-4 “A”在字符窗口中的分布

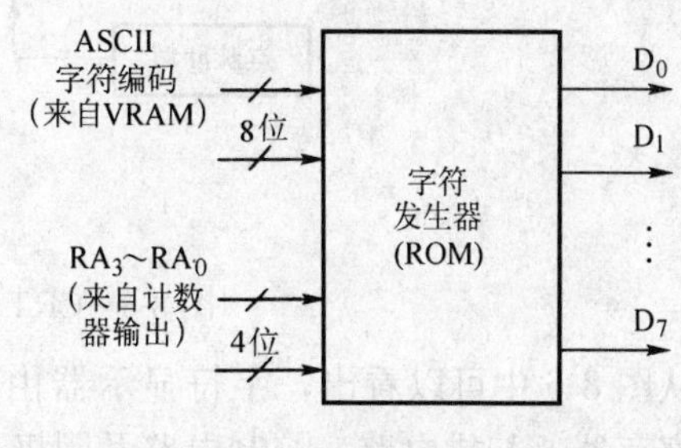

图 8-5 字符发生器的结构

由于每个字符或符号的点阵字节是不同的，但它的点阵字节是固定不变的，所以字符发生器一般用只读存储器（ROM）构成，其容量必须能存放可在屏幕上显示的所有字符或符号的点阵字节，而且每个字符或符号的点阵字符在字符发生器中的地址由 12 位二进制数构成，高端的 8 位地址是该字符的 ASCII 码，低端的 4 位地址 $RA_0 \sim RA_3$ 来自点阵字节的行号（行扫描线序号），因此只要知道当前要显示的是什么字符，便可从字符发生器中找到该字符的点阵字节。

在显示屏幕上每个字符行一般要显示多个字符，一般可达到 80 个字符。为了在扫描过程中能及时获得各个字符窗口需显示的字符，应将这些欲显示字符的 ASCII 码预先存入到一个存储器中，通常称它为视频存储器（VRAM）。在字符显示器中的 VRAM 通常分成两个部分，一部分用来存放显示字符的 ASCII，每个字符占一个字节，另一部分用来存放显示属性。在单色显示器中，显示属性一般包括显示色、底色、是否增辉（加亮）、是否闪烁等。在彩色显示器中，显示属性还应表明颜色的属性等，如果每个字符的显示属性也需要一个字节的话，那么 VRAM 的容量为 80×25×2≈4KB。

采用光栅扫描方式显示字符时并不是对每个字符单独扫描，而是对一行上的所有字符的同一行点阵逐行依次进行扫描，对于 9×14 的字符窗口，只有扫完了 14 条扫描线，这一行上的所有字符才会完整地显示在屏幕上。例如，某字符行欲显示的字符是 A、B、C、…、T，显示电路首先根据各字符代码依次从字符发生器取出 A、B、C、…、T 各个字符的第一行点阵代码，并在字符行第一条扫描线位置上显示出这些字符的第一行点阵；然后依次取出该排字符的第二行点阵代码，并在屏幕上扫出它们的第二行点阵。如此循环，直至扫描完该字符行的全部扫描线，这一行上的所有字符才会完整地显示在屏幕上。当显示下一排字符时，重复上述扫描过程。

2. 字符显示器的构成

CRT 字符显示器的结构框图如图 8-6 所示。

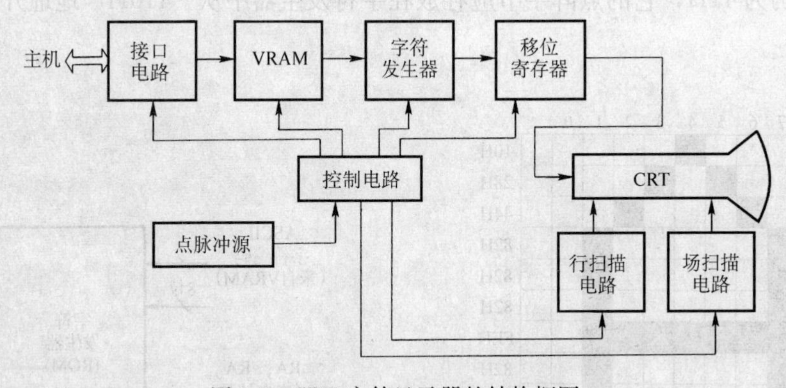

图 8-6　CRT 字符显示器的结构框图

从图 8-6 中可以看出，字符显示器由接口电路、视频存储器（VRAM）、字符发生器、移位寄存器、扫描电路、控制电路及阴极射线管（CRT）等部件组成。

接口电路是字符显示器与 CPU 之间的信息通路，CPU 需要显示的字符的 ASCII 码通过接口置入视频存储器（VRAM）中，字符显示器还可通过接口向 CPU 回送有关的状态信息。点脉冲源产生的点脉冲是整个显示器的同步脉冲，每次根据 VRAM 的安排从字符发生器取得的点阵字节经移位寄存器变成串行信号，在点脉冲信号的控制下，电子束在屏幕上形成一个个的光点。

为了能在显示屏幕上看到稳定的字符，而电子束在屏幕上点击的亮点大约只能维持几十个毫秒，这就要求电子束在屏幕上连续重复扫描，不停地从视频存储器提取显示信息，通常称此过程为动态刷新显示，因此视频存储器又被称为刷新存储器。每秒钟刷新屏幕的次数称为刷新频率。一般要求刷新频率大于 50 次/s，即每秒刷新 50 次以上，才不会使人眼感到闪烁。

控制电路是显示器的指挥中心，在点脉冲的驱动下，控制各有关部件联合操作，完成屏幕显示功能。它的核心是点计数器、字计数器（水平地址计数器）、行计数器和排计数器（垂直地址计数器），由它们来控制显示器的逐点、逐字、逐行、逐屏的刷新显示。

例 8-1　某 CRT 显示器可显示 64 种 ASCII 字符，每帧可显示 64 字×25 排；每个字符字形采用 7×8 点阵，即横向 7 点，字间隔 1 点，排间隔 6 点；帧频 50Hz，采用逐行扫描方式。

(1) 缓存容量多大？

(2) 字符发生器（ROM）容量有多大？

(3) 缓存中存放的是 ASCII 代码还是点阵信息？

(4) 缓存地址与屏幕显示位置如何对应？

解：(1) 缓存容量为 64×25×8=1 600 B。

(2) ROM 容量有 64×8×8=512 B。

(3) 缓存中存放的是待显示字符的 ASCII 代码。

(4) 显示位置自左至右，从上到下，相应地，缓存地址由低到高，每个地址码对应一个字符显示位置。

三、图形图像显示器

目前，图形显示器中占统治地位的仍然是阴极射线管（CRT）显示器。此外，还有液晶显示器和等离子显示器，它们体积小、功耗小，主要用于便携式计算机上。

光栅扫描式显示器是一种画点设备，其基本原理与字符显示器类似，只是图形显示器的视频存储器（VRAM）中存放的不是字符的 ASCII 码。下面简单地介绍一下光栅扫描式显示器的组成。

光栅扫描式显示器组成框图如图 8-7 所示，它由显示存储器、图像生成器、彩色表、CRT 控制器和 CRT 监视器 5 部分组成。

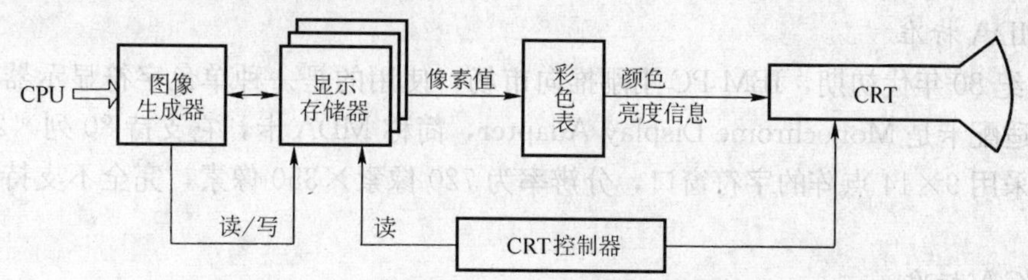

图 8-7　光栅扫描式显示器的组成框图

1. 显示存储器

显示存储器是整个显示器的核心，存放着在屏幕上显示图像的映像，该映像是由位图组成的。为了使 CRT 屏幕上的图形能持续地进行显示，显示存储器的内容需要不断地读出并送到监视器，使得画面能以一定频率刷新。由于主机通过图像生成器随时需要向存储器中写入或读出新的内容，因此显示存储器应该是一个大容量的高速度双端口随机读/写存储器。

2. 图像生成器

图像生成器的作用是把计算机送来的画线、画矩形、填空区域或写字符等基本命令扫描转换成相应的点阵（称为位图），存放在显示存储器中，即显示存储器中存放着需要在荧光屏上显示出来的图形映像。

图像生成系统可以直接将图像输入设备如摄像机、扫描仪等输入的图像直接或间接（经主存储器）存入显示存储器中。

3. 彩色表

彩色表（又称为调色板）用来定义像素的颜色。使用彩色表来表示颜色时，既可以减小存储空间，同时能表示足够多的颜色。在这个表示方法中，不是直接对像素值进行编码，而是用寻址或索引的方法表示颜色。

采用彩色表时，显示存储器的像素值不再是直接送到监视器上的颜色值，而仅是颜色的一个索引，它是颜色表的地址，从彩色表对应地址项中读出 R、G、B 三种颜色分量（即颜色号的定义值），然后送监视器。例如，像素值用 8 位表示，则彩色素应共有 $2^8=256$ 项，即 256 个彩色地址，设彩色表字长 12 位（R、G、B 各 4 位），它最多可定义 $2^{12}=4\ 096$ 种不同颜色。但彩色表只有 256 项，每屏图形中不同颜色数最多仅允许 256 种。

4. CRT 控制器

CRT 控制器的作用一方面是使电子束不断地自上而下、自左向右进行屏幕扫描，形成光栅，产生水平和垂直同步信号送往 CRT；另一方面又不断读取存放在显示存储器的位图数据，作为 RGB 信号或辉亮信号送往 CRT。如前所述，为了使 CRT 的画面不产生闪烁，必须对 CRT 监视器进行刷新，其刷新频率一般为 50～ 60 帧/s，高性能显示器的帧频 72 帧/s以上。

5. CRT 监视器

前面已述，此处不再赘述。

四、IBM PC 系列机的显示标准

IBM PC 微型机中的显示系统由 CRT 显示器和显示控制卡（适配器）构成，显示器和显示控制卡必须配套使用。下面介绍 PC 系列机的几种主要的显示标准。

1. MDA 标准

20 世纪 80 年代初期，IBM PC 刚刚推向市场，使用的是一种单色字符显示器，与之配套的显示适配卡是 Monochrome Display Adapter，简称 MDA 卡，它支持 80 列×25 行的字符显示，采用 9×14 点阵的字符窗口，分辨率为 720 像素×350 像素，完全不支持图形和彩色显示。

2. CGA 标准

支持彩色图形显示的适配卡是 Color Graphics Adapter，简称 CGA 卡，它支持字符和图形显示两种方式。作字符显示器用时，有 80 列×25 行和 40 列×25 行两种规格。字符窗口统一为 8×8 点阵，字符显示质量很不理想；作图形显示器用时，可显示 640×200 两种颜色或 320×200 四种颜色的彩色图形。

3. EGA 标准

增强型图形显示适配卡叫 Enhanced Graphics Adapter，简称 EGA 卡，它的字符显示能力和图形显示能力都比 CGA 强，显示器分辨率可达 650 像素×350 像素。字符显示窗口为 8×14 点阵，字符显示质量可接近 MDA 卡，彩色显示时，可显示 16 种颜色。

4. VGA 标准

20 世纪 80 年代末期推出的适配卡叫做 Video Graphics Adapter，简称 VGA 卡，显示字符时，字符窗口为 9×16 点阵，其显示质量超过 EGA，显示图形时，分辨率可达到 640 像素×480 像素，16 种颜色；或 320 像素×200 像素，16 种颜色。

通常将 MDA 和 CGA 称为 PC 的第一代显示标准，EGA 为第二代，VGA 为第三代。

随着显示技术的提高，近期还推出了 EGA^{+}、VGA^{+}、TVGA、Super VGA 等，其图形分辨率可达 800 像素×600 像素、1 024 像素×768 像素、1 280 像素×1 024 像素、1 600 像素×1 200 像素。颜色数可达 256、24 位真彩色（2^{24} 种颜色）或 32 位真彩色（2^{32} 种颜色）。

各种适配卡中均包括与主机的接口和 CRT 控制逻辑，VRAM 的容量应按最高分辨率图形显示模式来设计，对于低分辨率的图形显示或字符显示，只需使用 VRAM 的局部区域。

过去，一种显示器只有一种固定的扫描频率，只能与一种显示适配卡相匹配使用。例如，CGA 显示器的行频为 15.75kHz，EGA 显示器的为 21.85kHz，VGA 显示器为 31.85kHz。为了适应不同的适配卡，1985 年开始出现了多同步显示器。这种显示器的扫描频率是可变的，它利用自动跟踪技术，使显示器自动与适配卡的输出信号同步，行频的范围在 15～35kHz 之间。多同步显示器可使用各种显示适配卡，当需要提高分辨率时，只需更换适配卡，无须更换显示器。

第四节　打印输出设备

打印输出是计算机系统输出信息的最主要的输出形式之一。与显示设备类似，打印机不仅能输出数字、英文字母、汉字和各种符号，还能输出曲线、图形、图像等信息。打印机打印出来的信息能长期保存，因此，打印机又称为硬复制设备。

打印机的种类繁多，性能各异，结构千差万别，其分类方法也有多种。

按印字原理分类，可分为击打式和非击打式两类。击打式打印机利用机械作用，使印字机械与色带和纸相撞而打印出字符。击打式打印机使用成本低，但缺点是噪声大、速度慢。非击式打印机是利用电、光、磁、喷墨等物理或化学的方法在打印纸上印出字符和图形，习惯上将这类机器称为印字机。

按字符的形式分类，打印机又可分为字模式打印机和点阵式打印机两种。字模式打印机是通过击打活字载体上的字模来打印字符，而点阵式打印机则是打印钢针打印的点阵来组成字符和图形，也称为针式打印机。

按工作方式分类，打印机可分为串行打印机、行式打印机和页式打印机 3 种。串行打印机是逐字打印的，其速度用字/s（c/s）表示。行式打印机一次可输出一行，其输出速度用行/min（l/m）表示。页式打印机是逐页打印的，速度用页/min（p/m）表示。

另外，还有输出图形/图像的打印机，具有彩色效果的彩色打印机等。目前，国内比较流行的打印机主流产品是针式打印机、喷墨打印机和激光打印机。

一、点阵式打印机

点阵式打印机是采用点阵来构成文字和图像的方式进行打印，目前，国内最流行的是针式打印机。它的结构简单、体积小、重量轻、价格低、字符种类不受限制，不仅能实现打印汉字，还可打印出图形和图像，因此一般在微、小型机中都配置这种打印机。

针式打印机属串行、点阵式打印机，通过利用电磁铁驱动钢针，击打色带，在纸上打印出一个个墨点，并以 $n \times m$ 个点阵形成字符图形。点数越多，印字质量就越高。西文字符通常由 5×7 或 7×9 等点阵构成，汉字则至少需要 16×16 或 24×24 点阵构成，甚至可达到 48×48 点阵以至更高。西文字符和汉字点阵举例如图 8-8 所示。

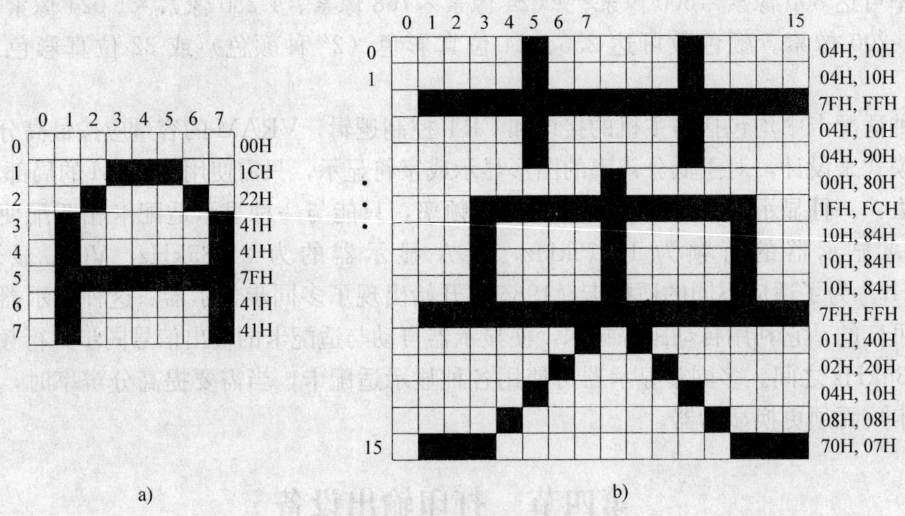

图 8-8　西文字符和汉字点阵及其编码

a）8×8 字符点阵及编码　b）16×16 汉字字模点阵及编码

由于针式打印机打印点阵字符，且打印质量完全由点密度（又称为分辨率）来衡量，点密度越高，字符和图形就越逼真、越清晰，所以灵活性比较大，打印形式又具有多样化。随着打印技术的提高，打印噪声也相对降低，因此很受欢迎。

1. 针式打印机的结构与基本工作原理

针式打印机主要由打印头、字车机构、输纸机构、色带机构和控制机构等部分组成。其结构如图 8-9 所示。

打印头是针式打印机的关键部件，它由打印针、磁铁、衔铁和针管等组成。打印针由钢或合金材料制成，有 7 针或 9 针（中文打印需要 16 针或 24 针）垂直排列，有的打印头有两列 7 针或 9 针交错排列，同时打印两列点阵。

字车机构是装载字车的设备，并在字车步进电动机的带动下，沿滑动导轨左右往复移动，从而使打印头定位在合适的打印位置。

输纸机构可分为两种，一种是压辊卷动机构，适合于分页纸；另一种适合于拖动带边孔连续纸的链齿拖动机构。

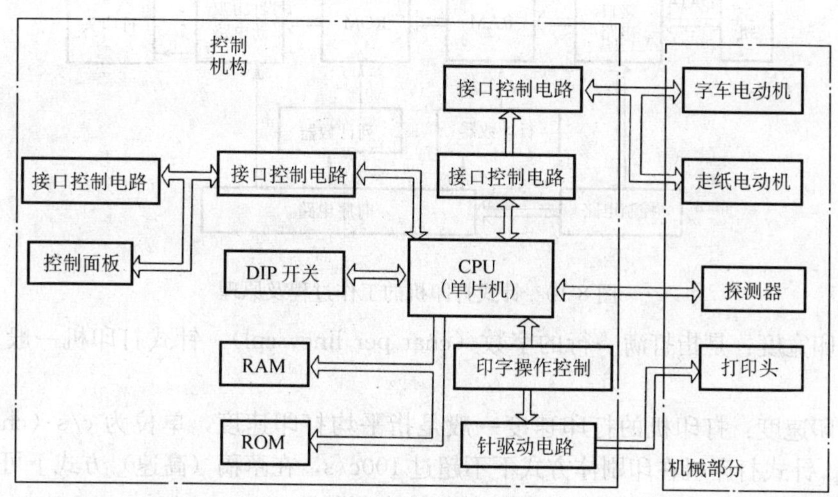

图 8-9　针式打印机结构

色带机构是打印机中用于控制色带移动的设备。针式打印机一般使用盒式环形色带，色带盒的形状与机器的型号相关，不同的打印机型号，色带盒也不相同。色带在盒内呈现自由折叠状态，仅在色带盒开口处外露。针式打印机基本上都使用单向步进循环的环形色带盒机构，在打印过程中，色带不断移动，改变色带被击打的位置，可以防止色带破损，从而延长色带使用寿命。

单色打印机和彩色打印机的色带和色带机构是不同的。单色打印机的色带是黑色的，而彩色打印机的色带一般由平行分布在一条色带上的黑、蓝、红和黄 4 种颜色组成。单色打印机是借助字车电动机的转动，驱动色带作单向循环动。彩色打印机却有两种驱动方式，一种单电动机驱动方式，该电动机既负责色带的单向循环移动，又负责带动色带盒的上下移动，以改变打印头所接触色带的部位，从而印出相应的颜色；另一种是采用双电动机驱动方式，一个电动机负责色带上下的移动，另一个负责色带的单向移动。一般彩色打印机可以打印出混合后的 7 种颜色。

控制机构主要包括字符缓冲存储器（RAM）、字符发生器（ROM）、CPU、时序控制电路等部分组成。CPU 是控制机构的核心，目前大多由高性能的单片机构成。主机将欲打印的字符通过接口送到 RAM，在打印时序电路的控制下，从 RAM 顺序取出字符代码，先对字符代码进行译码，然后就可以得到字符发生器（ROM）的地址。从该地址中逐列取出字符点阵，并驱动打印头，一列一列地纵向打印字符点阵，一行字符点阵打印完毕，走纸一行，重新进行新的打印任务。

针式打印机的工作过程及原理如图 8-10 所示。

2. 针式打印机的主要性能指标

1）打印头针数与打印针寿命：常用的有 9 针、16 针和 24 针的打印头、打印头的寿命一般为 2 亿点/针。

2）分辨率：用 dot/in（dot per inch）表示，即每英寸打印点数。针式打印机的分辨率比较低，一般为 180×180dot/in，理想的可达 360×360dot/in。

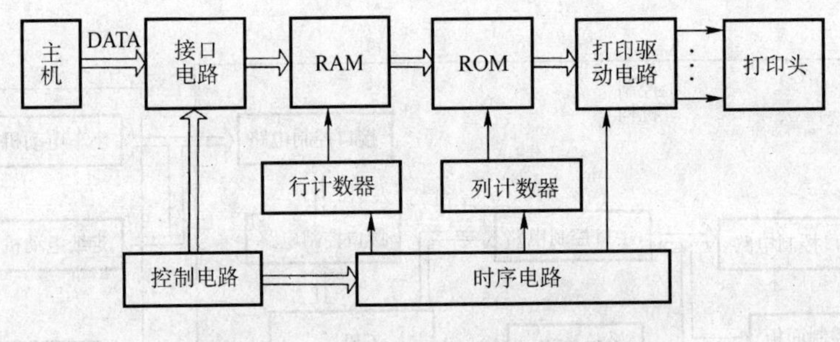

图 8-10　针式打印机的工作过程及原理

3）打印宽度：是指打满一行的字数（char per line，cpl）。针式打印机一般为 80c/l 和 132c/l。

4）打印速度：打印机的打印速度一般是指平均打印速度，单位为 c/s（char per second，cps）。针式打印机在印刷体方式下不超过 100c/s，在草稿（高速）方式下可达 200c/s。

5）打印机接口：一般有串行接口和并行接口两种。

6）噪声：用分贝（dB）表示，通常低于 65dB。

7）打印字符集：是指可供用户使用的字符种类。

二、激光打印机

激光打印机是激光技术与电子照相技术完美结合的一种重要的计算机输出设备。其优点是打印速度快、精度高、噪声低，同时具有极强的图形打印和字体变化功能。使用也很方便。它由激光扫描系统、电子照相系统和控制系统 3 部分组成。激光打印机的基本工作原理如图 8-11 所示。

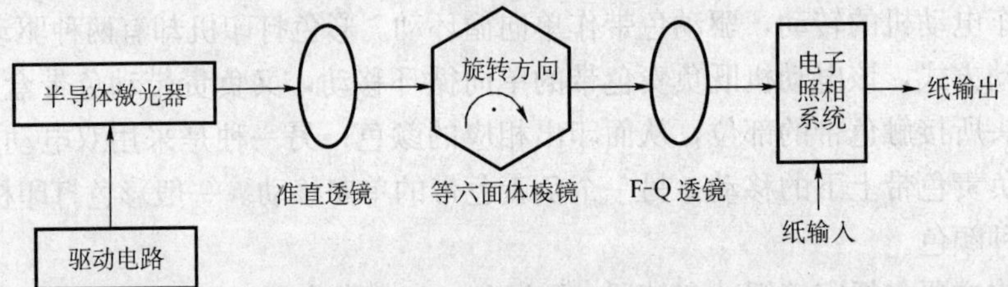

图 8-11　激光打印机工作原理

由图 8-11 可以看出，半导体激光器在驱动电路的控制下，发出高强度的激光，这些带有字符和图形信息的激光束，经过准直透镜、多面棱镜（一般为等六面体）和 F-Q 透镜等组成的扫描装置以后，照射到感光鼓上。由于多面棱镜的高匀速旋转，单一静止的激光束变为左右扫描的扫描束照射到感光鼓上。感光鼓一般是用铝合金制成的一个圆筒。鼓面上涂有一层在黑暗中绝缘的感光材料。它在顺时针旋转过程中，首先被充电晕放电而获得一定的电荷（充电），接着转到曝光处，载有信息的激光束匀速地扫描到感光鼓上，形成曝光，曝光处的电阻下降许多，因此电荷几乎全部消失，而其他部件电荷却保持不变，从而形成静电潜像。然后感光鼓转到显影部位，带有正电荷的墨粉被光照部分吸附，形成墨粉像。在转印电晕电场作用下，墨粉被转印到普通纸上，再以加热、加压，形成要打印的字符或图像后输出。最后，感光鼓经过消除电荷，清扫墨粉，为打印下一页字符做好准备。

三、喷墨式打印机

在打印机当中，喷墨打印机发展最快。它的打印机构简单，可动部件少，设备规模小，功耗低，噪声低，能实现高速、高打印质量，而且具有连接灵活，使用方便等优点。

1. 喷墨打印机的种类

喷墨打印机按喷墨方式划分，可分为连续型和按需型两种打印机。所谓连续型就是只有一个喷嘴，利用墨水泵对墨水加以固定压力，使之连续喷射。按需型则是墨滴只在需要打印时才喷出，因此不需要墨水循环系统，省去了加压泵、过滤泵和回收装置。这种打印机结构简单、价格低、性能价格比高，但速度较慢。

按所用油墨的形式可分为固态喷墨打印机和液态喷墨打印机两种。

按打印机打印的色彩来分，可分为黑白喷墨打印机和彩色喷墨打印机两种。

2. 喷墨打印机的基本工作原理

连续式喷墨打印机的工作原理如图 8-12 所示。其中，C 表示控制电极，D 表示位移电极，R 表示打印面，K 为墨滴捕捉器。由喷嘴喷出的油墨被控制电极 C 附近的墨滴形成器分解成墨滴，当施加在控制电极 C 上的电压信号与油墨电动势不相同时，形成的墨滴将带电，带电的墨滴在经过位移电极 D 形成的电场时发生偏转，随之被墨滴捕捉器截获；而当施加在控制电极 C 上的电压信号与油墨电动势相同时，则形成不带电的墨滴，它在经过位移电极 D 形成的电场时不受影响，即不发生偏转，而是直接到达打印面 R 处，最后形成打印结果。这种方式控制难度较大，容易因墨滴偏离方向或分布不均匀等原因，造成清晰度不高，因而打印质量不稳定。

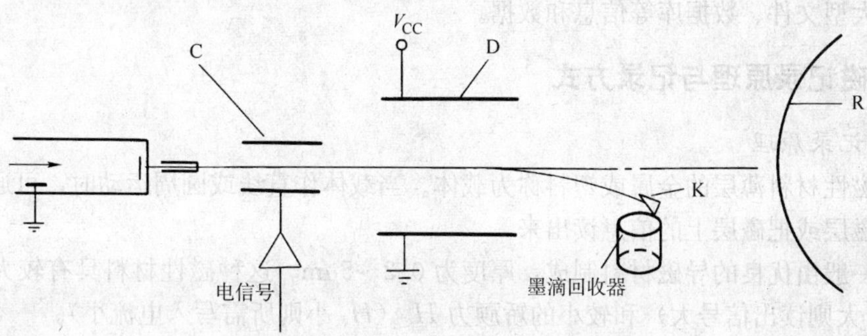

图 8-12　连续式喷墨打印机的工作原理

现在使用较多的是间断的、按需喷墨技术，它有一组垂直方向排列的喷嘴，根据字形点阵或图形的需要，从某些喷嘴中，靠压力喷出的墨滴飞行方向不变，在纸上形成一列墨滴点阵，移动喷头，再打印第二列墨滴点阵，由此组成点阵字符或图形。

3. 喷墨打印机的主要性能指标

衡量喷墨打印机性能优劣，主要包括以下几个主要指标。

1）打印幅面：喷墨打印机幅面一般以 A4 为主，这可以满足大部分用户对打印幅面的要求。A2、A3 幅面的喷墨打印机一般用于印刷出版、设计、艺术、广告制作和 CAD 等行业。

2）打印精度：用 dot/in（dot per inch）表示，即每英寸打印点数，是衡量打印机质量的一个重要标准，也是判断打印机的分辨率的基本指标。一般喷墨打印机的分辨率为 300～720dot/in。但 dot/in 指标不是越大越好，也不是打印质量的唯一标准，还应该考虑色彩、层次等因素。

3）打印速度：是指打印机每分钟打印的页数（page per minute，ppm）。一般有彩色打印 p/m 和黑白 p/m 两项指标。这里指的打印速度是在草图模式下的速度，高精度打印时打印的速度一般要慢得多。喷墨打印机最快的打印速度可达英文 10.2p/m，中文 3.8p/m。

4）噪声：噪声用分贝（dB）表示，与激光打印机和针式打印机相比较，喷墨打印机产生的噪声最小，一般低于 41dB。

5）打印缓冲区：打印缓冲区是以 KB（千字节）为单位的。缓冲区的大小与打印机的打印速度有直接关系，新式喷墨打印机的缓冲区一般都在 64KB 以上。

6）其他功能和性能：如点阵数、字体、进纸方式、兼容性等因素都会对喷墨打印机的性能产生影响。

第五节　磁表面存储器

计算机中的存储器有主存储器和辅助存储器之分。辅存用来存放当前不需立即使用的信息，一旦需要，再与主存成批交换数据。辅存作为主存的后备和补充，是主要的外部设备之一。常用的辅助存储器有磁表面存储器及光盘存储器。

磁表面存储器的主要特点是：存储容量大、价格低、非破坏性读出、记录的信息可长期保存而不丢失，具有精密机械装置，存取速度较慢，对工作环境要求较高，主要用于存放系统软件、大型文件、数据库等信息和数据。

一、磁记录原理与记录方式

1. 磁记录原理

涂有磁性材料薄层的金属或塑料称为载体。当载体作直线或圆周运动时，可通过磁头把信息写入磁层或把磁层上的信息读出来。

磁层一般由优良的导磁材料制成，厚度为 0.2～5μm。这种磁性材料具有较大的磁场强度 B_r（B_r 大则读出信号大）和较小的矫顽力 H_c（H_c 小则所需写入电流小）。

磁头是由高导磁的软磁材料做成的电磁铁，在靠近磁层的地方开一个很窄的气隙，软磁铁上绕有读/写线圈。磁头和磁层之间有很小的间隙，磁层相对磁头作高速运动如图 8-13 所示。

写入信息时，在读/写线圈中通上脉冲电流（电流的方向不同，则写入的信息不同），磁头气隙处的磁场把它下面一小区域的磁层向某一方向磁化（S-N 或 N-S），形成某种剩磁状态，因而记下一位二进制信息，磁层上这个被磁化的小区域，称为磁化单元。随着磁层的移动，读/写线圈中的一串电流脉冲，就会在磁层上形成一串磁化单元。

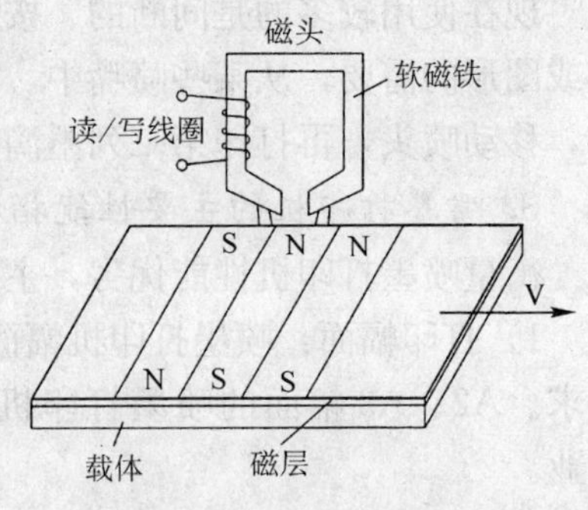

图 8-13　磁头读/写原理

读出时，某一磁化单元移动到磁头气隙处，在磁层与磁头交链的磁路中磁通量发生变化，于是读/写线圈中感应出不同方向的电动势，经读出放大和整形之后，还原出写入的信息。

磁层随磁头相对运动方向上形成记录信息的路径，称为磁道。磁道一般与磁头的宽度一致。在磁层表面上可以有许多磁道。二进制信息串行排列在每条磁道上。

2. 记录方式

磁层上的信息是靠磁头线圈中通以不同方向的电流脉冲形成的，可以把待写入的二进制信息变成对应的写电流脉冲序列，写入电流波形的组成方式称为记录方式。在磁表面存储器中，由于写电流的幅度、相位、频率变化不同，形成了不同的记录方式。主要的几种记录方式有归零制、不归零制、调相制和调频制 4 种。各记录方式写入电流波形如图 8-14 所示。

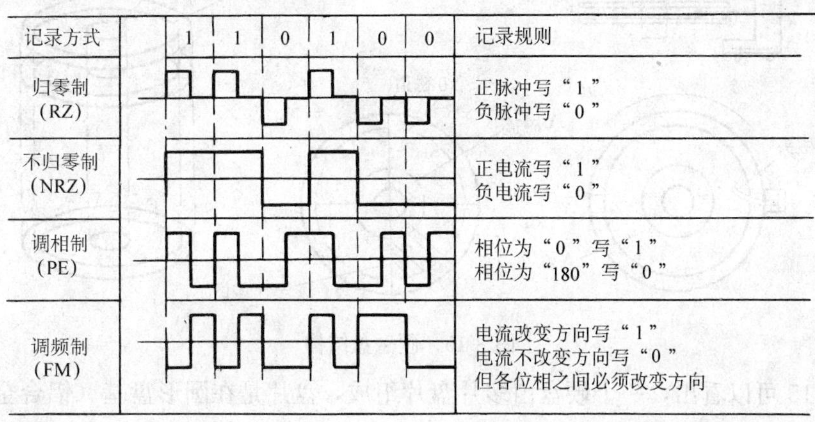

图 8-14　记录方式电流波形图

1）归零制（Return to Zero，RZ）记录方式中，写“1”时磁头线圈中加正向脉冲电流，写“0”时加负向脉冲电流。但不论待写入的信息是“0”还是“1”，在写入信息前，写入电流的波形都要回到零，故称为归零制。这种记录方式简单，容易实现，但抗干扰能力差。

2）不归零制（Non Return to Zero，NRZ）记录方式特点是：磁头线圈始终有电流。写“1”时，通以正向电流；写“0”时，通以反向电流。由于磁头中电流总不回到零，故称为不归零制。如果记录的相邻两位信息相同（即连续记录“1”或“0”）时，写电流方向不变；只有当记录的相邻两位信息不相同（即“0”和“1”交替）时，写电流才改变方向，所以又称为异码变化或“见变就翻”的不归零制。它的抗干扰性能较好。

3）调相制（Phase Encoding，PE）记录方式中，它利用相位的变化来写“1”或写“0”。写“1”时，磁头线圈中的电流先正后负；写“0”时，电流先负后正。每写一位，磁头中的电流方向都要翻转一次，因此可以从读出信号中提取自同步信号。另外，这种记录方式中，“0”和“1”的读出信号的相位不同，故抗干扰性能较强。

4）调频制（Frequency Modulation，FM）记录按下列规则写入数据：不论记录“1”或“0”，磁头线圈中的电流在一个周期结束时一定要改变一次方向；写“1”电流频率是写“0”的电流频率的两倍。这种记录方式的优点是记录密度高，具有自同步能力，磁盘存储器常用这种记录方式。

除此之外，还有许多改进型的记录方式，不再一一列举，请参考其他资料。

二、硬磁盘存储器

硬磁盘存储器是一种主要的外存储设备。硬磁盘驱动器（HDD）经历了 40 多年的发展，技术取得了惊人的进步。由于性价比高，几乎每一个计算机系统都离不开它。

1. 硬磁盘存储器中的信息分布

（1）磁盘上的信息编址　目前广泛使用的活动磁头的硬盘结构如图 8-15 所示。

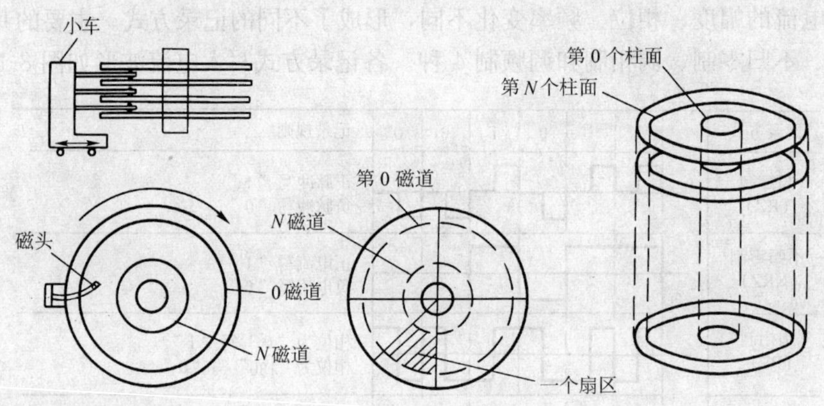

图 8-15　硬磁盘结构

从图 8-15 可以看出，一个硬盘由多片盘片组成，盘片是在圆形盘基（铝合金或者玻璃）表面上涂有一层磁介质而制成的，每个盘片的两面均可存储信息，最上面和最下面的两个盘片只有一面可存储信息，给每个盘面设置一个磁头，它们被安装在小车上，可沿径向移动以寻找磁道。

每个盘面上有许多同心圆磁道，磁道由外向里按 0 到 N 顺序进行编号。每个磁道上分成许多扇区，每个扇区存放同样数量的信息，信息一般为 1 024 个字节或 512 个字节，显然外圈磁道上的位密度低于内圈磁道上的位密度，不同盘面上的同一磁道构成一个圆柱面，当要求读/写的信息超过一条磁道的信息时，则可选择同一圆柱面的其他磁面上的信息。因为不需要换磁道的时间，可以加快访问速度。

关于扇区的划分，早期采用硬划分方式，在盘片制作时设置好划分扇区的硬标志。现在则多采用软划分方式，即利用格式化软件来划分扇区的大小及数量。

硬盘的实际容量为

容量=(磁头数×柱面数×每柱面扇区数×每扇区字节数)/(1 024×1 024)MB

由于主存储器与硬盘存储器之间交换信息是以扇区为单位，所以访问硬盘存储器时，只需提供如下的地址结构：

磁盘机号	磁面号（磁头号）	磁道号（柱面号）	扇区号

磁盘控制器接收到这一地址后，首先找到是哪一台磁盘机，再找到哪个磁面上的哪个磁道上，于是控制所选磁头将其定位到所选磁道上，等待该扇区的起始地址转到磁头所在的位置即开始读/写操作。显然完成这些操作都是需要时间的，常常将这些时间的总和称为硬磁盘存储器的寻址时间，它的快慢直接影响硬磁盘存储器的访问速度。

（2）磁道的信息格式　目前，大部分磁盘采用 IBM 磁道记录格式，如图 8-16 所示。

G_4 间隙：一条磁道上只有一个。它是一个自由的间隙，处在一条磁道的末尾到索引孔之前。

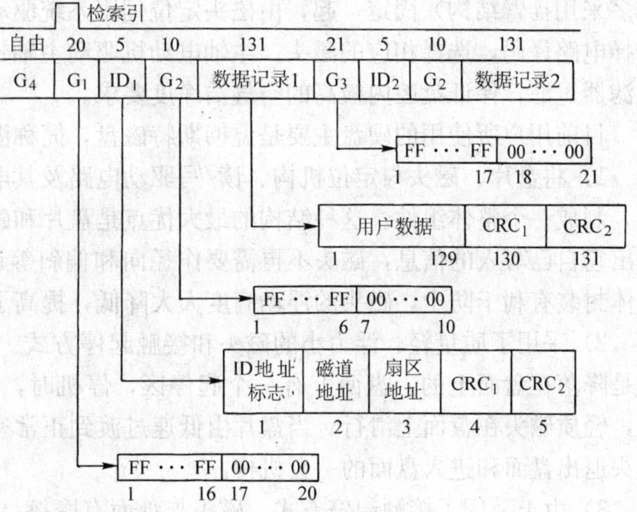

图 8-16 IBM磁道格式

G_1 间隙：在一磁道的开始处。它由 20 个字节组成，前 16 个字节为十六进制 FF，后 4 字节为 00。

ID_1 是第一个记录的标识段，它由 5 个字节：ID 地址标志、磁道地址、扇区地址和两个 CRC（循环冗余校验）检验字节。磁道地址和扇区地址是实现读写的依据。它们是在磁盘初始化（格式化）确定的。

G_2 为标识符间隙，它被用来分隔记录中的数据和标识段。它有 10 个字节，前 6 个为 FF，后 4 为同步字节 00。它的长度可变。

数据记录段中第一个字节是数据或被删除的地址标记，接着的 128 个字节是用户数据，最后两个是 CRC 检验字节。

G_3 用来结束第一个记录，称为数据间隙，共 21 个字节，前 17 个为 FF，后 4 个为 00。

以后的记录均由 ID、G_2 开始，G_3 结束。

2. 硬磁盘存储器的读/写过程

硬磁盘的数据读/写是靠磁头和盘片来实现的。工作时盘片是在主轴电动机驱动下高速旋转，读/写磁头浮动在盘片上读写数据。读/写过程从查找操作开始，驱动机构根据柱面地址把磁头向目标磁道移动，并定位在目标磁道上，然后进行读/写操作。

3. 基本结构

磁盘驱动器主要有盘片组、主轴驱动机构、磁头、磁头驱动定位机构、读/写电路、接口及控制电路等组成。图 8-17 所示为一般磁盘驱动器的组成。

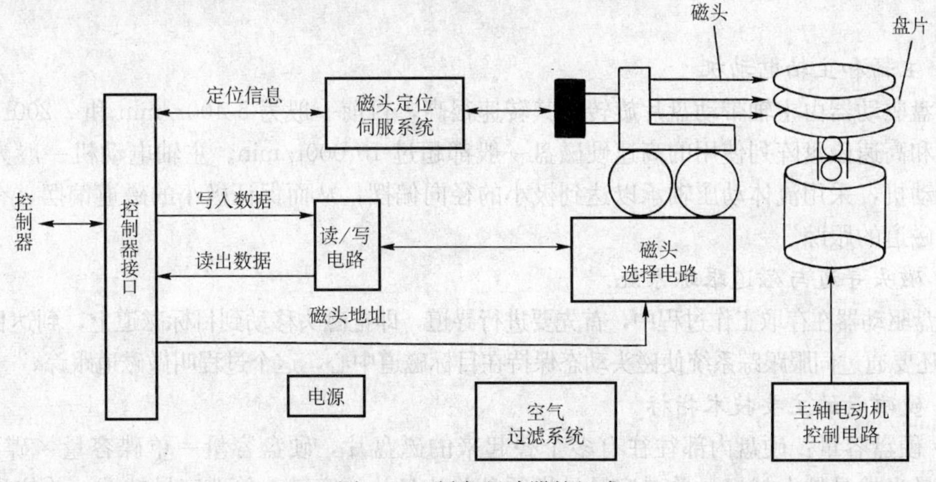

图 8-17 硬盘驱动器的组成

接口电路和控制器相连，传送地址和数据到驱动器。音圈电动机的音圈和磁头小车（目前多采用摇臂结构）固定一起，由磁头定位伺服系统驱动磁头作径向运动。磁头地址经磁头选择电路译码，选择相应的磁头。主轴电动机驱动主轴带动盘片旋转。进入盘腔的空气均经过滤器过滤，保证盘腔内极高的空气洁净度要求。

目前用户所使用的硬盘主要是温彻斯特磁盘，简称温盘。温盘的主要特点如下：

1）将盘片、磁头与定位机构、读/写驱动电路及其电动机主轴等封装在一个密封的盘盒内，制成一个整体组件。这种结构的最大优点是盘片和磁头之间没有互换要求，每个磁头只读出它自己写入的信息，磁头不再需要作径向和偏斜等调整，有利于提高磁道密度。另外，整体封装有利于防尘，磁头的浮动高度大大降低，提高了位密度和可靠性。

2）采用了质量轻、浮力小的磁头和接触起停方式。在这种方式下，起动和停机时，磁头是降落在盘面上的。盘面上有一个起停区，停机时，磁头落在起停区内。盘片起动旋转时，轻质磁头在盘面上滑行。当盘片由低速过渡到正常速度时，磁头启动，从而精简了过去磁头退出盘面和进入盘面的一套机构。

3）由于采用了接触起停方式，磁头与盘面有摩擦，为了延长使用寿命，除了在主轴电动机上装有制动机构，缩短停机摩擦过程外，盘面上还涂有一层润滑剂以减少摩擦。

4. 盘片

磁盘驱动器的主要组件之一是盘片，其盘片构成材料是铝合金或者玻璃，表面覆盖着磁记录层。常用硬盘的盘片直径为 3.5in 和 2.5in，前者多用于台式机，后者多用于笔记本电脑。目前由于移动设备对存储容量的需求越来越大，小盘片直径的微硬盘受到信息设备厂家的日益重视。

硬磁盘盘片直径小型化的同时，面密度也在不断提高。目前硬盘的面密度已经超过每平方英寸 100GB，比世界第一台硬盘的密度提高了约 1 000 万倍。

5. 磁头

磁盘驱动器的磁头是浮动磁头、工作过程中磁头与盘面不接触，两者之间有一个很小的间隙。当磁头高速旋转时，由于空气的粘滞性，附着在盘面上的空气在磁头和盘面之间形成了一层空气垫，托住磁头。

目前，高密度硬盘采用 GMR（巨磁阻效应）磁头读数据，写数据则采用电磁感应原理。

6. 主轴和主轴电动机

磁盘驱动器由主轴带动盘片旋转，其转速很高，目前一般为 5 400r/min 和 7 200r/min。服务器和高速磁盘阵列使用的高速硬磁盘一般都超过 10 000r/min。主轴电动机一般为无刷直流电动机，采用流体动压轴承以达到极小的径向偏摆，从而保证极小的磁道偏摆，有利于磁头对磁道的跟踪。

7. 磁头寻道与磁道跟踪系统

磁盘驱动器在存取工作过程中，首先要进行寻道，即把磁头移动到目标磁道上，到达目标磁道后，还要通过伺服跟踪系统使磁头动态保持在目标磁道中心，这个过程叫做磁道跟踪。

8. 硬磁盘的主要技术指标

1）硬盘容量：硬盘内部往往有多个叠起来的磁盘片，硬盘容量＝单碟容量×碟片数，硬盘容量当然是越大越好。单碟容量是指硬盘单片盘片的容量，单碟容量越大，单位成本越低，平均访问时间也越短。硬盘的容量以吉字节（GB）和太字节（TB）为单位，注意硬盘厂商在标称硬盘容量时通常取 1KB=1 000B，因此看到的硬盘容量会比厂家的标称值要小。

2）转速：转速是硬盘工作时电动机主轴和盘片的旋转速度，单位表示为 r/min（转/每分钟）。通常硬盘的转速越高，性能越优。硬盘的转速一般有 5 400r/min、7 200r/min、10 000r/min 等几种。

3）缓存：缓存是硬盘与外部总线交换数据的场所。从硬盘读数据的过程是将要读取的资料存入缓存，等缓存中填充满数据或者要读取的数据全部读完后，再从缓存中以外部传输率传向硬盘外的数据总线，它起到了内部和外部数据传输的平衡作用。目前主流硬盘的缓存主要有 8MB 和 2MB 两种。

4）传输速率：硬盘的数据传输率是指硬盘读写数据的速度，单位为兆字节每秒（MB/s）。硬盘数据传输率又包括内部数据传输率和外部数据传输率。内部传输率也称为持续传输率，主要依赖于硬盘的旋转速度，反映了硬盘缓冲区未用时的性能。外部传输率也称为突发数据传输率或接口传输率，与硬盘接口类型和硬盘缓存的大小有关。ATA/133 的数据传输率为 133MB/s，SATA 1.0 数据传输率可达 150MB/s，SATA 2.0 的数据传输率达到 300MB/s，最终 SATA 将实现 600MB/s 的最高数据传输率。

5）平均寻道时间（Seek Time）：是指硬盘磁头移动到数据所在磁道所用的平均时间，单位为毫秒（ms）。现在一般选用平均寻道时间在 10ms 以下的硬盘。

例 8-2 若硬盘有6 片磁盘，每片有两个记录面，最上和最下两面不用，存储区域内径 22cm，外径 33cm，道密度为 40 道/cm，内层位密度 400 位/cm，转速 2400r/min。

（1）共有多少柱面？

（2）盘组总存储容量是多少？

（3）数据传输为多少？

（4）采用定长数据记录格式，直接寻址的最小单位是什么？寻址命令中如何表示磁盘地址？

解：（1）有效存储区域=(16.5−11)cm=5.5cm。

因为道密度=40 道/cm，

所以 40×5.5=220 道，即有 220 个圆柱面。

（2）内层磁道周长为 2πR=2×3.14159×11cm=69.08cm。

每道信息量=400 位/cm×69.08cm=27 632 位=3 454 B

每面信息量=3 454 B×220 道=759 880 B=742.07 KB

每组总容量=742.07KB×10 面=7 420.7KB=7 420.7/1 024KB=7.25MB

（3）磁盘数据传输率 $D_r=rN$

N 为每条磁道容量，r 为磁盘转速

所以 $D_r=rN=2\ 400\text{r/min}\times 3\ 454\text{B}=40\text{r/s}\times 3454\text{B}=13\ 816\text{B/s}$

（4）采用定长数据块记录格式，直接寻址的最小单位是一个记录块（一个扇区），每个记录块记录固定字长数目的信息。在定长记录的数据块中，活动磁盘组的编址方式如下：

18　　17	16　　10	9　　6	5　　0
磁盘机号	磁面号（磁头号）	磁道号（柱面号）	扇区号

此地址格式表示有 4 台磁盘机，每台 16 个记录面，每面有 256 个磁道，每道有 64 个扇区。

三、磁盘阵列

磁盘阵列是冗余的独立磁盘阵列（Redundant Arrays of Independent Disks，RAID）的简称。引入 RAID 的目的是用多个价格较便宜、容量较小、速度较慢的磁盘（硬盘），组合成一个大型的磁盘阵列，借助操作系统的管理，为用户提供大容量、高吞吐率、高可靠性（容错性）的存储服务。

大容量是通过操作系统把 RAID 整合成单一的逻辑磁盘呈现给用户来实现的；高吞吐率是由于数据分布在不同的磁盘上，针对不同磁盘的访问请求可以同时进行；由于存在冗余的磁盘，所以在存储数据的同时，还存储数据的校验信息。一旦某个磁盘出错，可利用存储在其他磁盘上的校验信息来恢复数据，保证了整个磁盘系统的可靠性。

常见的 RAID 方案有 RAID0～RAID5。其中，RAID0 无任何冗余，只能提高容量和吞吐率；RAID1 采用镜像冗余，可靠性很高，但成本也很高；RAID2 采用海明码校验，需要的校验盘较多，成本也很高；RAID3 采用奇偶校验，只需一个校验盘；RAID4 采用数据块级的奇偶校验。

RAID5 与 RAID4 采用相同的校验方案，不同的是把校验信息均匀地分布在各个磁盘上，不存在专门存储校验信息的“校验磁盘”，各个磁盘的地位是相同的，既提高可靠性，又避免了访问单一校验盘带来的 I/O 瓶颈。RAID5 成本不高但效率高，应用广泛。

四、软磁盘存储器

软磁盘存储器简称为软盘，是一种活动磁头、盘片可卸、价格低廉的磁盘存储器，曾经是一种微型计算机普遍采用的外存储器。

软盘的存储原理和记录方式与硬盘相同，主要是结构与硬盘不同。软盘的盘片用弹性塑料基体涂敷磁性材料制成，封装在硬纸板或塑料套中；为单片结构，大多是接触读/写，造价低；盘片保管方便，使用灵活，对环境要求不高。但由于容量较小，已被其他移动存储设备所取代。

根据盘片尺寸的不同，软盘可分为 8in、5.25in（简称 5 寸盘）、3.5in（简称 3 寸盘）3 种。盘片越小，记录密度越高。同时受温度、湿度影响也越小，盘片不易变形，保证了精度。

按软盘驱动器结构和盘片的记录密度分，软盘可分为单面单密度（SS，SD）、单面双密度（SS，DD）、双面单密度（DS，SD）和双面双密度（DS，DD）几种。表 8-1 列出了软盘盘片的规格参数。

2002 年，Intel 发出了“终结软驱时代”的宣言，闪存设备成为了它的替代者。

表 8-1　软盘盘片的规格参数

软盘片规格	面　数	磁道/面	扇区/道	字节/扇区	容量/KB
5.25in 双面低密	2（0，1）	40（0～39）	9（1～9）	512	360
5.25in 双面高密	2（0，1）	80（0～39）	15（1～15）	512	1200
3in 双面低密	2（0，1）	80（0～39）	9（1～9）	512	720
3in 双面高密	2（0，1）	80（0～39）	18（1～18）	512	1440
3in 双面双超高密	2（0，1）	80（0～39）	36（1～36）	512	2880

五、磁带存储器

磁带存储器是最早出现的磁表面存储器，其特点是存储容量大、价格便宜、尤其适用于大容量数据文件的脱机存储。磁带存储器的主要缺点是只能顺序存储、访问速度慢。

磁带机的原理与磁盘机相同，只是它的载磁体是一种带状塑料，通过磁头来写入或读出信息代码。磁带存储设备由磁带机和磁带两部分组成。

1. 磁带机的种类和结构

磁带有许多种，按带宽分有 1/4in、1/2in、1in 等；按带长分有 2 400ft、1 200ft 和 600ft；按外形分有开盘式磁带和盒式磁带；按记录密度分为 6 250b/in、1 600b/in、800b/in；按带面并行记录的磁道数分为 16 道、9 道等，目前主要采用的是 1/2in 开盘磁带和 1/4in 盒式磁带，它们都是标准磁带。

磁带机也有许多种。按磁带机规模分有标准磁带机、盒式磁带机、海量宽带磁带机。按磁带机走带速度分有高速磁带机（4～5m/s）、中速磁带机（2～3m/s）、低速磁带机（2m/s 以下）。按磁带的记录格式分有启停式和数据流式。

磁带机为了寻找记录区，必须驱动磁带正走或反走，读/写完毕后又要使磁头停在两个记录区之间。因此要求磁带机在结构和电路上采取相应措施，以保证磁带以一定的速度平衡地运动和快速启停。

数据流磁带机是将数据连续地写在磁带上，每个数据块插入记录间隙，使磁带机在数据块间不启停。它用电子控制代替机械控制，从而简化了磁带机的结构，降低了成本，提高了可靠性。

数据流磁带机有 1/2in 开盘式和 1/4in 盒式两种。盒式磁带的结构类似于录音带和录像带，盒带内部装有供带盘和接收盘，磁带的长度主要有 450ft 和 600ft 两种，容量分别为 45MB 和 60MB。

数据流磁带机的读/写机械和启停式磁带机不同，前者是类似于磁盘的串行读/写方式，而后者是多位并行读/写，因而决定了两者的记录格式不同。

2. 磁带的记录格式

1/29in 道启停式磁带是一种国际上通用的标准磁带，其记录格式如图 8-18a 所示，每盘带均有始端标记（BOT）和末端标记（EOT）。标记用一块矩形金属反光薄膜制成，光电检测元件可检测到这两个标记，表示记录的开始和结束，磁带上留有间隙 G 或 g，g 为数据块间的间隙，它们取决于磁带机的快启停性。信息可用两种形式存储：一种是文件方式，一盘带可记录若干个文件，一个文件又可分若干个数据块 B_i。每个文件始末有文件头标和文件尾标。卷头标、索引、文件头标、文件尾标均为 80B，其内容视操作系统而定。第二种是数据块形式，磁带可在数据块之间启停，进行数据传输。在 9 道带中，8 位是数据磁道，存储一个字节，另一位是奇偶校验位，校验这一个字节，也称为横向奇偶校验码。在每一数据块 B_i 内部，沿走带方向每条磁道还有 CRC 校验码。

1/4in 盒式数据流磁带也是一种通用的标准磁带。其中 9 磁道磁带记录格式如图 8-18b 所示，包括前同步，数据块标志（1B）、用户数据（512B）、地址号（4B）、CRC 校码（2B）和后同步。

注意，数据流磁带机是串行逐道记录，其读/写类似于磁盘。记录信息时，从 0 号磁道

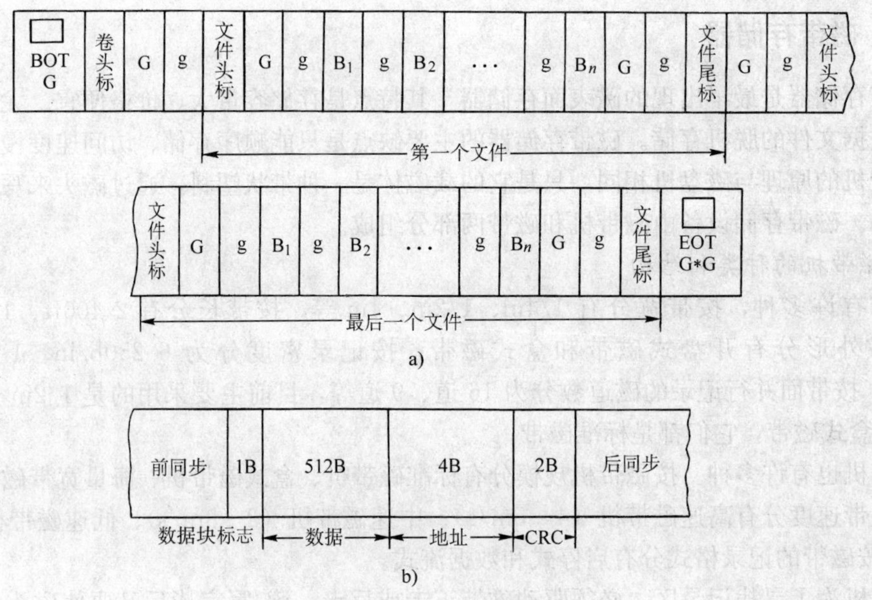

图 8-18　磁带记录格式

a）1/2in 磁带标准格式　b）1/4in 数据流 9 磁道磁带格式

开始，偶数磁道从磁带首端（BOT）到磁带末端（EOT），而奇数磁道则从 EOT 到 BOT，且要依次首尾相接。

第六节　光盘存储器

光盘存储器是利用光学原理存取信息的存储设备。它的主要特点是：存储容量大，价格低廉，存放的程序和数据可以单独长期保存。可用可擦写型光盘作移动存储器来代替软盘。因此目前计算机系统中大都配置了光盘存储器（常称为光驱）这种设备。

光盘存储器按其功能的不同，可分为只读型、一次写入型和可擦写型 3 类。

一、只读型光盘存储器

CD—ROM 的含义是"至密只读存储器"（Compact Dick Read Only Memory）。这种光盘的盘片上的信息是由生产厂家预先写入的，用户只能读取盘上的信息。由于 CD—ROM 存储容量很大，一张盘片大约可存放 650MB 信息，因此常用它来存放系统软件、应用软件、音乐、视频节目或大型数据库信息。

只读型光盘存储器由两部分组成：只读光盘驱动器（简称光驱）和 CD—ROM 光盘片，只读光驱用连线接在 SCSI 接口、IDE 接口或 EIDE 接口上。用户将光盘片插入光驱内即可读出数据。

1. 只读光盘

光盘片是一张直径为 5.25in 的圆形塑料（玻璃）片，盘面上的信息是由一系列宽度为 0.3～0.6μm、深度约为 0.12μm 的凹坑组成的。凹坑以螺旋线的形式分布在盘面上，有坑为"1"，无坑为"0"，由于凹坑非常微小，约为 1μm^2，其线密度一般为 1 000B/mm，道密度为 600～700 道/mm，因此，一张 5.25in 的光盘上可存放 650MB 信息。

光盘存储数据的方式和磁盘有很大的不同，光盘是以一个连续的、螺旋形的轨道来存放数据（显然和磁盘的磁道概念不同），称为光轨。光轨分成等尺寸、等密度的区域。由于有效地使用空间，使得光盘能够存放更多的数据。

CD—ROM 上的数据以一系列的（记录）块组成，典型的块格式如图 8-19 所示，它由下列域（区）组成。

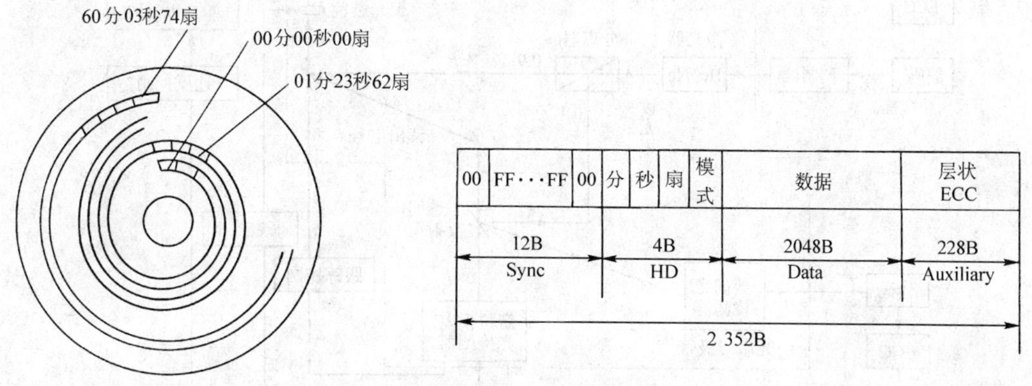

图 8-19　CD—ROM 数据记录格式

1）Sync 域标志一个块首，由 12 个字节组成，第 1 个字节为全“0”，第 2～11 个字节为全“1”，第 12 个字节为全“0”。

2）Header（HD）域包含 3 个字节的块地址和 1 个方（模）式字节。字节方式的意义是：方式 0 表示一个空的数据域，方式 1 表示使用纠错码（288B）和 2 048 字节的数据，方式 2 表示 2 336（2 048+288）全字节的用户数据。

3）Data 为用户数据。

4）Auxiliary 在方式 2 下是附加用户数据；在方式 1 下，它是 288 字节的纠错码。

2. 只读光盘驱动器

（1）CD—ROM 驱动器的技术指标　CD—ROM 驱动器的主要技术指标有以下几种。

1）数据传输速率：CD—ROM 驱动器的速度是以数据传输速率来表示的，习惯上把数据传输速率为 150KB/s（标准 CD 数据传输速率）的光驱称为单倍速光驱，而把 300KB/s 传输速率的光驱称为两倍速光驱，依此类推，目前已发展到 60 倍速以上的光驱。倍速一般以“X”表示，如 60 倍速写成“60X”。

2）平均读取时间：也称为平均查找时间，是指 CD—ROM 从光头定位到开始读盘时间。

3）缓存：缓存通常用 cache 或者 buffer memory 表示，其作用是提供一个数据的缓冲区域，将读取数据暂时保存，然后一次性进行传输和转换，目的是解决光驱和计算机其他部件速度不匹配的问题。cache 一般是 512KB，现在已越过 2MB，当然，缓存越大越好。

4）接口类型：不同的接口决定着驱动器与系统之间数据传输速度。目前常用的光驱接口有 ATA/ATAPI 接口、USB 接口、IEEE 1394 接口和 SCSI 接口。市场中应用最广泛的光盘接口是 ATA/ATAPI 接口，ATA/ATAPI 接口也叫 EIDE 接口驱动器，它是在 IDE 接口上的扩展，IDE 接口是光存储产品最具有性价比的产品。

（2）光盘驱动器的组成　只读光盘驱动器主要由光学读出部分和控制电路部分组成。

1）光学读出部分：光学读出部分又称为光学头。光学读出部分是光驱的核心部件，主要由激光器、偏振光束分离器、聚焦物镜、读出检测器等 4 部分组成，如图 8-20 所示的虚线框。

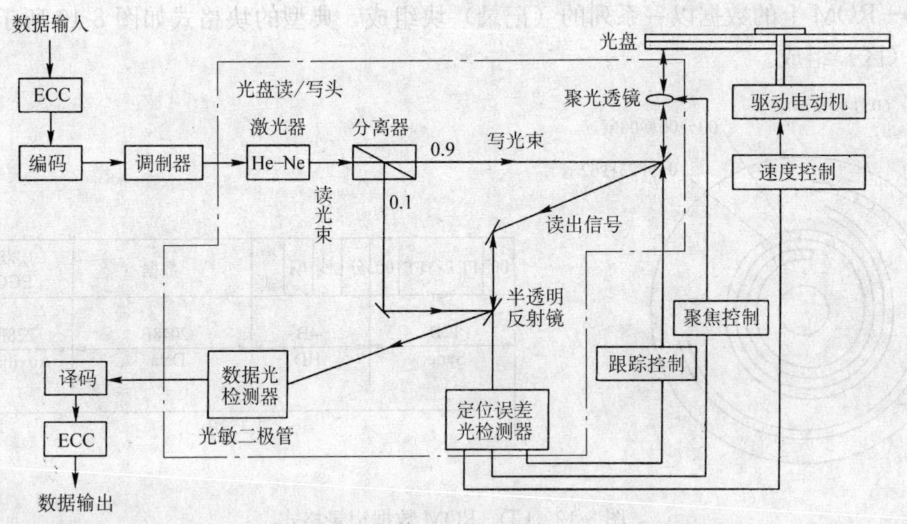

图 8-20　光盘的光学系统示意图

光学头的形式有两种：一种是整体形式，即将上述 4 部分组合在一起；另一种是分离形式，将光学头分运动部分和固定部分。整体形光学头一般用于只读光盘和一次写入型光盘，分离型光学头一般用于磁光型光盘。

2）控制电路部分：由主轴恒线速度控制逻辑、光盘自动加载控制逻辑、光点调焦控制逻辑、激光读/写功率控制逻辑等部件组成。其功能是配合光学头完成光盘信号的读出工作。

二、一次写入型光盘存储器

一次写入型光盘（Write Once and Read Many，WORM）可由用户一次性写入信息，写入的信息将永久保存在光盘上，以后只能读出。它主要用于保存永久性资料信息。

一次写入型光盘的信息存储机理同只读光盘基本一样。但一次写入型光盘给一般用户提供了一次写入信息的机会，一般用户在写入（刻录）信息时，发出命令使激光在盘面直接刻录信息，然后立即可读，而不需要经过其他处理。一次写入型光盘的基本操作有两个，即一次写入和读出（重复）。这样，一次写入型光盘驱动器也有两套逻辑电路，即刻录和读出电路。比只读光驱多了一套刻录电路，如图 8-20 所示。

写入时，被调制信号送入调制器，调制后的光束由跟踪反射镜反射至聚焦系统，再射向光盘，在光盘记录介质上刻录信息。

读出时，写入光束不起作用。小功率（写入功率的 1/5～1/10）读出光束经分离器将光盘反射器的读出光信号导入光电探测器，再由光电探测器输出电信号。

三、读/写型光盘存储器

可擦写型光盘是继只读型和一次写入型之后，近年才出现的。它利用磁光效应来存取信息，即采用特殊的磁性薄膜作记录介质，用激光来记录、再现和擦除信息。因此，又称为磁光盘。磁光盘的出现解决了光盘存储信息不可擦除的局限，扩大了光盘的功能。常用的可擦写光盘一般是指磁光盘。

另外，还有一种利用激光的热和光效应导致介质产生在晶态与玻璃态之间的可逆相变来实现读、写、擦的光盘，用这种结构相变介质制成的光盘称为相变光盘。

1. 写入过程

写入前，用一高强度的磁场 H_0 对介质进行初始磁化，使各磁畴单元均具有相同的磁化方向。写入信息时，磁光读/写头的脉冲使激光聚焦在介质表面，照射点因升温而迅速退磁，此时，通过读/写头中的线圈上加一反偏磁场，使照射点反向磁化，而介质中无光照的相邻磁畴的磁化方向仍保持不变，从而可实现磁化方向的反差记录。

2. 读出过程

1877 年克尔（Kerr）发现，若用直线偏振光扫描录有信息的信道，激光束到达磁化方向向上的磁畴单元时，反射光的偏振方向会绕反射线右旋一个角度 Q_k。反之，激光束扫到磁化方向向下的磁畴单元时，反射光的偏振方向则左旋一个角度 Q_k。利用克尔效应检测盘面记录单元的磁化方向，即可将信息读出。

3. 擦除过程

用原来的写入光束扫描信息道，并施加与初始磁场 H_0 方向相同的偏置磁场，则各记录单元的磁化方向将复原。

由于翻转磁畴磁化方向的速度有限，故磁光盘需两次动作才能完成信息的写入，即第一次擦除，第二次写入新信息。

第七节　移动存储设备

所谓移动存储器，是指不需要打开机箱，即可方便地通过不同微机的外部接口读/写数据的存储器。普通用于小数据量备份和交换的软盘已被淘汰。目前，市面上大容量移动存储设备主要有可擦写光盘及驱动器、移动硬盘、闪存盘以及闪存卡类等。

一、移动存储器的分类

按存储介质不同，可分为磁介质、光介质和半导体介质。移动硬盘、磁带等存储介质为磁性材料，CD-R/W 的存储介质为光性材料介质，闪存盘、固态 CF 卡等存储介质为半导体材料介质。

按是否需要驱动器，可分为有驱动器型和无驱动器型。例如，可擦写光盘、闪存卡、磁带机等存储器都需要驱动器设备来读取存储介质中的数据，这类移动存储产品称为有驱动器型。USB 闪存盘（俗称优盘）、移动硬盘则是存储器和驱动器一体的存储设备，不再需要其他驱动器。

按接口不同，可分为专用接口型和通用接口型。无驱动器型存储器一般通过通用接口与主机相连，如 USB 接口、IEEE 1394 接口、并口、串口等。

磁带和光盘前面已述。

二、移动硬盘

大多数的移动硬盘是以标准硬盘为基础的，可以提供相当大的存储容量，存储容量从几百吉字节到 4TB 等，最高可达 12TB，是一种较高性价比的移动存储产品，具有容量大、体积小、传输速度高、使用方便、可靠性高等优点。

移动硬盘多采用 USB、IEEE 1394 等传输速度较快的接口，可以用较高的速度与系统进行数据传输。移动硬盘其实就是普通的硬盘通过一个 SATA 接口或 IDE 接口到通用接口（USB、IEEE 1394）的转换，实现用通用接口来传输数据，实现 SATA 接口或 IDE 接口到通用接口转换的装置就是移动硬盘盒。当前市场上可供挑选的移动硬盘盒很多，其基本结构都是相同的。移动硬盘包括硬盘、接口转换电路、接口连线、电源连线和外壳等部分。

（1）硬盘　硬盘是移动硬盘的存储介质。目前移动硬盘内所采用的硬盘类型主要有 3 种：3.5in 台式机硬盘、2.5in 笔记本硬盘（分为薄盘和厚盘）、1.8in 微型硬盘。

（2）接口转换电路　接口转换电路的作用是实现硬盘的 SATA 或 IDE 接口到通用接口的转换。

（3）接口和接口连线　接口部分包括电源开关、四针电源接口、USB 或 IEEE 1394 接口。接口连线包括数据线和电源线，数据线用于硬盘与 USB 接口之间的连接。

（4）外壳　移动硬盘的外壳的作用主要是固定硬盘，减少外部震动对硬盘的直接影响，保护硬盘。

还有一种采用固态存储单元作为存储介质的移动存储器，它在接口标准、功能及使用方法上与机械硬盘完全相同，外形与尺寸上也与机械硬盘一致，所以称为固态硬盘（Solid State Disk，SSD）。固态硬盘是由控制芯片和固态存储单元（DRAM 或 Flash 芯片）组成，和闪存盘、闪存卡较为相似。由于用高速的存储芯片代替了传统机械硬盘采用的磁盘体、磁头、马达等机械零件，相比于传统的机械硬盘，固态硬盘有速度快、防震、体积小、零噪声等优点。但也有成本高、最大容量低、写入寿命有限、数据损坏后难以恢复等缺点。

三、各类闪存盘

闪存（Flash Memory）是一种基于半导体介质的存储器，因此掉电后仍可以长时间保留数据，其读/写速度比 EEPROM 更快而成本却更低，这使其得以高速发展。现在，USB 闪存盘所标称的可擦写 100 万次以上、数据保存 10 年以上等性能的表现主要就取决于其所采用的闪存型号，因此一个闪存盘的优劣在很大程度上也取决于闪存芯片。

（一）优盘

1. 优盘的组成

优盘的结构基本上由 5 部分组成：USB 端口、主控芯片、Flash（闪存）芯片、PCB 底板、外壳封装。USB 端口负责连接计算机，是数据输入或输出的通道；主控芯片负责各部件的协调管理和下达各项动作指令，并使计算机将优盘识别为可移动磁盘；Flash 芯片与计算机中内存条的原理基本相同，是保存数据的实体，其特点是断电后数据不会丢失，能长期保存；PCB 底板是负责提供相应处理数据平台，且将各部件连接在一起。

2. 优盘的主要参数

（1）容量　优盘的容量目前一般为 512MB～128GB。

（2）接口类型　优盘使用的是 USB（Universal Serila Bus，通用串行总线）接口，现在主流的优盘使用 USB 2.0（兼容 USB 1.1）。

（3）数据传输速率　闪存盘的数据传输速率分为数据读取速度和数据写入速度，与微机的配置有关。好的产品其数据读取最大速率可达 200Mbit/s/8＝25MB/s，数据写入最大速率可达 150Mbit/s/8＝19MB/s。

(4) 操作系统　适合的操作系统包括 Windows 98/Me/2000/XP/Vista/7，Mac OS9. x/X Linux2. 4. x 及更高版本。Windows XP 及以上版本系统能够直接识别大多数优盘，不能自动识别的需要安装其驱动程序。另外，在需要拔下优盘时，一般不允许直接从主机上拔下，要先停用或等到优盘上的指示灯不再闪烁时才能拔下。

(5) 启动型　在具有启动 USB 设备的主板中，优盘可以引导操作系统，即将 BIOS 设置中的 First Boot Device 设置为 USB _ ZIP。有的启动型优盘可以仿真软驱。

(6) 其他功能　有些优盘带有写保护、保密功能，对数据的安全非常有用。

(7) 认证　符合认证标准的产品，其质量才有保证。认证包括国际 USB 组织对 USB 2.0 标准的高速传输认证，以及 FCC 和 CE 认证。

(二) 存储卡

存储卡，在这里又称为闪存卡（Flash Card）一般应用在数码相机、智能手机、MP3 等小型数码产品中作为存储介质。由于样子小巧，犹如一张卡片，所以称为闪存卡。存储卡需要用读卡器来进行读/写操作。闪存卡按照规格又分为 CF 卡、SM 卡、MMC 卡、SD 卡、MS 卡（记忆棒）等。

存储卡的速度采用倍速，与 CD-ROM 的标准相同，即 1 倍速等于 150MB/s，如标称 40 速，则等于 150KB/s×40＝6MB/s。

(1) CF 和 CF II 卡　CF 卡的全称是 Compact Flash，其中 Compact 意指小型的、轻便的。CF 格式最初是由 SanDisk、日立、东芝、德国 Ingentix、松下等 5G 联盟提出，由 SanDisk 公司在 1994 年首次制造出来。微硬盘是 CF II 接口的主要产物，微型硬盘在接口上与 CF 卡完全兼容，但其存储原理则由原来的闪存介质改成了硬盘，具有大容量、低价格的优势，5GB 以上容量的 CF 卡中安装的是 1in（1 英寸）微硬盘。

(2) MMC 卡　MMC 卡（Multi Media Card，多媒体卡）由 SanDisk 与西门子联合开发，于 1997 年 11 月发表，其外形尺寸为 24mm×32mm×1. 4mm，质量为 2g。RSMMC 是小型化的 MMC 卡，RSMMC 体积只有标准 MMC 卡的一半大小，RSMMC 规格为 24mm×18mm×1. 4mm，RSMMC 的接口电路与 MMC 卡完全相同，适配器也仅仅是一个支架而已，装上随卡附带的延长座后，可以当做标准 MMC 卡来用。

(3) SD 卡（Secure Digital Card，安全数字卡）　它是以 MMC 卡为基础，由日本松下，东芝和美国 SanDisk 公司共同开发研制的全新的存储卡产品。miniSD 是 SD 卡的缩小版。

传统 SD 1. 1 版存储卡原来最高容量只有 4GB，针对这一情况，SD 联合协会在 2006 年 5 月宣布了 SD 2. 0，即 SDHC（High Capacity）标准。SDHC 卡规范中对于 SD 卡的性能上分为 4 个等级，不同等级能分别满足不同的应用需求。

(4) Memory Stick（记忆棒）　记忆棒是索尼的特产，由 SONY 公司于 1999 年年底推出，主要供索尼的机型使用，有长棒 Memory Stick（50mm×21. 5mm×2. 8mm，4g）和短棒 Memory Stick Duo（31mm×20mm×1. 6mm，2g）之分，背面有写保护写入开关。

(5) SM 卡　SM（SmartMedia）卡于 1995 年 11 月发布，它最大的特点是大、薄，其厚度只有 0. 76mm，是目前所有移动存储卡中最薄的产品，质量只有 1. 8g。

习 题 八

8-1 计算机的外部设备是指（ ）。

A. I/O 设备　　　　　　　　B. 外存储设备

C. I/O 设备及外存储设备　　D. 电源

8-2 外部设备有哪些主要功能？可分为哪些大类？

8-3 键盘有哪些类型？简述非编码键盘查询键位置码的过程。

8-4 扫描仪，数码相机的核心部件是什么？每个核心部件起什么作用？

8-5 CRT 显示器由哪几个部分组成？简要说明每一部分的作用，并画出字符显示器的结构框图。

8-6 什么叫随机扫描？什么叫光栅扫描？各有什么优缺点？

8-7 显示器的分辨率指什么？显示器的灰度等级又是指什么？

8-8 点阵式打印机由哪几个部分组成？说明点阵式打印机的基本工作原理。

8-9 某 CRT 显示器可显示 ASCII 字符，每帧可显示 80 字×25 排；每个字符字形采用 7×8 点阵，即横向 7 点，字间隔 1 点，即纵向 8 点，排间隔 6 点；帧频 50Hz，采用逐行扫描方式。

(1) 缓存容量多大？

(2) 字符发生器（ROM）容量有多大？

(3) 缓存中存放的是字符 ASCII 代码还是点阵信息？

(4) 缓存地址与屏幕显示位置如何对应？

8-10 某磁盘存储器转速为 3 000r/min，共有 4 个记录面，每道记录为 1 288B，最小磁道直径为 230mm，共有 276 道。

(1) 磁盘存储器的存储容量是多少？

(2) 最高位密度是多少？

(3) 磁盘数据传输速率是多少？

(4) 平均等待时间是多少？

(5) 给出一个磁盘地址格式方案。

8-11 光盘存储器有哪些类型？

8-12 USB 闪存盘由哪几部分组成？

参 考 文 献

[1]唐朔飞.计算机组成原理[M].2版.北京:高等教育出版社,2009.

[2]罗克露,雷航,等.计算机组成原理[M].北京:高等教育出版社,2010.

[3]包健,冯建文,等.计算机组成原理与系统结构[M].北京:高等教育出版社,2009.

[4]文德雄.计算机组成原理习题与解题[M].北京:清华大学出版社,2006.

[5]白中英.计算机组成原理[M].4版.北京:科学出版社,2008.

[6]陆志才.微型计算机组成原理[M].2版.北京:高等教育出版社,2009.

[7]徐福培.计算机组成与结构[M].2版.北京:电子工业出版社,2006.

[8]王爱英.计算机组成与结构[M].4版.北京:清华大学出版社,2007.

[9]马玉良,唐锐,等.计算机组成与结构[M].北京:人民邮电出版社,2006.

[10]薛胜军.计算机组成原理[M].武汉:华中科技大学出版社,2005.

[11]徐爱萍.计算机组成原理考点精要与解题指导[M].北京:人民邮电出版社,2002.